国家社会科学基金青年项目
“网络空间的道德舆论研究”（项目编号：20CZX060）阶段性成果

江苏省道德发展智库、公民道德与社会风尚协同创新中心资助项目成果

江苏高校优势学科建设工程资助项目成果

东南大学“至善青年学者”支持计划资助项目成果

网络时代的伦理方式

蒋艳艳 著

中国社会科学出版社

图书在版编目(CIP)数据

网络时代的伦理方式/蒋艳艳著.—北京：中国社会科学出版社，2024.1
(东大伦理博士文库系列)
ISBN 978-7-5227-3143-8

Ⅰ.①网… Ⅱ.①蒋… Ⅲ.①计算机网络—伦理学—研究
Ⅳ.①B82-057

中国国家版本馆 CIP 数据核字(2024)第 041319 号

出 版 人 赵剑英
责任编辑 郝玉明
责任校对 谢 静
责任印制 戴 宽

出　　版 中国社会科学出版社
社　　址 北京鼓楼西大街甲 158 号
邮　　编 100720
网　　址 http://www.csspw.cn
发 行 部 010-84083685
门 市 部 010-84029450
经　　销 新华书店及其他书店

印刷装订 北京君升印刷有限公司
版　　次 2024 年 1 月第 1 版
印　　次 2024 年 1 月第 1 次印刷

开　　本 710×1000 1/16
印　　张 16
字　　数 265 千字
定　　价 99.00 元

凡购买中国社会科学出版社图书，如有质量问题请与本社营销中心联系调换
电话:010-84083683

总　　序

东南大学的伦理学科起步于20世纪80年代前期，由著名哲学家、伦理学家萧昆焘教授、王育殊教授创立，90年代初开始组建一支由青年博士构成的年轻的学科梯队，至90年代中期，这个团队基本实现了博士化。在学界前辈和各界朋友的关爱与支持下，东南大学的伦理学科得到了较大的发展。自20世纪末以来，我本人和我们团队的同仁一直在思考和探索一个问题：我们这个团队应当和可能为中国伦理学事业的发展作出怎样的贡献？换言之，东南大学的伦理学科应当形成和建立什么样的特色？我们很明白，没有特色的学术，其贡献总是有限的。2005年，我们的伦理学科被批准为“985工程”国家哲学社会科学创新基地，这个历史性的跃进推动了我们对这个问题的思考。经过认真讨论并向学界前辈和同仁求教，我们将自己的学科特色和学术贡献点定位于三个方面：道德哲学；科技伦理；重大应用。

以道德哲学为第一建设方向的定位基于这样的认识：伦理学在一级学科上属于哲学，其研究及其成果必须具有充分的哲学基础和足够的哲学含量；当今中国伦理学和道德哲学的诸多理论和现实课题必须在道德哲学的层面探讨和解决。道德哲学研究立志并致力于道德哲学的一些重大乃至尖端性的理论课题的探讨。在这个被称为“后哲学”的时代，伦理学研究中这种对哲学的执著、眷念和回归，着实是一种“明知不可为而为之”之举，但我们坚信，它是我们这个时代稀缺的学术资源和学术努力。科技伦理的定位是依据我们这个团队的历史传统、东南大学的学科生态，以及对伦理道德发展的新前沿而作出的判断和谋划。东南大学最早的研究生培养方向就是“科学伦理学”，当年我本人就在这个方向下学习和研究；而东南大学以科学技术为主体、文管艺医综合发展的学科生态，也使我们这些90年代初成长起来的“新生代”再次认识到，选择科技伦理为学科生长点是明智之举。如果说道德哲学与科技伦理的定位与我们的学科传统有关，那么，重大应用的定位就是基于对伦理学的现实本性以及为中国伦理道德建设作出贡献的愿望和抱负而作出的选择。定位“重大应用”而不是一般的“应用伦理学”，昭明我们在这方面有所为也有所不为，只是试图在伦理学应用的某些重大方面和重大领域进行我们的努力。

基于以上定位，在“985工程”建设中，我们决定进行系列研究并在长期积累的基础上严肃而审慎地推出以“东大伦理”为标识的学术成果。“东大伦理”取名于两种考虑：这些系列成果的作者主要是东南大学伦理学团队的成员，有的系列也包括东南大学培养的伦理学博士生的优秀博士论文；更深刻的原因是，我们希望并努力使这些成果具有某种特色，以为中国伦理学事业的发展作出自己的贡献。“东大伦理”由五个系列构成：道德哲学研究系列；科技伦理研究系列；重大应用研究系列；与以上三个结构相关的译著系列；还有以丛刊形式出现并在20世纪90年代已经创刊的《伦理研究》专辑系列，该丛刊同样围绕三大定位组稿和出版。

“道德哲学系列”的基本结构是“两史一论”。即道德哲学基本理论；中国道德哲学；西方道德哲学。道德哲学理论的研究基础，不仅在概念上将“伦理”与“道德”相区分，而且从一定意义上将伦理学、道德哲学、道德形而上学相区分。这些区分某种意义上回归到德国古典哲学的传统，但它更深刻地与中国道德哲学传统相契合。在这个被宣布“哲学终结”的时代，深入而细致、精致而宏大的哲学研究反倒是必须而稀缺的，虽然那个“致广大、尽精微、综罗百代”的“朱熹气象”在中国几乎已经一去不返，但这并不代表我们今天的学术已经不再需要深刻、精致和宏大气魄。中国道德哲学史、西方道德哲学史研究的理念基础，是将道德哲学史当作“哲学的历史”，而不只是道德哲学“原始的历史”、“反省的历史”，它致力探索和发现中西方道德哲学传统中那些具有“永远的现实性”的精神内涵，并在哲学的层面进行中西方道德传统的对话与互释。专门史与通史，将是道德哲学史研究的两个基本纬度，马克思主义的历史辩证法是其灵魂与方法。

“科技伦理系列”的学术风格与“道德哲学系列”相接并一致，它同样包括两个研究结构。第一个研究结构是科技道德哲学研究，它不是一般的科技伦理学，而是从哲学的层面、用哲学的方法进行科技伦理的理论建构和学术研究，故名之“科技道德哲学”而不是“科技伦理学”；第二个研究结构是当代科技前沿的伦理问题研究，如基因伦理研究、网络伦理研究、生命伦理研究等等。第一个结构的学术任务是理论建构，第二个结构的学术任务是问题探讨，由此形成理论研究与现实研究之间的互补与互动。

“重大应用系列”以目前我作为首席专家的国家哲学社会科学重大招标课题和江苏省哲学社会科学重大委托课题为起步，以调查研究和对策研究为重点。目前我们正组织四个方面的大调查，即当今中国社会的伦理关系大调查；道德生活大调查；伦理—道德素质大调查；伦理—道德发展状况及其趋向大调查。我们的目标和任务，是努力了解和把握当今中国伦理道德的真实状况，在此基础上进行理论推进和理论创新，为中国伦理道德建设提出具有战略意义和创新意义的对策思路。这就是我们对“重大应用”的诠释和理解，今后我们将沿着这个方向走下去，并贡献出团队和个人的研究成果。

“译著系列”、《伦理研究》丛刊，将围绕以上三个结构展开。我们试图进行的努力是：这两个系列将以学术交流，包括团队成员对国外著名大学、著名学术机构、著名学者的访问，以及高层次的国际国内学术会议为基础，以“我们正在做的事情”为主题和主线，由此凝聚自己的资源和努力。

马克思曾经说过，历史只能提出自己能够完成的任务，因为任务的提出表明完成任务的条件已经具备或正在具备。也许，我们提出的是一个自己难以完成或不能完成的任务，因为我们完成任务的条件尤其是我本人和我们这支团队的学术资质方面的条件还远没有具备。我们期图通过漫漫兮求索乃至几代人的努力，建立起以道德哲学、科技伦理、重大应用为三元色的“东大伦理”的学术标识。这个计划所展示的，与其说是某些学术成果，不如说是我们这个团队的成员为中国伦理学事业贡献自己努力的抱负和愿望。我们无法预测结果，因为哲人罗素早就告诫，没有发生的事情是无法预料的，我们甚至没有足够的信心展望未来，我们唯一可以昭告和承诺的是：

我们正在努力！

我们将永远努力！

樊 浩

谨识于东南大学“舌在谷”

2007年2月11日

目　录

绪论　重思网络时代的“伦理”问题

一　网络时代，我们“如何在一起?”

自人类诞生之日起，传播就成为人类生存和发展的基本方式。虽然受限于当时的技术水平与社会条件，早期的传播媒介多局限于有限的社会领域、特殊的阶层人群或特定的地理范围，但从哲学层次洞察，媒介从一开始就不单是信息传播的中介，它更作为一种媒介逻辑，成为描述、解释社会各层变化的重要维度。信息的传播活动通过建立人与人之间的关系，确立社会的存在，焕发社会的活力。在这个意义上，传播媒介的变革成为人类文明历史划分的重要依据：在史前文明时期，语言的运用使人类从动物进化为人；在农业文明时期，文字的诞生使人类脱离了野蛮洪荒状态；在工业文明时期，印刷、广播、电视等大众传播媒介的普及推动了“一切重大的社会变革，包括智力革命、政治革命、工业革命，以及兴趣爱好、愿望抱负和价值观念的革命”①。

目前一场以网络媒介为主导的传播革命正席卷而来，带来一系列更为深刻的文明变迁。与同样作为媒介逻辑的传统媒介相比，具有包容性、渗透性、迭代性的网络媒介更能发挥出媒介环境的营造及其对广阔社会语境的建构作用。我们将网络媒介造就的具有革命性意义的社会语境，统称为“网络时代”。网络时代是一个高速行进中的时代。网络媒介自身的不断迭新，推动着网络时代的不断深化。现今的网络媒介主要以互联网形态呈现，它以计算机、通信技术和信息技术为支撑在全球范围内迅速发展、高速扩展，不费吹灰之力地将世界上各个国家、各个地区、各个民族的人们

---

① ［美］威尔伯·施拉姆、威廉·波特：《传播学概论》第二版，何道宽译，中国人民大学出版社 2010 年版，第 16—17 页。

联通起来。互联网所构筑的即时性、匿名性、开放性的虚拟现实场域影响着人们的交往方式、行为方式和思维方式，重新定义了社会的权力分配与时空限制。未来的网络媒介必将突破现有的互联网形式，从计算机与计算机之间、人与人之间的“互联网”，走向无时不在、无所不在、无所不能的“泛在网”。到那时，网络媒介将与我们现实生活中的每一部分紧密相连，使人们的日常生活甚至人本身都无一例外地处于网络媒介的语境中，一个真正的全面化的网络时代就此到来。网络媒介无疑主导着现代社会发展的基本走向。对现代社会的认知和把握，应该将网络媒介、媒介环境与社会语境联系起来，将网络时代作为现代社会的概念图式表达。

然而，任何新事物和新变革产生的影响都是毁誉参半的。网络时代的到来在便利人们信息传播活动、改善人们社会交往行为和提高人们日常生活水平的同时，也遇到了众多的困惑、矛盾或冲突，诸如价值危机、道德失落、文化失语等。这些困惑、矛盾或冲突主要根源于网络时代新的社会语境重新定义与建构了人及其自由。在网络时代，人们的数字化生存方式得以可能，在数字、信息、代码的浩瀚海洋中，人们摆脱现实的束缚而独自行进。但是不被限制的自由只是一种无限度的任性。只有在向整体意义和总体价值的复归中单个的人才能被造就成类的个体，重新获得自己实体性的自我意识，从而真正成为自由的人。因此，某种意义上说，正是“我们”的失落、“在一起”的缺失才导致网络时代的文明困境。传统社会中对“我们如何在一起”的追求和追问并未逃逸出网络时代的社会语境，反而新的社会语境让“在一起”的诉求显得尤为迫切。“我们如何在一起”成为网络时代不得不应对的前沿性课题。

“我们如何在一起?”乍一看，“在一起”的方式有很多种，如组织、制度、血缘、信仰等，它们都能以各自的方式将不同个体连接在一起。但事实上，组织、制度、血缘、信仰等只是“在一起”的具体呈现方法，我们要探究的是这些“在一起”方式背后的根本价值基础，即实体性价值。回顾历史，纵观中西，“伦理”与“宗教”分别是中西方实体性价值的表达方式，是两大民族精神文明孕育、发展和延续的重要价值设定。在传统的社会形态和文化语境中，它们曾各自回答了“我们如何在一起”的价值追问。但从广义上讲，“宗教”也根源于“伦理”，“宗教”是“伦理”价值的形象化或人格化表现。并且，自从尼采（Nietzsche）说明“上帝死了”，西方的“宗教”已遭遇价值式微。而网络媒介塑造的数字化社会语境更使人格化了的上帝遭受到数字虚拟情境的挑战。面对西方“宗教”的失语，中国伦理型文化的重要性日益凸显，“伦理”的价值日益显现。“我们在一起”根本上是以“伦理”的方式“在一起”。

为了深刻省察网络时代的生活状态和文明属性，我们不得不着力于考察网络时代的“伦理”问题。网络时代对社会语境、人类生活和个体生命产生何种影响？网络时代的伦理呈现何种形态，它与传统时期相比有何种差异？网络时代能否以及如何建构合理的伦理价值？……这系列问题正是本研究的最初缘起。

二　从“网络伦理”走向“网络时代的伦理”①

网络媒介与伦理相关并非新鲜事物。网络伦理学目前已是一门显学，它自诞生以来便获得了中西方学者的大力追捧，可谓百花齐放、百家争鸣。本研究从属于网络伦理学领域。站在前人的肩膀上，认识、理解和把握国内外研究现状，将为我们的研究提供理论铺垫。

（一）中国“网络伦理”研究的多维探索

我国的网络伦理学研究起步较晚，始于 20 世纪 90 年代末期，与 1994 年介入的因特网同步。中国的网络伦理学研究正是伴随着此阶段西方著作［尼古拉斯·尼葛洛庞帝（Nicholas Negroponte）的《数字化生存》（海南出版社 1997 年版）、比尔·盖茨（Bill Gates）的《未来之路》（北京大学出版社 1996 年版）、埃瑟·戴森（Esther Dyson）的《2.0 版：数字化时代的生活设计》（海南出版社 1998 年版）等］的译介而在国内学术界兴起。直至 1997 年由陆俊、严耕合写的《国外网络伦理问题研究综述》在《国外社会科学》（1997 年第 2 期）发表，才标志着“网络伦理”一词在中国学术界正式出现。随后，严耕、陆俊和孙伟平联合出版了我国该领域的首部专著《网络伦理》（北京出版社 1998 年版），刘钢出版了首部译著《世纪道德：信息技术的伦理方面》（中央编译出版社 1999 年版）。自此，网络伦理学在中国学术界悄然兴起，学术著作接踵而至，

① 此小节部分内容曾以《当代网络伦理研究的中西对比》为题，发表于《自然辩证法研究》2016 年第 6 期。

如《网络道德》（北方交通大学出版社 2001 年版）、《鼠标下的德性》（江西人民出版社 2002 年版）、《网络时代伦理》（四川人民出版社 2002 年版）、《网络空间的伦理反思》（江苏人民出版社 2002 年版）、《网络伦理危机及对策》（科学出版社 2003 年版）等。纵观我国网络伦理学的发展历程，可将其划分为两大历史阶段：1994 年至 2008 年，专注于网络伦理学的体系建构；2008 年至今，着重于具体视角、具体问题的研究。

作为理论积淀期，在早期的 15 年发展历程中，学者们尝试基于西方网络伦理学的理论著作和实践经验建立本土的网络伦理体系，以“网络伦理界定与内涵——网络伦理失范现状与原因——网络伦理建设与对策”为思路作具体展开。

关于网络伦理界定与内涵，先后形成了以严耕为代表的“道德关系说”、以杨莉为代表的“道德规范说”以及以黄寰为代表的“道德关系与规范合一说”。严耕等学者率先在《网络伦理》中界定了著名的网络伦理的内涵：“网络伦理是人们通过电子信息网络进行社会交往时表现出来的道德关系。”① 在当时受到学界的一致响应与认可。随后的学者大致在这一基础上加以完善，将网络伦理的视角引入网络社会的道德关系中。杨莉等学者从规范伦理学的角度对网络伦理加以界定，认为网络伦理是人们在网络空间中应遵守的道德准则和规范，其包含三个层次：“作为行为方式的网络利益”“作为行为标准的网络规范”和“作为行为准则的网络原则”。② 黄寰将关系说和规范论结合在一起将网络伦理定义为：“基于网络信息技术的人类社会所表现出的新型道德关系，以及对人各种组织提出的新型伦理要求、伦理标准、伦理规约。”③ 在对网络伦理的界定过程中，学界也强调网络伦理与现实伦理的对比研究。李育红认为，网络伦理与现实伦理既有区别又有联系：区别表现在基本伦理原则不同、道德原则与规范不同、道德约束机制不同、道德评价标准等不同；联系表现在网络伦理是现实社会伦理的延伸，现实伦理又是网络伦理的继续，两者都应遵守善、公正、公平、平等等基本的道德原则和规范。④

对网络伦理各种失范现象的总结与分析是国内学者最为关注的问题

① 严耕等：《网络伦理》，北京出版社 1998 年版，第 13 页。

② 杨莉：《网络伦理及其技术考量》，《社科纵横》2005 年第 4 期。

③ 黄寰：《网络伦理危机及对策》，科学出版社 2003 年版，第 34 页。

④ 参见李育红《网络伦理与现实伦理异同辨》，《电化教育研究》2005 年第 4 期。

域。黄寰、钟瑛、黄瑚、刘春元、李伦等学者普遍将网络伦理失范现状总结为隐私危机、主体异化危机、人际关系危机、知识产权危机、国家安全危机、信息公平危机和网络犯罪等，这为日后网络伦理学研究的问题细化奠定了宏观框架。当然，对现实的认识不能局限于感性的直观总结，更要加以理性的深刻反思。由于学者们学术视角和理论立场的差异，网络伦理危机的归因呈现出不同方向，较为典型的是：黄寰从网络社会的意识形态出发，着力于从外部氛围中探究网络伦理问题产生的现实根源，双重伦理标准、网络法律漏洞、后现代主义思潮、信息崇拜论均是失范的原因所在[①]；段伟文从网络空间的“虚拟现实”出发，将失范归结为虚拟生活导致的身份认同和交往模式的变更[②]；杨礼富从网络社会的特征、结构和主体出发，最终落实到网络社会中信息权力的异化根源[③]。

最后，学界关于网络伦理的建设与对策研究主要从三个层次进行展开。其一，网络伦理原则。汲取西方学术资源，为网络伦理原则建构提供伦理学基础。吕本修基于西方伦理学中的功利论、义务论和正义论，提出无害原则、自主原则、知情同意原则和正义原则。[④] 张震加以补充，添加了自由原则、平等原则、兼容原则、互惠原则。[⑤] 其二，网络伦理规范。相关研究多停留在口号形式，缺乏一定的现实转换力。曹劲松基于人性尊重、社会和谐以及网络技术特点等方面，提出了明辨真伪不轻信、保持真诚不撒谎、履行责任不妄言等六大规范。[⑥] 其三，网络伦理建设路径。建设路径的探索遵从主客体两大视角：对于网络客体而言，加强舆论监督、技术控制和法律制裁；对于网络人主体而言，加强网络道德教育与修养，尤其突出通过传统文化的内化培育主体的道德自律机制。

2008 年以后，我国的网络伦理学研究逐渐从网络伦理体系的建构向具体视角和具体问题落实。转变的原因颇为复杂，或许因为 2008 年后互联网业务进入高速普及期，加剧了网络社会中的伦理和道德冲突；或许因为我国网络伦理体系建构的日益完备，在理论上很难再以此为突破口；或许因

---

① 参见黄寰《网络伦理危机及对策》，科学出版社 2003 年版。
② 参见段伟文《网络空间的伦理反思》，江苏人民出版社 2002 年版。
③ 参见杨礼富《网络社会的伦理问题探究》，吉林人民出版社 2008 年版。
④ 参见吕本修《网络道德问题研究》，中国社会科学出版社 2012 年版。
⑤ 参见张震《网络时代伦理》，四川人民出版社 2002 年版。
⑥ 参见曹劲松《网络道德建设初探》，《道德与文明》2002 年第 2 期。

为体系建构本身缺乏对现实的解释力，因而急需作面向特定实践的转向。

现阶段网络伦理学的主流研究不再拘泥于体系内部的建构，或从不同的视角系统分析网络社会中的道德状况。宋吉鑫强调网络技术与网络伦理的关联性，重点分析了网络社会中人与人、人与网络技术和人与现实社会的道德关系。[①] 张燕以风险社会理论为切入口，基于网络传播——风险社会的逻辑框架，探究网络风险社会的伦理建构。[②] 谭志敏试图从网络文化的视角分析网络文化的形成与发展、网络文化的特性以及网络文化的主体，以此探析网络伦理的概念和失范表现，并建构网络伦理和网络法律规范。[③] 于孟晨等将生态视域引入互联网新媒体的伦理考察，为营造健康的网络环境提出多元综合的协同治理方式。[④] 童谨立足中国语境，着眼于实践公共交往，系统探索网络公共交往的伦理诉求。[⑤]

或强调对网络社会中具体问题的深入解读。业已形成系统性研究的方向有网络道德心理、网络行政伦理和青少年（大学生）网络道德研究。学术成果以青少年（大学生）网络道德研究最为突出，至今已至少出版四部专著，如陈晨的《青少年网络伤害研究报告》（中国人民公安大学出版社 2010 年版）、王贤卿《道德是否可以虚拟：大学生网络行为的道德研究》（复旦大学出版社 2011 年版）、蒋海升等《青少年网络道德建构研究》（山东大学出版社 2011 年版）、周兴生《青年网络伦理》（光明日报出版社 2011 年版）等。

伴随着互联网在大众生活中的日益普及，一些新兴的网络现象也渐渐成为研究焦点。例如，莫楠、李向南从道德哲学角度对“人肉搜索”中“道德捍卫意图”与“道德伤害结果”之间的道德悖论进行了深刻的分析与反思[⑥]；戚鸣对以“网络谩骂”为主要表现方式的“网络暴力”进行传播学和伦理学考察，认为“普世主义”的落实有利于克服网络暴力行为[⑦]；田旭明考察了“网络谣言”的伦理焦虑现状、原因及其消解机制，力求

---

① 参见宋吉鑫《网络伦理学研究》，科学出版社 2012 年版。

② 参见张燕《风险社会与网络传播：技术、利益、伦理》，社会科学文献出版社 2014 年版。

③ 参见谭志敏主编《网络文化与伦理概论》，重庆大学出版社 2015 年版。

④ 参见于孟晨等《互联网伦理生态及治理研究》，中国社会科学出版社 2018 年版。

⑤ 参见童谨《中国语境下的网络公共交往伦理研究》，中国社会科学出版社 2022 年版。

⑥ 参见莫楠、李向南《“人肉搜索”的伦理反思》，《中国集体经济》2010 年第 3 期。

⑦ 参见戚鸣《网络暴力与道德“普世主义”》，《当代传播》2011 年第 5 期。

维护共同的网络道德净土[①]。还有一批学者结合大数据技术等前沿发展趋势，探索新形势下的网络伦理问题，如王常柱等在复杂性科学的框架下，揭示了大数据时代网络伦理问题的产生原因与网络伦理规制的主要内容。[②]

（二）西方的“网络伦理”研究及其借鉴意义

与我国的网络伦理学相比，西方的网络伦理学起步较早，主要发端于20世纪70年代的计算机伦理学。美国著名计算机伦理学家特雷尔·拜纳姆（Terrell Ward Bynum）曾指出，计算机伦理学的非正式兴起可以追溯到20世纪四五十年代控制论的创始人罗伯特·维纳（Norbert Wiener）。当时，维纳已经预见到计算机领域潜在的伦理学问题，但直到60年代中期计算机技术带来的负面后果日益显现之后，才受到更多西方学者的关注。1973年，受美国计算机协会任命，唐·帕克（Parker）领导起草了第一部计算机行为规范；1976年，约瑟夫·魏泽尔巴姆（Joseph Weizenbaum）出版了第一部经典著作《计算机能力与人类理性》；同年，美国“计算机伦理学”学科正式成立，相关课程相继开设；1985年，特雷尔·拜纳姆的《计算机与伦理学》与杰姆斯·H. 摩尔（James H. Moor）的《什么是计算机伦理学》在美国著名杂志《元哲学》（*Metaphilosophy*）同时发表；从此，一个新兴学科正式诞生在学术舞台上。

90年代之后，互联网的迅速普及和网民数量的急速增长，更在短期内酿成了种种网络失范行为。面对这些困境，西方学界提出要用网络伦理学取代计算机伦理学，实现研究从技术层面向社会层面的转向，从对计算机从业人员的专业性指导走向对人们网络化生活状态和生存情境的普遍性规范。先后出版了诸如M. 大卫（M. David）《信息时代的伦理学》（Wm. C. Brown Publishing，1993）、理查德·A. 斯皮内洛（Richard A. Spinello）《世纪道德：信息技术的伦理方面》（中央编译出版社1999年版）、尼古拉斯·尼葛洛庞帝《数字化生存》（海南出版社1997年版）、罗伯特·M. 巴里德（Robert M. Baird）《网络伦理学：计算机时代的社会、道德问题》（Amherst，2000）、派卡·海曼（Pekka Himanen）《黑客伦理与信息

① 参见田旭明《守正修德：网络谣言的伦理焦虑及其消解机制》，《道德与文明》2014年第3期。

② 参见王常柱等《大数据时代网络伦理规制的复杂性研究》，《科学技术哲学研究》2020年第2期。

时代的精神》（中信出版社2002年版）、理查德·斯皮内洛《铁笼，还是乌托邦：网络空间的道德与法律》（北京大学出版社2007年版）、西斯·J. 哈姆林克（Cees J. Hamelink）《赛博空间伦理学》（首都师范大学出版社2010年版）等代表著作。

总之，起步早，发展快的西方网络伦理学研究对国内学界来说仍具有重要的借鉴意义。第一，西方网络伦理学自诞生起就得到了社会各界的广泛参与，人们齐心协力、共同致力于营造和谐美好的网络环境。伦理学会、高等学府、律师协会、政府机构等各类组织秉承着合作精神，积极介入研究之中。在早年计算机伦理学兴起之时，世界各地纷纷设立研究机构，同时举办地区性或国际性的学术会议，吸引了各界人士。美国于1985年设立了最早的专业型计算机伦理研究机构——美国华盛顿布鲁克林计算机伦理协会（CEI），协会从1992年起便定期召开计算机伦理年会。之后，各类研究机构在世界各地区迅速发展。在澳大利亚，约翰·维克特（John Weckert）等人联合发起的澳大利亚计算机伦理学研究所（AICE），专门从事计算机伦理研究，为学科交流提供了优良的平台，成为众多计算机伦理研究机构中的典范之一。其间，高等学府在学术讨论中也充当着重要角色，例如美国加利福尼亚大学伯克利分校在1995年举办了以“国际互联网的伦理学”为题的研讨会，探讨各种伦理问题及其对策；英国德蒙福特大学计算与社会责任中心自1996年起按期举行ETHICOMP会议。一些国外的计算机、通信和法律协会还设有伦理问题分部，专门研究计算机伦理或网络伦理，如美国佐治亚州律师协会计算机法律部就设有网络伦理委员会。除了学术研讨，这些机构还投身于制定一系列互联网规章制度：美国计算机伦理学协会为计算机伦理制定了十条戒律，并为它的成员制定了八条伦理道德和职业行为规范；南加利福尼亚大学制定的网络伦理申明提出了六种网络不道德行为类型。除此之外，西方国家的政府机构在积极推动学会机构开展系统研究的同时，也发挥着重要的立法和行政作用，为促进网络伦理由规范设计上升为法律设计做出努力。美国、英国和韩国的立法成果较为显著，先后颁布并实施了各自的法律方案，如美国的《1996年电信法案》、英国的《3R安全规则》和韩国的《信息通信基础设施保护法》。对比而言，我国的网络伦理学研究沿袭和借鉴着西方网络伦理研究的发展模式，但研究仍不成规模，相关研究较为零散，散见于传播学、社会学、伦理学等领域。虽各自取得了学术成果，但由于缺乏团队意识和学术对话，研究仍不够系统且缺乏一定的现实解释力和指导力。同时，中国的相关研究机构和行政机构之间普遍缺乏交流与对话，研究机构的学术成果难以作为行政机构制定政策的理论基础，行政机构获得的一手数据也很难成为研究机构的素材资源。因此，中国网络伦理研究任重道远，亟待建立一个良性互动、和谐共进的科研团队和实践团队。

第二，西方网络伦理学研究的问题域广、涉猎面宽、包容性强，在理论基础研究、具体问题研究以及相近问题研究中均取得了不菲的成绩。与国内学界比较注重于体系构建的铺陈工作不同，目前西方学界普遍关心网络伦理所涉及的各类“元伦理”问题。这些“元伦理”问题包括网络行为的“善”与“恶”、“应当”与“不应当”、“权利”与“义务”等议题。西方众多学者例如理查德·A. 斯皮内洛等，倾向于将网络伦理看作对网络空间中正当行为的研究，认为只有基于西方传统伦理学中义务论和功利论的资源及其对它们的道德哲学理解，才能对网络行为进行恰当的道德评价。因而，对义务论和功利论在网络空间中的可行性和适用性问题以及网络空间中“善”“正当”“义务”等伦理学概念的理解成为西方学界的重要研究领域。当然，也有部分学者并不赞同传统学术资源在网络空间中的有效性。罗伯特·N. 巴格（Robert N. Bagh）将网络伦理遇到的伦理困境归结于基本哲学世界观上的差异，但也认同网络伦理学中形而上分析的重要性。瓦伊巴夫·加尔（Vaibhav Garg）和琼·坎普（L. Jean Camp）认为义务论和功利论已不再适用于如今的网络时代，提出了一种基于甘地“非暴力”和“对抗”概念的新网络伦理。[①]

此外，西方学者还普遍关注新生活方式下“虚拟实在”的哲学问题，以及网络交往的哲学本性，以此作为反思网络伦理问题的理论基础。例如，托马斯·普洛格（Thomas Ploug）基于对网络空间虚拟交互与现实生活面对面交互两类关系的辨析，分析交互行为机制差异对人的道德行为与伦理行为产生的影响。[②] 对网络交往哲学本性的关注直接影响许多学者将网络伦理的研究焦点引入最能代表网络交往特性的社交网络（Social Net-

① 参见 Vaibhav Grag and L. Jean Camp, “Gandhigiri in Cyberspace: a Novel Approach to Information Ethics”, *ACM SIGCAS Computers and Society*, Vol. 42, No. 1, August 2012, pp. 9 – 20。

② 参见 Thomas Ploug, *Ethics in Cyberspace*, London: Springer, 2009。

working Sites），在具体的社交网络情境中探讨网络伦理问题。香农·瓦勒尔（Shannon Vallor）尝试从美德伦理传统中为社交网络伦理的建构寻找理论资源。[①] 莫西·托尔奎尔（Mircea Turcule）则将社交网络中的伦理问题总结为使用者的伦理行为和管理者的道德责任两大类型，得出隐私、匿名和信任是网络伦理的三大基本理念的结论。[②]

正如国内学者陆俊和严耕很早以前就发现，作为互联网的发源地，研究网络与社会其他现象相关联而出现的具体伦理问题始终是西方学界的一个重要学术方向，包括新时代的社会结构、文化交往、教育方式、商业经济、政治民主等诸多方面。这类研究思路是对尼葛洛庞帝《数字化生存》"网络——生存方式"研究范式的延续。互联网平台在西方各行各业的深度应用，让这种问题视域逐渐从较为抽象、宽泛的探讨转向更为具体的问题分析。在一些将互联网平台作为新型发展空间的社会领域中，"基于互联网平台运用的伦理学"成为他们新的研究话题。面对互联网时代对社会工作实践产生的深刻影响，弗雷德里克·雷默（Frederic G. Reamer）剖析了电子社会服务造成的各种复杂的伦理问题，例如业务者能力、客户隐私和机密性、知情同意、利益冲突、文档管理等，并主张采用实践危机管理策略来保护客户与社会工作者。[③] 吉泽姆·库尔特（Gizem Kurt）等学者基于对土耳其零售网站的实证研究，探讨了在线零售业中的消费者伦理问题，发现作为消费者感知价值的伦理与在线零售安全、隐私、不欺骗有着密切的联系。[④] 加布里埃尔·克里斯琴·萨博（Gabriel Cristian Sabou）等学者揭示了在线信息交流与分享模式对消费行为的改变，强调在线旅游咨询伦理的重要性。[⑤] 此外，在西方社会，互联网也逐渐渗透到医学治疗领域，尤其是得到了家庭治疗师的青睐。家庭治疗师通过社交网络与患者

---

① 参见 Shannon Vallor，"Social Networking Technology and the Virtues"，*Ethics and Information Technology*，Vol. 12，No. 2，June 2010，pp. 157 - 170。

② 参见 Mircea Turcule，"Ethical Issues Concerning Online Social Networks"，in A Sandu，et al，eds. *Procedia Social and Behavioral Sciences*，Netherlands：Elsevier Science Bv，2014，pp. 967 - 972。

③ 参见 Frederic G. Reamer，"Social Work in a Digital Age：Ethical and Risk Management Challenges"，*Social Work*，Vol. 58，No. 2，April 2013，pp. 63 - 172。

④ 参见 Gizem Kurt，"Ethics as a Customer Perceived Value Driver in the Context of Online Retailing"，*African Journal of Business Management*，Vol. 4，No. 5，April 2010，pp. 672 - 677。

⑤ 参见 Gabriel Cristian Sabou，et al.，"The Ethics Of Online Touristic Counselling：A Matter Of Users Satisfaction"，*Amfiteatru Economic*，Vol. 16，No. 8，November 2014，pp. 1279 - 1287。

交流，治疗关系由直接的面对面交谈转向基于网络平台的间接性交谈。隐私与伦理的界限问题更为棘手。凯尔茜·凯伦（Kelsi Kellen）等多名学者的相关研究正是旨在为家庭治疗师与客户之间的网络交往提供伦理决策建议。① 反观中国，“基于互联网平台运用的伦理学”研究相对处于起步阶段，主要集中于探讨电子商务（或称在线零售业）引发的伦理问题，其他方面较少涉猎。

事实上，西方“基于互联网平台运用的伦理学”中最为前沿的成果要数“互联网研究伦理”。遗憾的是，与西方百家争鸣的情形相异，该领域至今未得到国内学界的足够重视。在大量研究新平台下人类行为方式之后，西方学者逐步意识到这种互联网研究方法本身存在的伦理困境。在 20 世纪 90 年代末人们就开始商讨如何更合乎伦理地开展网络研究。1996 年，《信息社会》率先出版了关于互联网研究伦理的论文合集；1999 年，美国科学进步协会随即主办召开全美范围内的互联网研究伦理工作坊，制定互联网研究的基本伦理准则。② 不久，互联网研究伦理在西方网络伦理学学界便占据了一席之地。

互联网研究伦理本质上是基于互联网平台的研究伦理探讨，是研究伦理在互联网时代的新形态。S. 弗利克（S. Flicker）等学者认为互联网研究的伦理困境主要产生在三大情形之中：研究参与者征召、保护参与者免于风险和伤害以及公私数据的关联性；自主权、不恶毒、正义和仁慈是需要遵守的伦理准则。③ 斯蒂芬妮·哈里曼（Stephanie Harriman）和吉格沙·帕特尔（Jigisha Patel）认为互联网一方面为研究提供了数据来源和研究地点，另一方面由于缺乏明确的伦理标准，互联网的运用也遭遇了伦理风险，主要涉及伦理批准和知情同意两大伦理问题。④ 这些主流研究大

---

① 参见 Kelsi Kellen, et al.,“Ethical Decision-Making While Using Social Networking Sites: Potential Ethical and Clinical Implications for Marriage and Family Therapists”, *American Journal of Family Therapy*, Vol. 43, No. 1, January 2015, pp. 67 – 83。

② 参见 Charles M. Ess,“Internet Research Ethics”, in Joinson A, McKenna K, et al., eds. *The Oxford Handbook of Internet Psychology*, Oxford: Oxford University Press, 2007, pp. 485 – 500。

③ 参见 S. Flicker, et al.,“Ethical Dilemmas in Research on Internet Communities”, *Qualitative Health Research*, Vol. 14, No. 1, February 2004, pp. 124 – 134。

④ 参见 Stephanie Harriman and Jigisha Patel,“The Ethics and Editorial Challenges of Internet-based Research”, *Bmc Medicine*, Vol. 12, July 2014, p. 124。

致认同采用人体试验模型作为互联网研究伦理的理论基础。基于人体试验模型理论，查尔斯·埃斯（Charles M. Ess）总结互联网研究涉及的伦理问题主要包括知情同意、隐私性、机密性与匿名性四大维度。[①] 然而，传统研究模式下的人体试验模型在网络研究中的可行性与操作性问题，仍值得学界作进一步确证。在明晰了互联网研究伦理的必要性、可能性和可行性等问题之后，西方学界又开始投入各领域中的互联网研究伦理探讨，例如基于互联网平台的护理研究、青少年研究、社会语言学研究、女性研究等。

近年来，西方学界在计算机伦理与网络伦理之外，又提出了信息伦理的概念。与早期网络伦理与计算机伦理概念混淆相似，信息伦理的研究内容在起初也与网络伦理基本等同。但在新一批西方学者的努力下，例如牛津大学的卢西亚诺·弗洛里迪（Luciano Floridi）、奥斯陆大学的查尔斯·埃斯等学者，信息伦理学的研究范畴逐渐明晰。与立足于网络社会层面的网络伦理学相异，信息伦理学侧重于信息哲学层面，形成了有别于前者的研究主题、研究体系和研究方法。反观国内研究，在信息伦理学方面基本跟随西方学界的步伐，创新性和突破性不够。值得注意的是，国内众多学者仍无法明确区分网络伦理与信息伦理，基本处于概念混用状态之中。

第三，在研究方法上，国内学者主要以理论研究方法为主，以实证研究方法为辅，而西方学者始终将理论研究与实证研究并重，并越来越倾向于使用实证研究的方法来分析网络社会的伦理问题。西方网络伦理学的实证研究方法深受传播学定量而非思辨的学科定位影响，主要通过两种方式实现个案研究中的道德推理和特定情境中的定量研究。延续传媒伦理学中的个案研究思路，国外学界强调就网络社会中特定的案例进行道德判断和伦理审查，基于一定的伦理规范和道德准则，理性对待网络社会中存在的价值困境，并指导作出合乎伦理的行为选择。当遇到诸如个人隐私、知识产权、网络暴力等问题时，学界尤其偏向采用此种方法。理查德·A. 斯皮内洛的《铁笼，还是乌托邦：网络空间的道德与法律》正是采用了个案研究方法，借助伦理学基本理论和规范性原则，对网络空间中形形色色的伦理问题进行道德推理，成为网络伦理学个案

---

① 参见 Charles M. Ess, "Internet Research Ethics", in Joinson A, McKenna K, et al., eds. *The Oxford Handbook of Internet Psychology*, Oxford: Oxford University Press, 2007, pp. 485 – 500。

研究方法运用的重要范例之一。①

特定情境中的定量研究在近些年才刚刚兴起。国外学界将心理学、教育学、政治学等学科介入网络伦理议题的研究之中，尝试通过问卷调查、访谈对话、大数据等实证研究方法，梳理各类社会群体的网络道德行为状况与结构及其影响因素，开辟了网络伦理学研究的新领域，值得国内学界的学习与借鉴。该研究方法的成果主要集中于对青少年网络伦理问题的探讨，并多以问卷调查和数据分析的形式呈现，例如琼·M. 麦克马洪（Joan M. McMahon）和龙尼·科恩（Ronnie Cohen）探讨了权术主义和性别等因素对本科生在计算机和互联网使用过程中伦理判断和行为意图的影响②；威尔弗雷德·W. F. 劳（Wilfred W. F. Lau）和艾伦·H. K. 袁（Allan H. K. Yuen）分析了性别和社会经济地位两大人口统计变量对香港青少年网络伦理的影响③；加布里埃拉·埃琳娜·凯莱（Gabriela Elena Chele）等阐明了家长在学生处理互联网信息利用伦理问题过程中的作用④；丹·布尼克（Dan Bouhnik）和德晨·莫尔（Deshen Mor）研究了性别差异对互联网环境中青少年道德判断和道德行为的影响⑤；文斯·米切尔（Vince Mitchell）等对比了父母和同龄人对年轻一代在线伦理态度的影响⑥。

（三）新视域：“网络时代的伦理”

回顾现有网络伦理学研究的诸多成果，学科发展日趋成熟，问题领域

① 参见［美］理查德·A. 斯皮内洛《铁笼，还是乌托邦：网络空间的道德与法律》，李伦等译，北京大学出版社2007年版。

② 参见 Joan M. McMahon and Ronnie Cohen，“Lost in Cyberspace：Ethical Decision Making in the Online Environment”，*Ethics and Information Technology*，Vol. 11，No. 1，March 2009，pp. 1－17。

③ 参见 Wilfred W. F. Lau and Allan H. K. Yuen，“Internet Ethics of Adolescents：Understanding Demographic Differences”，*Computers & Education*，Vol. 72，March 2014，pp. 378－385。

④ 参见 Gabriela Elena Chele，et al.，“Ethical Aspects of Internet Derived Information Utilization in Adolescents：The Role of Family and Education”，in A Sandu，et al.，eds. *Procedia Social and Behavioral Sciences*，Netherlands：Elsevier Science Bv，2014，pp. 164－168。

⑤ 参见 Dan Bouhnik and Deshen Mor，“Gender Differences in the Moral Judgment and Behavior of Israeli Adolescents in the Internet Environment”，*Journal of the Association for Information Science and Technology*，Vol. 65，No. 3，January 2014，pp. 551－559。

⑥ 参见 Vince Mitchell，et al.，“The Influence of Parents Versus Peers on Generation Y Internet Ethical Attitudes”，*Electronic Commerce Research and Applications*，Vol. 14，No. 2，March-April 2015，pp. 95－103。

日趋广阔。但作为一门发展中的学科，仍存在许多不足。这些不足具体表现在，首先，“伦理”与“道德”的简单同一。“伦理”是个体与整体、个体与他的公共本质相同一的精神家园；“道德”是一种“伦理上的造诣”，是对个体性、偶然性与任意性的扬弃，要以回归最终的精神家园为实现形式。因此，网络伦理与网络道德本身应具备不同的内涵。国内外网络伦理学研究普遍忽视了伦理与道德的辩证关系，误将伦理等同于道德，导致难以对网络伦理问题进行深刻的道德哲学解读，只能停留在空洞的道德规范和道德原则的讨论之中。

其次，研究对象及其方法的雷同趋向。“伦理”与“道德”的混用导致的第二个后果即研究对象及其方法的雷同。由于缺乏辩证思维和道德哲学意蕴，即使是在新兴的交叉研究领域中，现有研究都基本采用“危机—应对”社会学研究范式下的“是什么—为什么—怎么办”的道德困境研究路径。而研究的困境也无非人们习以为常的网络隐私、网络安全、网络犯罪等议题。总体上缺少应有的理论深度。

再次，缺乏对网络的社会语境建构作用的关照。目前多数研究只是将网络作为一个崭新的信息平台来解读。而网络不仅仅是媒介自身，与同样作为媒介逻辑的传统媒介相比，它更能体现出一种媒介环境的营造及其对广阔社会语境的建构作用。无论对目前的网络空间还是未来全面化的网络时代，都要以“网络—媒介逻辑—社会语境”的模式加以解读。

最后，中西方研究地位的不平等。对西方学术成果的积极借鉴体现了中国学界包容、谦虚和上进的态度，值得赞赏和提倡。但如若将这种态度发展为唯西方论，则又会陷入另一个学术误区，甚至沦落为西方学术的奉承者和迎合者。中国学界应采取主动对话而非被动应答的姿态，客观诊断西方研究中的弊病，充分挖掘中国文化中的学术资源并加以利用，才能从根本上有助于学科的长远发展。

正是这些不足迫使我们务必推动研究立场的转向，从传统的“网络伦理”视域走向“网络时代的伦理”视域。如果说“网络伦理”是研究道德规范来规约网络行为，那么“网络时代的伦理”则是探讨网络媒介对伦理建构的道德哲学影响；如果说“网络伦理”遵循的是“危机—应对”的社会学范式，那么“网络时代的伦理”则采用更为深刻的道德哲学方式；如果说“网络伦理”是以狭义的网络平台为研究对象，那么“网络时代的伦理”则指向更广义的以网络媒介为主导的文明时代；如果说“网络伦理”是一种典型的西方话语，那么“网络时代的伦理”则旨于实现中西方文化的平等对话。

历来的网络伦理学均立足于传播学和伦理学两大学科资源，本研究亦是如此。不同之处在于，“网络时代的伦理”研究力图实现相关视域的转换，从而提供一个富有道德哲学深度的网络伦理学理论。首先，基于媒介环境学派的理论资源，将互联网从狭义的媒介平台转向广义的历史社会语境；其次，基于媒介批判学派的理论，将互联网从作为传播中介的理解转向作为媒介逻辑的解读；最后，基于伦理主义体系，将网络伦理研究由“危机—应对”范式下的道德主义转向以生命整体意义与生活总体价值为目标的伦理主义。概言之，媒介环境学派、媒介批判学派与伦理主义体系是新视域的理论基础。媒介环境学派与媒介批判学派分别为本研究提供了媒介的语境解读和媒介的哲学诠释；伦理主义体系主要以中国传统道德哲学与西方黑格尔（Hegel）道德哲学为学术资源，为本研究提供道德哲学的方法论基础。

相关视域落实为两大概念上：马克·波斯特（Mark Poster）的“信息方式”与待以构建的“伦理方式”。马克·波斯特的“信息方式”概念恰好体现出媒介环境学派与媒介批判学派的契合、历史与哲学的融合，伦理主义体系中“伦理方式”的概念建构则回答了“我们如何在一起”的伦理建构问题。通过对“伦理方式”的道德哲学建构以及对“信息方式”与“伦理方式”的逻辑关系厘定，分析、反思并构建网络时代的伦理方式，以此透析“网络时代，我们如何在一起”的伦理建构问题。这不仅是网络伦理学应当解决的首要理论难题，更是一个迫切而又必要的现实课题。

三　新视域下的问题展开

应用伦理学研究常常落入“追捧热点、漠视前沿”的窠臼之中，它们的观点如昙花一现，只对当时当事、此时此景具有解释力。本研究努力挣脱应用伦理学的成规，把握住网络伦理学中的前沿性课题。网络伦理学中的前沿性课题并非网络伦理危机表征与原因，并非网络伦理建设方案与对策，并非特殊群体的网络伦理审视，这些仅仅是社会遭遇现代性碎片化后的热点追踪，是前沿课题呈现出的多元性表象。真正的前沿研究应当触及人及其生命价值和生活意义，从而使人们能够在新的境遇中“安身立命”。网络时代的到来让我们经受的最根本遭遇正是人生命价值和生活意义的动荡。数字化生存、网络化社会解放了人们的肉体，却让我们的精神遭受到祛魅的风险。因而，网络伦理学研究的前沿课题应当从传统的“网络伦理”视域走向“网络时代的伦理”视域，审视网络时代的伦理状况，确证能否以及如何通过“伦理”使原子式的个体复归于生命的整体意义和生活的总体价值之中，从而重新“在一起”。本着对“前沿”的理解，本研究尝试在新的视域中探究“网络时代，我们如何在一起”的伦理追问，以期为网络伦理学前沿性课题的突破做出一份努力。

本研究基本遵循着“思辨—历史—现时—前瞻”的构思逻辑，采用逻辑与历史相统一的思维方式，来反思“网络时代，如何达到伦理、建构伦理”的问题，即“网络时代，我们如何在一起”的伦理追问。

思辨（第一章与第二章）：首次构建出伦理主义体系中的“伦理方式”范畴，同时引入马克·波斯特的“信息方式”概念，在此基础上厘清“信息方式”与“伦理方式”的逻辑关联，构建“信息方式—伦理方式”的诠释框架。德国古典哲学家黑格尔之“黑格尔之咒”暗藏着伦理方式的理论。伦理方式从道德哲学高度提供了一种解答“如何达到伦理、建构伦理”的方法论基础。基于中国传统道德哲学与西方黑格尔道德哲学的伦理主义体系，伦理方式的道德哲学逻辑表现为以“个体”与“伦理实体”为概念元素，以“伦理同一性”为根本目的，以“精神”为本质特征，以“存在”为现实形态。这根本上是一种狭义的伦理方式，是黑格尔笔下的“从实体性出发”的伦理方式。推而广之，广义的伦理方式是“个体”与“伦理实体”之间“伦理同一性”的建构方式，其逻辑路径是建构起个体性与普遍性之间的价值关联性，使个体性上升为普遍性。不同的价值立场决定了伦理方式有着不同的道德哲学形态。

马克·波斯特的信息方式理论体现出媒介批判学派与媒介环境学派的契合、哲学逻辑与历史构建的融合，这里媒介不再只是作为物质层面的媒介平台和传播中介，它已成为一种媒介逻辑和一种历史社会语境。信息方式借助后结构主义理论，将媒介看作“符号交换情形中的结构变化”，勾勒出媒介背后的“语言—交往—主体—世界—文明”哲学逻辑。以媒介的哲学逻辑为前提，历史可按照媒介的不同历史形态划分为口头媒介时代、印刷媒介时代、电子媒介时代等不同时期。

“信息方式—伦理方式”的诠释框架用以揭示不同媒介环境中伦理构

建的可能性，它包含两大意蕴。其一是核心意蕴，即“信息方式—伦理方式”：信息方式通过语言构型和交往行动建构主体、世界乃至文明，其结构性权力影响伦理方式的立场、价值特征以及存在形态，生成伦理方式的不同道德哲学形态。其二是延伸意蕴，即“信息方式—伦理方式—精神世界与生活世界—文明世界”：信息方式影响下的伦理方式继而影响精神世界、生活世界的状态以及两者之间的关系，造就整个文明发展的基本走向；这是伦理方式对文明的影响，更是伦理方式对其自身的文明诠释。总之，“信息方式—伦理方式”具有深刻的道德哲学意义。

历史（第三章与第四章）：基于“信息方式—伦理方式”的诠释框架，根据纵向的历时研究方法，对口头媒介、印刷媒介下的伦理方式进行道德哲学复原。口头媒介具有独特的信息方式：明确化、情感化和魅力化的口头语言构型，在时空有限性的面对面交往中，将“主体”建构成一个关系自我，将“世界”建构成一个拥有固定位置的小规模群体形式，最终创造出一种口语的、经验的、神话的、宗教的、仪式的文明生态。正是这种信息方式孕育出一种最为原初的、最为神圣的实体主义伦理方式。它以实体性、普遍性为立场，建构出“个体性”与“普遍性”的自在同一，其中，“精神”是其价值特征，“家庭—民族”是其存在形态，最终创造了精神世界与生活世界直接合一的文明状态。实体主义伦理方式有着深刻的文明意义，它构筑起精神世界的伦理信念，有助于实现个体生命的整体意义与生活的总体价值，有助于维护社会秩序的整体稳定。但也因缺乏反思性而潜藏着一定程度的文明风险，容易导致精神世界中普遍性的价值霸权的膨胀，造就不合理的社会秩序和个体基本权利的丧失。

印刷媒介的诞生与普及见证并推动了伦理方式由实体主义向个体主义的历史转变。印刷媒介的信息方式特征出现了新的变化：语言构型呈现出理性化、标准化、复杂化；交往行动颠覆了时空局限性，时间上永恒，空间上封闭与开放并存；主体被建构成一个理性的自律自我，从总体性关系中解放出来；新世界以理性为关系纽带，同时具备扩张性和统一性，本质上却是一个松散的社会结构形式；文明生态在批判中宣扬起理性、自由与平等的新价值观。印刷媒介重新确证了个体的价值地位，实现了伦理方式的个体主义转向。在以个体性为立场的伦理方式下，“个体性”与“普遍性”达到自为同一，“理性”成为其价值特征，“社会—国家”成为其存在形态，生活世界与精神世界分离开来。和实体主义伦理方式一样，个体主义伦理方式的文明意义也是价值与风险并存。一方面，它弥补了实体主义伦理方式的不足，旨在通过生活世界的伦理建构，维护合理的社会秩序，保护和实现个体的自由、利益等基本权利。另一方面，它又可能陷入自身的有限性之中，致使个体性的权力扩张，进而影响个体对生命整体意义和生活总体价值的分享，影响社会稳定秩序的维系。

现时（第五章、六章、七章）：探究网络时代伦理方式的道德哲学状况。现今网络媒介主要以互联网形态呈现，因此网络时代的现实语境即以互联网为主导的文明时代。基于历时分析法，反思互联网下传统伦理方式的遭遇，网络伦理方式的可能性及其限度，以及网络伦理方式的价值合理性建构。互联网拥有着超乎想象的语境建构能力——空间隐喻能力。基于信息方式理论，互联网建构的社会语境呈现出如下图景：数字化、弱逻辑化、符号化和表意随意化的语言构型；超越时空因素、表现为流动的空间和永恒/瞬间的时间的交往行动；在与自身、他人、社会、自然和世界关系中“飘忽不定”的“主体”；以数字化为纽带，既扩大又紧密具有脆弱性的“世界”；去稳定化的文明生态。在这个社会语境下，传统伦理方式饱受着解构危机，进而诱发了形形色色的道德难题。这些伦理困境和道德难题从消极的意义上迫使我们重新追求和探索一种伦理方式，而互联网的虚拟实在本性，以及人的本质与真理更从积极的意义上表明探究伦理的意义，谋求个体性向普遍性的复归始终是人们孜孜以求的神圣任务。一场“网络伦理方式”的探索之旅即将开启。

网络伦理方式最先是一场潜意识状态中的自发探索、自我修正与自然构建。互联网的信息方式本质上是交往方式的重组。互联网凭借网络交往将碎片化、多元化和分散化的个体重新凝聚到一起，生成经验层面的网络社群，乃至构筑成价值层面的网络共同体，使“我”聚合成“我们”，使个体性上升至普遍性，为伦理方式提供了一定的可能性。但这种“我”至“我们”，个体性至普遍性的自我救赎之路，本身又深陷于伦理有限性之中。网络伦理方式的伦理有限性具体表现为网络共同体的伦理有限性。网络共同体因缺乏公共本质、普遍本质，缺少精神的方式，而不可能直接是共体、伦理实体，从而缺乏伦理合理性。网络共同体内在的伦理悖论正体现在伦理可能性与伦理有限性之中。黑格尔早年关于公共舆论的伦理批判早已预言到此种伦理悖论的存在。网络公共舆论的伦理矛盾具体表征出了网络共同体的伦理悖论，网络公共舆论的伦理矛盾又集中表现于诸多网络舆论的群体极化现象中。网络共同体因加深了“个体主义”“无精神”的特质，将延续甚至强化个体主义伦理方式的文明后果，进一步造成道德自由与伦理认同的矛盾激化，以及生活世界与精神世界的分立加剧。

因此，网络伦理方式的价值合理性有待重新建构。网络伦理方式的价值合理性建构需遵循两大价值原理：其一，强化互联网中的口语资源，回归伦理的“精神”传统；其二，整合社会网络与“家—国—天下”中国智慧，超越生成社会网络下的“家—地球村”形态。这种网络伦理方式的理想范式耦合了伦理之传统智慧与互联网之现代气质，既能在理论发展层面引发关于“第三种伦理方式”的深刻反思，又能在文明实践层面以技术为中介重新融合精神世界与生活世界，以缓解互联网浮躁之境下的精神空乏。但网络伦理方式是否能真正诞生第三种伦理方式，是否能真正融合精神世界与生活世界，仍需谨慎对待。

前瞻（第八章）：展望未来泛在网语境下伦理方式的道德哲学状况。未来的网络媒介必将突破现有的互联网形式，走向无时不在、无所不在、无所不能的“泛在网”。泛在网的信息方式将更为深刻、更为根本地强化“主体”的“去稳定化”。“去稳定化”的“新主体”不仅意味着男女两性的伦理性格将日益模糊，而且也意味着子女将急剧成熟，以至于改变他们原有的伦理角色。这无疑将影响家庭伦理建构以及整个实体主义伦理方式的实现，从而变革伦理方式的神圣性根源。因而，要以积极的态度应对未来可能的风险与挑战，及时审视传统伦理方式的新命运，同时更要提前作出网络伦理方式的文化谋划。

最后，在结语部分对本研究进行总结，同时尝试基于共时分析法完整呈现网络时代伦理方式的复杂生态结构，并结合代际问题加以反思，最终提出“网络与伦理‘在一起’”的倡导。

本研究是一个系统庞杂的研究工作，需要多种研究方法综合使用。其一，文献分析法。本研究首先通过调查大量文献获得资料，然后梳理、综述相关研究内容，从而全面地、正确地了解掌握所要研究的问题，以及目前的研究现状，在此基础上系统地展开理论建构与分析工作。其二，定性分析法。本研究限于数据搜集匮乏等缺陷，在定量和定性研究方法中选择定性分析法。依托于事先收集的资料和已掌握的理论知识，对其进行归纳与演绎、分析与综合、抽象与概括，从现象中把握本质，揭示内在的规律。其三，学科交叉法。网络伦理学是属于传播学、伦理学等学科的交叉性研究。本研究采取传播学与伦理学交叉研究的方式。网络媒介本身是一种传播方式，对网络媒介进行传播学分析可以帮助与推进对网络时代的全面了解，为伦理学的建构提供真实的基础。而伦理学尤其是道德哲学能够从普遍性、抽象性上考察网络时代的伦理状况，弥补传播学理论深度的缺陷。具体而言，传播学中的媒介环境学派与媒介批判学派将为本研究提供关于媒介的语境解读和关于媒介的哲学诠释。伦理学则通过以中国传统道德哲学与西方黑格尔道德哲学为学术资源，实现道德主义向伦理主义的转向，为本研究提供更为深刻的道德哲学方法论基础。

本研究的创新之处在于，首先，系统建构伦理主义体系中的“伦理方式”范畴，以通过道德哲学方式阐释“如何达到伦理、建构伦理”的“在一起”之间，这开拓出道德哲学研究的独特视阈；其次，搭建起“信息方式—伦理方式”的诠释框架，全面复原媒介影响伦理建构的道德哲学规律，从而能够进一步深刻反思“网络时代，我们如何在一起”的伦理追问，这丰富了网络伦理学的研究方法，提升了网络伦理学的道德哲学深度；再次，探究媒介影响下“伦理方式”的道德哲学形态，一定程度上也拷问了“黑格尔之咒”中提出的“从实体性出发”或“原子式思考”的断语，这有助于反思乃至突破传统道德哲学理论；从次，把网络媒介与社会语境联系起来，将网络时代作为现代社会的概念图式表达，使研究对象由狭义的网络信息平台转向广义的网络社会语境，这帮助我们更深刻地理解网络媒介的意义与作用；最后，将网络媒介作出了现时与未来的区分，将网络时代作出了历时与共时的区别，这有利于更为细致又全面地洞察网络时代的整体发展态势。

本研究无论对于传播学而言还是伦理学而言，都将是一个全新的大胆的尝试。创新充满生机，创新也潜藏风险。不可否认，本研究为媒介与伦理，尤其是网络媒介与伦理提供了新的理论解说。通过“信息方式—伦理方式”阐释框架的搭建，全面复原了媒介变革下的伦理图景，在此基础上着重剖析了网络时代的伦理状况。这些探讨在源头上基于一个前提假设，即信息方式影响伦理方式。本研究的关键难点和重大风险正根源于此。其一，如果对信息方式影响伦理方式的立场把握不当，便容易陷入技术决定论的窠臼之中，遭到反技术决定论者的攻讦。其二，论证信息方式影响伦理方式的理论探索较为繁复，无论是伦理方式的理论建构，抑或是信息方式与伦理方式之间的逻辑关联，任何一方的偏颇都会影响后续研究开展的可行性和合理性。可见，研究的过程如履薄冰、如临深渊。而作为本研究的核心议题，网络时代本身又是一个高速行进中的多元化时代。虽然历时的分析视域能够暂且帮助我们认知网络时代伦理方式的一个特定断面，但只有历时与共时共存、共在的网络时代才是一个真正的、现实的网络时代。本研究对这一复杂状况的理解与把握仍缺乏一定的力度和深度，有待日后进一步改进与完善。

第一章　伦理方式

受到现代化、全球化、网络化等多重现代性因素裹挟，现代文明社会正在发生着天翻地覆的变化。其日新月异之速度，传统社会无法匹及。但任何一次发展大机遇都无形中潜藏着巨大的风险。人们的物质生活日渐丰裕，可人们的精神生活却日益空虚，人与人之间的关系紧张又胶着着。企业黑心产品、老人摔倒不敢扶、官员贪污腐败、社会贫富差距拉大、记者行业“封口费”、明星“诈捐门”，等等，这些触目惊心的失范案例在这个时代接连出现，成为我们茶余饭后热议的社会焦点议题。于是，有人便得出一个可怕的悲观主义结论：现代社会是一个人情冷漠、道德沦丧的社会，道德滑坡是当前社会伦理道德发展的新常态。

这种悲观主义结论是未雨绸缪还是杞人忧天？当今社会伦理道德发展是否真的陷入了道德滑坡困境？它究竟呈现何种景象？折射出何种问题？多项本土化的调查数据，更新了我们原有的日常经验与认知。这些调查数据来自江苏省道德发展智库、江苏省“公民道德与社会风尚”协同创新中心、东南大学道德发展研究院主持的三次大调查。① 在 2006—2008 年的全国性“调查一”中，就“你对当前中国的伦理与道德状况是否满意”一问，75% 的人对当前的道德状况基本满意或满意，不满意的只占 19. 4%；而 73. 1% 的人对当前的伦理关系或人际关系不满意。道德上基本满意、伦理上不满意的“二元体质”，成为人们对当前社会伦理道德发展的主流价值判断。据此可推断，现代社会伦理道德领域最深刻的变化不

① “调查一”于 2006—2008 年在全国展开，主要在江苏、广东、广西、新疆等省（自治区）采样，由六大群体的分别调查和综合调查构成，投放问卷近两万份，辅之以诸群体座谈会。“调查二”于 2013 年在全国 28 个省、自治区、直辖市进行，与中国人民大学 CGSS 项目组合作，问卷样本量近 6000 份。“调查三”于 2013 年在江苏进行，同样与中国人民大学 CGSS 项目组合作，问卷样本量近 1300 份。

是道德的“失落”，而是伦理的“退隐”，“伦理出了问题”是导致现代社会人情冷漠、关系紧张的主要根源。2013 年先后开展的“调查二”“调查三”再一次确证了人们对道德状况的满意程度，这进一步从反面支持了伦理“退隐”论断：人们对道德状况一直持有基本满意的态度，对道德状况的满意程度分别达到 79.9%、62.9%；在“调查三”中，更有高达 98.7% 的受访者对自己的道德状况表示非常满意或比较满意，但与此同时，却有 32.3% 的人对社会的伦理道德状况不满意或比较不满意。

之所以调查数据与社会经验产生强烈反差，并非由于调查数据无效或社会经验失当，而是因为它本身反映出一个事实的两种纠结态度——“终极价值守望”与“终极价值忧患”[①]。“守望”社会伦理道德发展的传统，“忧患”社会伦理道德发展的未来。更为重要的原因是，大众意识对伦理与道德的混淆，使人们在主观的社会经验中无法看清、无法透析社会伦理道德发展的根源问题。当调查研究以大众话语的表述形式将伦理与道德作出简单区分时，人们对伦理与道德状况的价值判断差异则初现端倪：道德上基本满意、伦理上不满意；对自己的道德状况基本满意、对社会的伦理道德状况不满意。

因此，这些数据足以深刻揭示，现代社会伦理道德发展正在遭遇的是关于“伦理”的难题，而非简单的“道德”困境。“‘人应当如何生活’的道德追问，根本上是‘我们如何在一起’的伦理追寻。”[②] 一定有人会反驳，本土化的研究仅能代表社会伦理道德发展的中国问题或中国区域性问题，并不能代表更广阔的社会空间。但事实上，伦理忧患早已不仅是中国的特色问题，它更是一个全世界的共同问题。20 世纪以来，中西方思想家立足于各自文明，提出了同一个觉悟。陈独秀在 20 世纪初深切反思：“伦理的觉悟，为吾人最后觉悟之最后觉悟。”[③] 紧接着，英国哲学家罗素（Russell）在 20 世纪 40 年代敏锐发觉：“在人类历史上，我们第一次到达这样一个时刻：人类种族的绵亘已经开始取决于人类能够学到的为伦理思考所支配的程度。”[④] 无论陈独秀和罗素基于何种话语背景和问题指向

---

① 樊浩：《伦理道德现代转型的文化轨迹及其精神图像》，《哲学研究》2015 年第 1 期。

② 樊浩：《“我们”的世界缺什么》，《道德与文明》2012 年第 6 期。

③ 陈独秀：《陈独秀文集》第 1 卷，上海人民出版社 1993 年版，第 179 页。

④ ［英］伯特兰·罗素：《伦理学和政治学中的人类社会》，肖巍译，中国社会科学出版社 1992 年版，第 159 页。

提出了“伦理的觉悟”和“为伦理思考所支配”，他们都一致表明，现代社会伦理道德发展的最大忧患是伦理的“退隐”，乃至伦理的“退场”！“退隐”的伦理或许还如归隐山林的居士，三顾茅庐仍有望东山再起，指点江山；“退场”的伦理则似美人迟暮、英雄末路、江郎才尽，一切消散殆尽，了无踪迹。当伦理“退隐”或“退场”之后，“我们”的良性关系将难以维系，现代社会便陷入了碎片化的冷漠泥潭。

现代文明社会的发展，亟须让“我们”重新“在一起”，以“伦理”的“方式”“在一起”！

第一节　“黑格尔之咒”

以“伦理”的“方式”“在一起”，换而言之，伦理的“出场”、伦理的达成是一条实现“我们”“在一起”的文化途径。这条文化途径的全部意义将直接暗含于“伦理方式”的概念之中。

目前，“伦理方式”的概念尚未显现，但其理论意义与实践价值已被现代社会伦理道德发展推至“前台”，成为一个亟待解释、亟须解决的问题。新概念的提出，并非哗众取宠、标新立异，其背后蕴含着复杂的现实需求、历史源头以及逻辑内涵。如果说，现代社会伦理道德发展的诸多困境是“伦理方式”的现实需求，那么，德国古典哲学家黑格尔的“黑格尔之咒”则是“伦理方式”的历史源头，而以中国传统道德哲学与西方黑格尔道德哲学为学术资源的伦理主义体系则为“伦理方式”建构出一套深刻的逻辑框架与内涵。

一　“关于伦理的观点”

德国古典哲学家黑格尔曾在《法哲学原理》中提出过一个著名的论断：“在考察伦理时永远只有两种观点可能：或者从实体性出发，或者原子式地进行探讨，即以单个的人为基础而逐渐提高。后一种观点是没有精神的，因为它只能做到集合并列，但是精神不是单一的东西，而是单一物和普遍物的统一。”[①] 黑格尔提及的“考察伦理时”的“两种观点”，便是关于“伦理”的两种观点。

---

① ［德］黑格尔：《法哲学原理》，范扬、张企泰译，商务印书馆1961年版，第173页。

“关于伦理的观点”不同于我们传统意义上的“伦理的观点”，要加以严格区分。“伦理的观点”是伦理的现象形态，它直涉伦理观念、伦理存在、伦理生活和伦理关系等诸方面，是对现象界的伦理探讨，而“关于伦理的观点”是伦理的本质形态或概念形态，它关涉“关于伦理”的观念、理念、信念等，具有伦理的形上意义；“伦理的观点”是对伦理现象的部分复原，而“关于伦理的观点”是为伦理本身提供了完整的现象学图景以及更具哲学根据尤其是精神哲学根据的合理而有力的解释。[①] 现象形态较之本质形态，部分复原较之完整图景，“关于伦理的观点”有着更为彻底、更为深刻的道德哲学意义。虽然“伦理的观点”与“关于伦理的观点”相互区分，但两者归根结底是“伦理观”的一体两面，共同构成了“伦理观”的全部内容。“伦理观”不只是现象界的“伦理的观点”，更是形上领域的“关于伦理的观点”。“伦理的观点”是“伦理观”的前提和基础，“关于伦理的观点”是“伦理观”的延展与升华。事实上，“关于伦理的观点”内部已经包含着对“伦理的观点”的诉求，因为离开现象界的经验认知，任何形上觉悟都将是一座“空中楼阁”。所以，在这个意义上，“关于伦理的观点”能够反映出“伦理观”的全部现实与理论价值。

或许，黑格尔正是意识到“关于伦理的观点”的上述价值，才在《法哲学原理》第三篇“伦理”的引言中着重强调了“考察伦理时”的“两种观点”：“从实体性出发”和“原子式地进行探讨”。“从实体性出发”的观点认为伦理本质上是立足于“实体”的“单一物与普遍物的统一”，因而是“精神”的。相反，“原子式地进行探讨”是“以单个的个人为基础”的单一物之间的“集合并列”，因而是“没有精神”的。以黑格尔的道德哲学立场而言，不仅“关于伦理的观点”有且仅有“从实体性出发”和“原子式地进行探讨”的两种类型，而且当且仅当“从实体性出发”的观点才是有“精神”的伦理，才能揭示出伦理的精神本性。

中西方文明各自缔造了“从实体性出发”的伦理观。西方文明以上帝为终极实体，为人们预设了一个宗教式的伦理家园，人们通过信仰把个体的实体情节寄托于彼岸世界的上帝存在，以个体获得上帝的救赎为终极目标。中国文明并没有建构出一个人格化的实体存在，而是通过经验感

① 参见樊浩《“伦”的传统及其“终结”与“后伦理时代”》，《哲学研究》2007 年第 6 期。

悟、形上思辨缔结了一个“从实体性出发”的文化传统。“孔子以‘礼’为伦理实体的理念，以‘君君、臣臣、父父、子子’（《论语·颜渊》）的安伦尽分的秩序诉求为要义，以‘正名’为实现‘礼’的路径，造就‘伦’的精神传统，在日后的文化演进中，这种精神传统不断得到延续和强化，这便是‘孔家店’的文化真义。”① 于是，实体性的“礼”与“伦”在人们的信念中获得认同。中西方文明的两种“从实体性出发”的伦理观，各自为身处于其中的人们提供了一套关于生命意义和生活价值的文化解答。

相较于“伦理的观点”，“关于伦理的观点”直指伦理的本质；相较于“原子式地进行探讨”的伦理观，“从实体性出发”的伦理观直指伦理的精神本性。常言道，“世界观”既要包含人们对待世界的根本看法，也要包含人们对待世界的根本态度。因此，伦理观就不能仅仅停留于现象界的“伦理的观点”，停留于形上界的“关于伦理的观点”，而要进一步拓展至实践界的“对待伦理的态度”。态度与观点的差别在于，它已经不只是认知层面的“理论的观点”，更是行动层面的“实践的态度”。同时，认知层面向行动层面的转换，也使伦理的主观认知形态进一步客观化其自身。认知与行动的统一，主观与客观的统一，符合了伦理的“精神”意蕴，道明了伦理观的整体图景。

当伦理观由“关于伦理的观点”发展至“对待伦理的态度”时，“伦理方式”的概念便已呼之欲出。

二　“建构伦理的方式”

如此一来，我们可以说黑格尔关于“实体性出发”抑或“原子式地进行探讨”的“咒语”间接暗含着“伦理方式”概念，为“伦理方式”的提出提供了可靠的历史根据。既然“伦理方式”是一种“对待伦理”的“实践态度”，那么“伦理方式”就突出了伦理观的实践层面、行动层面，是一种演绎伦理建构、伦理达成的行动逻辑。它不再是一种静止的概念与理念，而是一种动态的建构与缔结。

通过对“黑格尔之咒”进行行动话语转换，“从实体性出发”的伦理方式意味着伦理本质上是要通过“精神”的力量实现“单一物与普遍物的

① 樊浩：《“后伦理时代”的来临》，《道德与文明》2013 年第 6 期。

统一”，而“原子式地进行探讨”的伦理方式遮蔽了“精神”，只能凭借“理性”的能力使单个个人机械叠加，构筑起单一物之间的“集合并列”。无论基于何种立场（实体或原子）、基于何种机制（精神或理性），伦理方式都以建构伦理、达到伦理为根本目的，意旨“建构伦理的方式”。

伦理方式或“建构伦理的方式”背后存在着两大文化前提：其一，伦理可以被建构；其二，伦理必须被建构。明确两大文化前提，伦理方式概念才具有自身的合理性和合法性。

伦理为什么可以被建构，关键要明晰被建构的对象是何物。这里，被建构的不是伦理本身，不是伦理这个理念，而是伦理理念的对象化存在。诚如，“上帝死了”“打倒孔家店”两大口号揭示的并非“伦”之死、“伦”之“倒”，因为作为人的精神生命和生活世界的本性而言，“伦”不能“死”，也不能“倒”。“死”掉的、“倒”下的只是“伦”的最高精神象征：“上帝”与“孔家店”。[①] 相对于伦理的对象化存在，伦理本身即一种自然、自在的存在，它是神圣的、纯粹的、非理性的、抽象的。自人类文明诞生之日起，伦理本身就与人类的生活与生命共孕而生、休戚相关，它无须被建构，就已自然而然地存在。同时，作为一种神圣性根源，它又是其他意义孕育和生成的根基，因而不能被轻易地动摇与建构。所以，在认识论意义上，人们只能试图洞察作为自然存在的伦理本身的客观发展规律，而无法将伦理本身列为被建构的对象。

被建构的对象只能是伦理本身的对象化存在。如果说伦理本身是一种自然，那么伦理本身的对象化存在就自动转向了自然的对立面——“自然的人化”。“自然的人化”被注入了人的主动性因素，从而不再是一种纯客观对象。“‘自然的人化’的结果，即不完全是自在本身的产物，而是人类建构的产物。”[②] 伦理本身的对象化存在主要包含两大层面，一类是客观的对象化存在形态，如客观伦理存在，另一类是主观的对象化存在形态，如主观伦理认同。建构伦理的过程，正是对客观伦理存在与主观伦理认同以及两者之间关系的塑造过程。

当然，伦理建构的可能性并不意味着我们必须建构伦理。建构伦理的必要性主要体现在伦理对于人而言具有的一系列不可替代的价值之中。首

---

① 参见樊浩《“后伦理时代”的来临》，《道德与文明》2013 年第 6 期。

② 金岱：《文化建构主义与再启蒙》，《华南师范大学学报》（社会科学版）2013 年第 5 期。

先，从人的主观性上说，伦理是人的基本需要。马斯洛（Maslow）理论将需要分为生理需要、安全需要、爱和归属感、尊重和自我实现五类，依次由较低层次向较高层次排列。就伦理道德领域，目前人们对需要的理解大体还停滞于道德需要层面，主要从人的自我肯定、自我完善和自我发展角度加以理解。也有学者初步谈及伦理需要的问题，但仅涉及安全需要层次，提出“伦理安全”概念，将其看作人生命意义和生活意义上的“伦”的安全。[①] 实际上，除了马斯洛需要理论中最为初级的生理需要以外，伦理需要几乎涵盖了其他各个需要层次及其演进过程，因而它毫无疑问是人的一种基本需要。伦理安全需要蕴含于人们的信念之中。如前述，伦理安全需要的满足可以使人们在生活意义上获得人伦关系中的安全感，在生命意义上获得作为家园的“伦”的安全感，从而最终使人获得终极意义上的安全满足。其次，作为一种终极信念，伦理又是人们分享爱和归属感的一种自然的、直接的渠道。伦理本性上是一种普遍的东西，爱的本质是使人不孤立、不独立。伦理与爱相同一，在爱之中，在伦理之中，人们才能直接性地感受到一种普遍家园的归属感。伦理及其爱和归属感实现了对伦理安全感的外化和现实化。至于尊重和自我实现则是更为高层次的伦理结果。伦理性的爱和归属感只是一种客观的、外在的普遍性，只有当其内化于个体自身，完成个体性与普遍性之间的辩证统一时，伦理才获得最后的现实性。尊重和自我实现即完成了这个统一，因而是现实性伦理结果的重要构成部分。可见，安全需要、爱和归属感、尊重和自我实现自始至终都与伦理相关联，甚至于一定程度上构成了伦理的全部内容，因而决定了伦理是人的一种基本需要。人的存在，即需要伦理。

更进一步，从人的客观性上说，伦理又是人的本质和真理。根据德国学者劳尔斯·黑尔德（Klaus Held）对伦理道德的现象学还原，人始终有两种相互矛盾的诉求，一是意志自由，二是交往行为。意志自由彰显了人的个体性诉求，交往行为则注定人要进行普遍生活，更深刻的是，个体的意志自由只有在普遍生活中才能获得现实性。换言之，人既是一个有限的个别性存在的“单一物”，又可能并且应当成为实体性存在的“普遍物”。相较于个体性、个别性，个体性与普遍性相统一的实体性更接近于人的本质和真理，是人的终极目标和终极任务。为此，黑格尔宣布了一项“法

---

① 参见樊浩《道德之“民”的诞生》，《道德与文明》2014 年第 2 期。

的命令”：“成为一个人，并尊重他人为人。”[①] 只有扬弃了“一个人”的个别性，方能“成为”实体性的“人”。这不仅是主体的“法的命令”，也是主体间的“法的命令”。而作为一种普遍的东西，伦理正与这种实体性、普遍性、普遍生活直接相关，因而充当着人的本质和真理。这是从哲学思辨层面考证伦理的本质性和真理性。

回到人类文明发展、个体生命发育、人类社会发展的历史源头，我们可以再一次确证实体性即伦理是人的本质和真理这一论断。[②] 人类文明诞生于原始社会，在原始社会中，整个世界混沌一体，个体性与普遍性直接同一，实体性是原始社会的唯一真理。个体自我意识的觉醒破除了原始社会的原初实体性状态，但这种实体情节得以基因式地深藏在人类文明的集体记忆中。个体生命的从无到有也同样蕴含着实体性的文化密码。从客观生理上说，个体生命的诞辰来自男人与女人的共同缔造，以及女人母体的十月怀胎，这本身已表征着个体生命存在及其发展的实体性根源。从主观心理上说，人的生命缔造过程不同于动物之间的直接生理冲动，它包含着男女之间的情感元素，即“爱”的感觉。“爱”的本质即指向“不孤立”“不独立”的实体性。当个体挣脱母体呱呱坠地时，主客观的实体基因都将深深印刻在个体生命之中。人类社会的发展也是一个从自然界脱胎而出的实体解构过程。世界之初，只存在一个原初的自然界。之后，人类和人类社会从自然界中诞生出来，并在一段时期内长期处于自然界的“压制”之下。作为对自然“压制”的反抗，人类社会逐渐意识到自身的能动性，开始认识自然，改造自然。即便如此，原初的自然界仍然是人类社会不得不在反思中遵循着的本质规律。

从人的主观需要到人的客观真理，建构伦理的必要性得以充分彰显。而社会发展进程中的现代性深化则在建构伦理的必要性上又增添了一份紧迫感。现代性是当代社会发展的核心关键词。英国社会学家安东尼·吉登斯（Anthony Giddens）认为，现代性推动了社会发展的“时空分离”、“脱域机制”以及“知识的反思性运用”。[③] 在三大动力机制下，人们获

① ［德］黑格尔：《法哲学原理》，范扬、张企泰译，商务印书馆1961年版，第46页。

② 参见樊浩《“后伦理时代”的来临》，《道德与文明》2013年第6期。樊浩教授在本篇论文中从人类文明史、个体生命化育史、社会发展史三大方面解释了“伦”对人、对人的生命和生活的深刻意义。

③ 参见［英］安乐尼·吉登斯《现代性的后果》，田禾译，译林出版社2011年版。

得了无限进步的时间观念，构筑了现代民族国家以及高效的政治、经济、社会组织体制，形成了以人的价值为本位的自由、民主、平等、正义等观念。但与此同时，人们也被抛却到了一个高度原子式的世界。在这个世界中，个体成为世界的主宰，一切皆被允许，一切皆有可能。遗憾的是，个体自由的极化将以“失家园”为沉重代价。到那时，人的存在不仅失却实体，而且也不能是“个体”，最终沦落为无归宿的“个人”，“把一个个体称为个人，实际上是一种轻蔑的表示”①。但人又不得不重新“在一起”，不得不回归实体，因为实体性、伦理是人的基本需要也是人的本质与真理。于是，个体性的解放与实体性的依归就成为现代社会难以摆脱的“文化矛盾”。即使如此艰难，人的需求、人的本质、人的真理都要求我们必须不断探索“在一起”的伦理途径。伦理方式的提出，正是力图为它提供一份可能的答卷。

第二节　伦理与伦理方式

虽然“黑格尔之咒”只是提出了考察伦理时的两种观点，即“关于伦理的观点”，“从实体性出发”和“原子式地进行探讨”，但认知形态的“关于伦理的观点”已经间接潜藏着行动形态的“建构伦理的方式”，因而“黑格尔之咒”为伦理方式概念的提出创造了合理的历史根据。

“伦理方式意指建构伦理的方式”，这只是一种粗浅的同义反复式定义，并不能直指伦理方式的本质内涵。那么，究竟什么是“伦理方式”？什么是道德哲学视域中的“伦理方式”？什么是“伦理方式”的道德哲学逻辑？这有待从学理上进行严密的论证与阐释。其一，要明确“伦理方式”的理论立场；其二，要明晰“伦理方式”的概念元素；其三，要明了“伦理方式”的根本目的、逻辑结构、本质特征与现实形态等内涵。

一　道德与伦理

“伦理”与“道德”是人们日常生活中广泛使用着的两大概念，但人们很少去反思究竟什么是“伦理”，什么是“道德”以及“伦理”与“道德”之间的相互关系，甚至在学术界也存在着概念混乱、界定模糊的

① ［德］黑格尔：《精神现象学》下卷，贺麟、王玖兴译，商务印书馆1979年版，第40页。

尴尬局面。王仕杰曾较为全面地整理了目前学界的相关观点，将它们划分为“同一论”、“存异趋同论”、“联系论”、“相似论”、“包含论”和“异质论”。[①] 其中，中国儒家哲学体系和黑格尔道德哲学体系是伦理与道德异质论的典型代表，它们各自立足于自己的理论体系，指明了伦理与道德本质上的不同意义。然而，这种具有思辨色彩的异质论却长期被学术界忽视，成为象牙塔中一个久久封存着的篇章。长期以来，伦理与道德一直处在简单等同、缺乏反思的学术语境中，使现代社会中的诸多道德难题不可避免地遭遇了理论瓶颈和实践困境。揭开伦理与道德之间辩证关系的面纱，应当成为当代道德哲学理论发展和人类文明进步的前沿性任务。这也是提出伦理方式理论不得不考证的学术基础。

樊浩教授最先从中国古代哲学尤其是儒家体系以及黑格尔道德哲学体系中重新确证了伦理与道德的辩证关系。创生于古神话时期“盘古开天”“女娲补天”的“伦”世界和“伦”传统，酝酿于春秋时期礼崩乐坏的秩序情节，在儒家理论的发展过程中得以延续和传承，从而将中国文化塑造为一种典型的伦理型文化。作为儒家学派的创始人，孔子用“克己复礼为仁”[②] 简明阐述了伦理与道德之间的辩证关系。“礼”是伦理，“仁”是道德。孔子以“仁”说“礼”，以“礼”立“仁”。首先承认“礼”的存在，并将终极目标设定为“克己复礼”，同时又创造性地发现“仁”，为“复礼”提供了现实性。具体而言，个体通过“克己”超越自己的个别性，到达“礼”的实体性，个别性向实体性的回归使个体上升为道德主体成就“仁”。因而，“礼”是个体的终极目标，是“仁”的价值预设；“仁”是个体达到“礼”的中介，是“礼”的现实形态。“礼”与“仁”即伦理与道德，在孔子的体系中辩证合一，并且前者优位于后者而存在。孔子的思想在孟子那得到继承与发挥。“人之有道也，饱食、暖衣、逸居而无教，则近于禽兽。圣人有忧之，使契为司徒，教以人伦；父子有亲，君臣有义，夫妇有别，长幼有序，朋友有信。”[③] 中国文化最大的忧患是“近于禽兽”的失“道”之忧，要想走出失“道”之忧，必须以“伦”救“道”。这是孟子关于伦理与道德关系理论的经典表述，也是

① 参见王仕杰《“伦理”与“道德”辨析》,《伦理学研究》2007 年第 6 期。

② （战国）孟子等:《四书五经》，中华书局 2009 年版，第 27 页。

③ （战国）孟子等:《四书五经》，中华书局 2009 年版，第 81 页。

奠定儒家伦理道德一体、伦理优先形态的重要思想。虽然伦理与道德在儒家的历史发展过程中呈现为不同的话语形态和历史内涵，如孔子的“礼”与“仁”，孟子的“五伦四德”，荀子以“礼”为核心的“天理”“人情”“国法”，董仲舒的“三纲五常”，宋明理学家的“天理人欲”，但客观地讲，伦理与道德始终处于一个同一的生态结构之中，且伦理较于道德总是处于优先地位，道德在具体的伦理情境中构建合法性和合理性。

令人惊喜的是，儒家伦理与道德的这一辩证关系在远隔万里、相距千年的德国古典哲学家黑格尔的理论中再次得到印证。黑格尔关于伦理与道德一体、伦理与道德辩证的思想主要体现在《精神现象学》的精神哲学体系与《法哲学原理》的法哲学体系中。在精神哲学体系中，黑格尔以精神或意识为研究对象，阐释了精神或意识的生长经历了“伦理世界—教化世界—道德世界”的辩证过程。伦理世界是精神的肯定阶段，是实体或共体的普遍本质，自我意识在该阶段仍未成为现实；自我意识在教化世界中觉醒，通过教化世界的自我异化和自我否定，最终在道德世界中获得真正的自我意识，实现个体向实体的复归，成为自在自为的存在。与精神哲学体系不同，法哲学体系探究“法”与自由意志的生长规律。自由意志在道德阶段扬弃了抽象法的直接性与抽象性，获得了主观现实性，成为主观意志的法；但是在道德阶段，自由意志仍然遭受着主观性与客观性，个体性与社会性的对立，只有在伦理阶段，自由意志才扬弃了法的抽象性与主观性，达到客观性与主观性、普遍意志与个人意志的辩证统一。虽然，伦理与道德在精神哲学体系与法哲学体系身处不同的地位，但伦理与道德一体辩证，伦理优先的关系均是两大体系的主线。

或许有人会认为，无论是儒家道德哲学体系还是黑格尔道德哲学体系，它们只是特定历史时期的特定思想，并不足以撼动现代和现实生活中伦理、道德合而为一的阐释模式。为了反驳这种观点，并为伦理道德二分提供更夯实的学理支撑，樊浩教授进一步从历史哲学角度考察了整个中西方道德文明和道德哲学发展的历史形态，勾画出中西方伦理道德精神发展史的历史全景。他认为：“西方轨迹的主题是伦理与道德分离，道德优先：古希腊‘伦理’形态——‘后希腊’或希腊化时代的‘道德’形态——康德（Kant）‘道德哲学’形态——黑格尔伦理与道德统一的精神哲学形态——现代伦理与道德分离的道德自由形态。中国轨迹的主题是伦理与道德同一，伦理优先：‘克己复礼为仁’——‘五伦四德’——‘三纲五常’——‘天理人欲’。”[①] 古希腊时期“苏格拉底（Socrates）之死”引发了西方社会对伦理实体与个体道德关系的反思，尤其是引起了人们对伦理实体的关注，同时推动柏拉图（Plato）建构起个体与实体同一性关系的“理念”哲学。直至亚里士多德（Aristotle）之前，伦理实体、“理念”一直处于西方精神世界的统摄地位，具有形上的哲学意义，奠定了古希腊时期道德文明的“伦理”形态。亚里士多德将德性划分为“理智的德性”与“伦理的德性”，最终促使希腊化时代“伦理”的精神形态向“道德”的精神形态转换。中世纪宗教向希腊时期的实体传统回归，以上帝为绝对的终极实体，但由于“理智”力量的崛起，使以理性来论证上帝的存在成为中世纪哲学的重要意图。中世纪的黑暗文明激发了文艺复兴的兴起，人们开始用理性的力量反叛中世纪上帝绝对实体，同时反思古希腊时期的伦理实体主义，以个体主义为精神内核的人文主义成为时代的主流。这种理性主义、个体主义的哲学思潮在康德那走向巅峰，道德越位伦理，成为人们精神世界的“绝对命令”，道德自由则成为精神世界的终极任务。至此，“道德”形态走向“道德哲学”形态。但显然，康德将“上帝存在”和“灵魂不朽”作为两大价值公设已经暗示了道德“绝对命令”理论的不彻底性。正是在这个时代背景中，黑格尔着手反思伦理与道德之间的辩证关系，建立了逻辑与历史辩证统一的精神哲学体系，形成了伦理与道德统一的精神哲学形态。遗憾的是，黑格尔的理论并没有得到应有的重视，黑格尔之后，伦理与道德再度分离。及至尼采宣布“上帝死了”，宗教统摄地位的坍塌使整个西方世界陷入极度自由、极度分化的碎片化世界，从而遭受到现代性“失根”危机。如此，西方世界的伦理道德精神发展史便呈现为，“伦理——道德——道德哲学——伦理道德统一的精神哲学——伦理道德分离的道德自由”[②] 的历史全景。总的来说，伦理与道德在西方社会处于分立、对峙、摇摆的状态，道德占据优先地位。

在樊浩教授看来，中国道德文明和道德哲学发展则演绎出另一条轨迹，这条轨迹更富有深刻的精神哲学意义。在蒙昧时期，中国古神话酝酿了一个具有彻底实体性和伦理性的“伦”世界。中国古神话中的两个经

① 樊浩：《“我们”的世界缺什么》，《道德与文明》2012年第6期。
② 樊浩：《“我们”的世界缺什么》，《道德与文明》2012年第6期。

典代表——“盘古开天”与“女娲补天”，在紧张与乐观的纠结中宣示了天人合一的关系以及人的类本质。西周维新对“伦”世界进行了制度化构建，但却遭到春秋战国时期大动乱的解构和颠覆。怀抱着对“三代”之“伦”世界的向往，春秋战国时期出现了百花齐放、百家争鸣的盛大景象。先秦诸子百家各树其帜，但无不指向对“礼”的重拾。其中，孔子开创的儒家成为中国文化的主流与正宗。老子开创的道家与其相补，两者共同缔造了“解决中国人精神问题也成为中国人精神世界的必然结构”①。老子“道—德”智慧的指向是“尊道贵德”，“德”以“道”为终极根据，而“道”与“德”又以“自然”为终极状态。虽然老子没有直接涉及伦理与道德之辩，但“道”本质上是一种自然状态的终极实体，是“伦”在形上世界的存在形态。因而，“道”与“德”共同具有了伦理本性和伦理取向。庄子将老子的道德智慧往主观性发展，走向个体主义与绝对自由，一方面推崇“明哲保身的个体主义”，另一方面又推崇“游于伦理的道德自由”。② 但和老子一样，庄子的智慧也只适用于思辨性的形上世界，而无法直接指导现实生活。孔子的高明之处即为世俗世界提供了解释，重建了社会生活秩序和个体生命秩序。如前述，孔子的“克己复礼为仁”奠基了一个伦理与道德同一的精神哲学范式。孟子进一步推进孔子思想，系统确立了“五伦四德”体系，只是“礼”成为“四德”之一，潜藏着伦理优先地位丧失的危险。荀子为了挽救丧失“礼”的风险，勾画了以“礼”为核心的“天理、人情、国法”，使伦理转向法律。在汉代董仲舒的“三纲五常”官方哲学中，“纲”代表伦理，已走上绝对位置。“三纲五常”让伦理走出精神世界，沦为经世致用的工具。宋明理学旨在通过引入道佛两家来弥补精神世界的空白，建构起儒道佛三位一体的“天理人欲”体系。伦理与道德在宋明理学中重新得以同一，伦理的优先地位重新得以巩固。虽然，伦理与道德的关系在中国道德文明发展过程中也在不断波动，但总体上，伦理与道德始终处在辩证统一之中，伦理优位于道德。

西方“伦理与道德分离、道德优先”，中国“伦理与道德同一、伦理优先”，两条大相径庭的轨迹似乎在宣告伦理与道德关系之辩的合理性危

① 樊浩：《“我们”的世界缺什么》，《道德与文明》2012 年第 6 期。
② 樊浩：《“我们”的世界缺什么》，《道德与文明》2012 年第 6 期。

机。其实不然，只要稍加思辨即可发现，现代社会陷入伦理与道德同一论窘境，正是深受西方思潮影响，将道德抬得过高，忽视了伦理的价值。之所以伦理与道德两种话语能长期存在于人类文明发展进程中，必有其存在的合理性。只谈道德不谈伦理，或只谈伦理不谈道德，抑或将伦理道德等同，都是在不知不觉中消解伦理或道德的功能与意义。中国"伦理与道德同一、伦理优先"体系恰好避免上述缺陷与不足，伦理与道德在该体系中均找到了自己恰当的位置。所以，在某种程度上讲，中国道德文明的历史哲学形态要先进于西方道德文明的历史哲学形态。当西方文明借助于宗教找寻道德根源时，中国文明已在伦理中获得了体悟。至此，伦理与道德区别又同一，伦理优位于道德的关系结构在历史哲学中也获得了证实。

我们将这种伦理与道德辩证合一、伦理优位于道德的道德哲学体系称为"伦理主义体系"，它的学术资源是中国儒家哲学体系与西方黑格尔道德哲学体系，它的合理性和合法性彰显于中西方道德文明的历史哲学形态。伦理方式的提出正是基于伦理主义体系的立场。其中，伦理关乎实体性、普遍性、客观性，着力于"人"与"伦"的关系；道德关乎个体性、个别性、主观性，着力于"人"与"理"的关系；伦理优位于道德，伦理为道德提供精神支持，道德在伦理中获得现实确证，"德毋宁应该说是一种伦理上的造诣"①。

二 "人"与"伦"

毋庸置疑，伦理方式概念的核心在于"伦理"，即围绕"伦理"形成的"方式"形态。在基于中国儒家道德哲学体系与西方黑格尔道德哲学两大学术资源而建立的伦理主义体系之中，"伦理"具有深刻的道德哲学意蕴和精神哲学意义，因而使伦理方式也包含着独特的概念元素。

以儒家体系为主流的中国伦理型文化，将"伦理"逻辑地展开为"伦—理—伦理"的价值框架。首先，"伦"是中国文化的特殊概念，充当着中国文化的精神支柱，它集中体现并传达了伦理的本质与本性。许慎《说文解字》释曰："伦，从人，仑声，辈也。……车以列分为辈。""辈"是对"车"的等次的区分，引申到人的层面上，即对人的等级的区分。因而，"伦"正如孔子所说的"君君臣臣，父父子子"的"安伦尽分"，每个人在

① ［德］黑格尔：《法哲学原理》，范扬、张企泰译，商务印书馆1961年版，第170页。

“伦”中恪守己位，与“伦”保有一定的关系，以此巩固与维护社会的礼治秩序。这种礼治秩序的本质强调的不是君臣父子中的任何一员，而是个体“安伦尽分”中的“伦”，即整体秩序。孔子从经验层面体悟到了“伦”的实体存在与文化意义，却没有形成完整的哲学体系，后者在孟子的努力下得以完成。孟子的“五伦”体系开创性地道出了中国文化的伦理范型。“五伦”范型不仅指明了“伦”的结构，父子、兄弟是天伦，君臣、朋友是人伦，夫妇介于天伦和人伦之间；它更揭示了“伦”之规律，即“伦”之“理”。在“五伦”范型中，“伦”之“理”遵循着“人伦之理”、“天伦之理”以及“人伦本于天伦而立”的价值规律，概言之，一切人伦关系都要以最原初的天伦关系——家庭伦理关系为理想模型，最终推演至社会、国家，乃至整个天下。“伦理”通过“理”的作用，使客观形态的“伦”得以内化成为主观形态，使普遍性的“伦”透过个别性而获得现实性，最终实现客观性与主观性，普遍性与个别性的统一。

在《精神现象学》中，黑格尔用思辨的话语，再一次揭示并验证了“伦理”的哲学智慧：“伦理本性上是普遍的东西。”[①] 他进一步以家庭关系为例诠释伦理的本质：“因为伦理是一种本性上普遍的东西，所以家庭成员之间的伦理关系不是情感关系或爱的关系。在这里，我们似乎必须把伦理设定为个别的家庭成员对其作为实体的家庭整体之间的关系，这样，个别家庭成员的行动和现实才能以家庭为其目的和内容。”[②]

由此观之，无论是中国儒家道德哲学体系还是西方黑格尔道德哲学都表明，伦理不是人与人之间的人际关系，其本质上是人与伦之间的人伦关系。伦理方式以建构与达成伦理为主要内容，换言之，就是要确立起人与伦之间的人伦关系，并将此种关系合理化、现实化。因此，探寻伦理方式的道德哲学意义必然基于两种元素——“人”与“伦”，“人”指涉个体，“伦”对应伦理实体。

在经验世界，单独的“个体”一直存在。但在先验与超验世界中，直到近代西方社会，真正意义上的个体性才产生。从此，拉开了人们从哲学层面探讨个体性问题的序幕。莱布尼茨（Leibniz）的“单子论”是较

---

① ［德］黑格尔：《精神现象学》下卷，贺麟、王玖兴译，商务印书馆 1979 年版，第 10 页。

② ［德］黑格尔：《精神现象学》下卷，贺麟、王玖兴译，商务印书馆 1979 年版，第 8—9 页。

早的个体性理论，一定程度上也奠基着日后理论发展的核心基调。莱布尼茨在《单子论》中写道："如果我们愿意把一切具有刚才所说明的一般意义下的知觉和欲望的东西都通统称为灵魂的话，那么，一切单纯的实体和被创造出来的单子就都可以称为灵魂。"[①] 莱布尼茨眼中作为"单子"的"个体"，不是孤立的、碎片化了的存在，而是具有灵魂的、个体化了的人。这正是"个体"与"个人"之间的本质差异，因为后者仅仅强调"个"的个别性。"个体"则一方面具有个别性，另一方面又展现为特定的统一体。"个体既是'个'或'这'，又有其'体'，'体'不仅赋予个体以实在性，而且使之成为不同属性或规定的承担者。"[②] 法国社会学家埃米尔·迪尔凯姆（Émile Durkheim）在《等级的人》中指明"个体"具有两重含义——经验论的个别的人和作为价值载体的人，德国哲学家黑格尔提出的两种特性——"特殊的个体"和"普遍的个体"，均是就个体个别性与统一体两重性的相似诠释。如此，以统一体为规定之一的个体范畴，其本身就暗含着价值意义，尤其是伦理意蕴。

个体的这种伦理意蕴在黑格尔的道德哲学体系中得以进一步细致展现。黑格尔的《精神现象学》从自我意识的起源讨论个体性存在的问题，认为个体是在自我意识中产生的，其最终任务之一就是要引导个体从未受教养的状态变成具有自我意识的状态。当自我意识发展到客观精神阶段时，个体的伦理意蕴便在"伦理世界—教化世界—道德世界"的辩证发展和自我运动中显现。概言之，在黑格尔的道德哲学体系中，狭义的个体是从伦理实体中初生，且以伦理实体为依归的个别性存在，广义的个体则可具体展开为"体—个—个体"的道德哲学辩证结构。伦理世界是一个统一的"体"，它正如蒙昧状态的原始社会，那时，人的意识与社会实体合二为一，直接表达为复数的"我们"。私有观念和私有制的产生使人与社会实体产生了决裂，人开始萌生自我意识，个体从而得知"我"的存在。然而，与实体的决裂并不彻底，正如初生儿从母胎中诞生但仍依恋母爱一般，实体情愫一直是个体的记忆。如何从怀着"体"情节的"个"走向"普遍的个体"注定是个体的永恒任务。正如黑格尔所言："各个个

① 北京大学哲学系外国哲学史教研室编译：《十六—十八世纪西欧各国哲学》，商务印书馆1975年版，第86页。

② 杨国荣：《成己与成物——意义世界的生成》，北京大学出版社2011年版，第241页。

体，如就内容而言，也都必须走过普遍精神所走过的那些发展阶段，但这些阶段是作为精神所已蜕掉的外壳，是作为一条已经开辟和铺平了的道路上的段落而被个体走过。”①

在个体的上述概念结构中，伦理实体一直隐含于其中。在关于伦理实体的研究中，最先系统地提出，也是影响最大、最深远的要数黑格尔的伦理实体理论。樊浩教授从黑格尔的道德哲学体系中总结道：“伦理的本性是普遍，是具有现实性的普遍，‘伦理是一种本性上普遍的东西’；实体则是由精神所实现的‘单一物与普遍物的统一’，因而伦理实体的真谛和核心，就是一种具有普遍性的现实精神。”② 伦理实体在社会生活与人的精神发展的不同阶段呈现出不同的形态。由于《精神现象学》与《法哲学原理》研究对象的差异，两者对伦理实体的形态和结构提出了不同的看法，前者认为家庭与民族是伦理实体的基本结构，后者则强调家庭、市民社会、国家作为伦理实体的结构。初看起来具有相互矛盾之处，但实际上却是一脉相传。“由于伦理性的实体，既是家庭与民族的现实精神，又是这种精神的客观化和运动的诸环节，于是，家庭、市民社会、国家，就是家庭、民族的现实精神或伦理精神客观化和运动的诸环节。”③ 在这里，我们在作为伦理性实体客观化和运动诸环节的意义上，讨论伦理实体的诸形态及其结构，将其看作“家庭—市民社会—国家”的辩证运动过程。

家庭是直接的或自然的伦理实体和伦理精神。建立在血缘关系基础上的家庭以“爱”为规定，“爱”的本质规定是“不孤立”“不独立”，是自我与他人的统一。于是，“爱”让个体扬弃个别性，使个体在与他人的关联中，以整体性为依归。这种整体性正是伦理的实体性。但“爱”从根本上讲只是一种感觉、一种情绪、一种情感，这就注定了家庭伦理实体只是最本真的、最直接的、最自然的伦理实体。一旦家庭中的子女成长起来，从家庭中走出，这种最原初的自然实体就会遭到解体。虽然家庭的伦理普遍性仍然存在，但是家庭成员们只是在反思中把握伦理的普遍性。这种伦理的普遍性仅是一种形式的特殊的假象，是伦理性东西的现象世界。

---

① ［德］黑格尔：《精神现象学》上卷，贺麟、王玖兴译，商务印书馆1979年版，第20页。

② 樊浩：《伦理实体的诸形态及其内在的伦理—道德悖论》，《中国人民大学学报》2006年第6期。

③ 樊浩：《伦理实体的诸形态及其内在的伦理—道德悖论》，《中国人民大学学报》2006年第6期。

于是，直接的、自然的伦理实体向形式的、现象的伦理实体过渡，市民社会由此诞生。在以特殊目的和普遍形式为原则的市民社会中，每个人一方面以个人利益为目的和出发点，另一方面个人利益又必须以普遍的形式为中介而得以满足，因而必然隐藏着深刻的道德风险与伦理危机，从而在现实生活中沦为“个人利益的战场”。市民社会中存在的上述否定性因素推动其自身向国家的过渡。在黑格尔看来，国家才是最完满的伦理实体，是现实的伦理精神。“自在自为的国家就是伦理性的整体，是自由的现实化；而自由之成为现实乃是理性的绝对目的。”[①] 当然，国家实体本身也存在着不可规避的道德风险，真正完满国家的建立永远是一个有待完成的任务。伦理实体的意义恰恰是在人类文明和世界历史的永无止境的辩证运动中得以实现。

显然，在伦理主义者们看来，伦理方式的逻辑本质并非止于也不能止于对概念元素的理解，其根本目的是要建构出一种个体与伦理实体之间、个体复归于伦理实体的伦理同一性，并且只有基于这种伦理同一性的实现，伦理方式才具有合理性和现实性。

三　伦理同一性

作为伦理方式的根本目的，伦理同一性是同一性问题的特殊理论形态。早期的同一性问题原本属于哲学的元伦理范畴，它关涉概念（对象）的同一性，是我们日常生活、科学工作和哲学研究的理论基础。第二次世界大战期间对伤病员的临床诊断成为理论的转折点，新精神分析学家爱利克·埃里克森（Erik H. Erikson）首先将概念（对象）的同一性问题延伸到了个体的同一性危机之上，开始从心理学角度关注个体与实体之间的紧张关系，进而开始追问“我是谁”（自我同一性问题）与“我们是谁”（社会同一性问题）。

在现实世界中，市场机制和法律制度是我们当今社会建构社会同一性的重要方式，是社会共同体成员相互凝聚的重要力量。然而，社会同一性与社会同一性的价值基础和价值合法性是两个不同的问题域。如果说前者是在回答“我们是谁”的方法论问题，那么后者则是在解读“我们如何在一起”的价值论问题。伦理同一性探求的便是社会同一性背后的伦理

---

① ［德］黑格尔：《法哲学原理》，范扬、张企泰译，商务印书馆1961年版，第258页。

基础，即为一致性寻求伦理价值的合法性与合理性。这种合法性与合理性是个体与伦理实体之间伦理关系的合法性与合理性，它存在于人之为人的公共本质、实体性和内在规定性之中。是否存在以及如何存在公共本质、实体性和内在规定性？如何让个体分享、获得公共本质、实体性和内在规定性，从而实现生活的整体意义和生命的总体价值？笔者认为，必须经历两个环节：其一，建构出“伦”的同一性；其二，建构出“理”的同一性。

“伦”的同一性即伦理存在的同一性，它是伦理同一性的客观形态和自在形态。它不仅要预设伦理的存在，而且要证明伦理存在诸形态之间的同一性。人类精神文明首先要预设出一个“伦”的“一”。“一”用黑格尔的话语来说即伦理实体，“一”的预设即要保卫伦理实体的存在，简言之，保卫伦理存在。这一精神文明需求暗示着一个道德哲学体系、形而上学体系乃至整个文化体系的根本法则：“理性建立在非理性基础之上。”历史上的种种思想都在不断验证着这个根本法则的存在，例如近代理性主义的始祖笛卡尔（Descartes）最后将他的理性主义大厦建立在“我思故我在”的非理性的基础之上，又如近代义务论的开创者康德最后将他的“绝对命令”建立在“上帝存在”和“灵魂不朽”两大非理性的公设之上。因而，“伦”的同一性建构首要实现条件即要在信念中预设伦理存在。

但是，伦理存在的预设只是“伦”的同一性的抽象阶段，只有当伦理存在现实化为诸形态，并在诸形态之间达到同一性，“伦”的同一性才具备获得现实性的可能。这些伦理存在诸形态在黑格尔的道德哲学体系中现实地表征为“家庭—市民社会—国家”这一伦理性实体客观化和运动的诸环节，然而根本论之，“家庭”和“民族”才是伦理存在的最根本结构，因为市民社会和国家只是民族的客观化和运动的两个环节。

那么，问题就进一步延伸为作为伦理存在诸形态的家庭与民族之间何以建构同一性。西方黑格尔提供的伦理智慧是“神的规律”和“人的规律”在对立中走向同一，现实地表现为“家庭—民族—政府”的辩证运动。家庭遵循“神的规律”，民族遵循“人的规律”。“民族与家庭、人的规律与神的规律之所以能同一，是因为在伦理世界中存在着使它们相互过渡的辩证环节和同一体，这就是在家庭中诞生的、作为伦理世界原素的

‘男人和女人’。”[①] “弟兄从他本来的生活于其中的神的规律向着人的规律过渡，而姐妹则将象妻子本来一直就是的那样也变成家庭的主宰者和神圣规律的维护人。”[②] 这样，女人与男人就在家庭与民族中各司其职，女人在“神的规律”中固守，男人向“人的规律”过渡，且“人的规律”必须以“神的规律”为基础，从而共同完成了家庭与民族之间的同一性任务。而这种家庭与民族之间的同一性落实为现实形态即为政府。黑格尔认为，只有政府才是“整个的个体”，才是伦理实体的自为形态，才具有现实性。

与之相应，中国儒家提供的伦理智慧是“天伦”到“人伦”的文化过程以及“人伦本于天伦而立”的价值规律，现实地表现为“家—国—天下”的辩证运动。儒家的“天伦”如黑格尔的“神的规律”，“人伦”如“人的规律”。儒家更为明确地表明由“天伦”向“人伦”的文化演进原理，来实现家庭模式向社会（民族）模式的扩充：“天伦”向“人伦”过渡，“人伦本于天伦而立”。具体通过“推己及人”的方式与机制。“己欲立而立人，己欲达而达人”[③]，“己所不欲，勿施于人”[④] 是“己”向“他人”的“推”的过程，是个人向社会的过渡。“老吾老，以及人之老；幼吾幼，以及人之幼”[⑤] 是“吾家”向“他家”的“及”的过程，是家庭向社会的运演。由此完成“家”向“国”的过渡，最终实现“天下一家”。“天下”即儒家“家”与“国”同一性的最高理念和最高理想。

然而，“伦”的同一性只为伦理同一性构建提供了可能性，只有将自在形态的“伦”的同一性向自为形态的“理”的同一性过渡，伦理同一性才有可能由客观形态向主观形态转变，由理性形态向现实形态转变。基于中西方传统道德哲学体系的考察，事实上存在两种形态的伦理：认知形态的伦理和冲动形态的伦理。认知形态的伦理基于人的认知能力，是精神的理论态度；冲动形态的伦理指向人的欲求能力，是精神的实践态度。伦理同一性由理性形态向现实形态转变的中介、“理”的同一性建构的渠道

---

① 樊浩：《基因技术的道德哲学革命》，《中国社会科学》2006 年第 1 期。

② ［德］黑格尔：《精神现象学》下卷，贺麟、王玖兴译，商务印书馆 1979 年版，第 16 页。

③ （战国）孟子等：《四书五经》，中华书局 2009 年版，第 16 页。

④ （战国）孟子等：《四书五经》，中华书局 2009 年版，第 27 页。

⑤ （战国）孟子等：《四书五经》，中华书局 2009 年版，第 65 页。

正是“冲动或冲动形态的伦理”。

“从逻辑和历史的意义上讲，伦理冲动的人性机制有两种：意志和情感，准确地说，伦理意志和伦理情感。”[①] 中西方伦理分别为冲动形态的伦理提供了两种人性机制模式。由柏拉图提出、至亚里士多德系统阐发的“希腊四德”包含理性、正义、节制与勇敢。其中，理性是理智的德性，以理性为基础，是思考、思辨的德性，是伦理的认知形态；节制与勇敢是伦理的德性，以意志为基础，是追求、实践行为的德性，是伦理的冲动形态；正义则是处在两种德性、形态之间或兼而有之。反观中国伦理，由孔子提出、孟子完备的“仁义礼智”四德及其人性结构“恻隐之心”“羞恶之心”“恭敬之心”“是非之心”四心，都有四分之三的部分属于情感，另一部分也非纯粹理性而是情理之理。虽然，作为伦理的冲动形态，意志和情感都是将认知转向现实行动的中介。但是显然，它们是“达到定在的冲动”的两种不同态度或不同形态。“意志的任务是将理性转化为行为，因而有待理性下达命令；情感则是基于生命直觉或良知直觉而引起的整体性反映，它直接见诸行为，其向行为的转化往往不需要任何中介，甚至是一种‘身不由己’的反射，是一种‘自然’。”[②] 在这个意义上，相较于意志，情感更具有直接的实践性。

同时，“理”的同一性建构本身即个体的伦理认同过程，“认同”从心理学上讲也就是个人与他人、群体或被模仿人物在感情上、心理上的联系与同一。因而，无论是“冲动或冲动形态的伦理”，抑或是伦理认同，都表明“理”的同一性建构正是要通过情感的冲动力作用，使个体获得伦理认同，最终达到伦理共识。当客观的伦理存在，内化为主观的“我”的伦理认同和“我们”的伦理共识时，自在形态的“伦”的同一性就经由自为形态的“理”的同一性，上升为自在自为形态的伦理同一性，从而完成了“我们”“在一起”的伦理归程。个体因而在“我们”的家园中重新体悟到生活的整体意义和生命的总体价值。

综上，基于伦理主义体系，伦理方式凭借伦理同一性建构完成了两大基本元素即个体与伦理实体的统一，个体最终复归于伦理实体。其中，个体展现为“体—个—个体”的历史辩证结构，伦理实体体现为“家庭—

① 樊浩：《道德形而上学体系的精神哲学基础》，中国社会科学出版社 2006 年版，第 274 页。
② 樊浩：《“冲动形态的伦理”与道德教育的哲学范式》，《中国德育》2006 年第 5 期。

市民社会—国家”的历史辩证结构。伦理同一性是伦理方式的根本目的。它经历了两大环节，第一个环节是“伦”的同一性，是伦理同一性建构的客观环节、自在环节，第二个环节是“理”的同一性，是伦理同一性建构的主观环节、自为环节。伦理方式最终成就了“伦”的同一性与“理”的同一性的辩证合一，成为主观与客观、自在与自为相同一的伦理同一性，为“我们”实现“在一起”提供了形而上的精神支撑。

四　伦理、精神与存在

在伦理与道德辩证统一、伦理优先于道德的伦理主义体系中，“精神”自然而然成为伦理方式的价值特征，而且是最为本质的价值特征。这里首先潜藏着一个理论背景，即伦理的本性是“精神”，其次它进一步演绎为建构伦理的方式也是一种“精神”的方式。

在西方道德哲学发展历程中，关于伦理道德本性的理解主要来自三大理论传统：马克思（Marx）、康德和黑格尔，三大理论资源形成三种诠释传统。[①] 马克思在“意识—社会意识”的框架中谈论伦理道德，把伦理道德当作一种“社会意识”。作为社会意识形态的伦理道德，在本质上是对“社会存在”的反映，为“社会存在”所决定。“社会存在”即我们现实生活中的物质生活条件。马克思的伦理道德观主要站在社会批判的立场之上，基于历史唯物主义体系反思现实社会中的伦理道德发展。但是，这种反思只是在特定话语背景中完成了对伦理道德的本体论和认识论考察，却规避了对最为根本的价值论领域的关涉。而道德哲学更需要考证的正是伦理道德的价值论方面。

众所周知，康德和黑格尔是马克思哲学的两大重要来源。目前，康德的“实践理性”观点已被广泛认为是对伦理道德的最佳解读，更准确地说，是对道德的最佳解读，伦理在此遭遇理论“缺场”。康德将理性区分为两种形态，纯粹理性和实践理性，因为道德能使纯粹理性的法则进入人们的心灵，并使主观认识成为客观实践，所以道德是实践理性。但事实上，康德在《实践理性批判》中的论证主要强调批判、证明理性具有“实践能力”，而道德被看作对理性“实践能力”的一种确证。因而道德

---

① 参见樊浩《伦理道德，为何“精神”?》，《哲学分析》2016 年第 2 期。樊浩教授在本篇文章中详细审视了伦理道德本性的三种诠释传统的合理性。

只是一种实践理性，它并不代表实践理性的全部内容，更不能简单等同于实践理性。

作为马克思哲学另一重要来源，黑格尔在《法哲学原理》中曾严肃批评过康德的实践理性观以及其将伦理与道德混淆的错误，认为它是"缺乏辩证法"的，遗憾的是，黑格尔理论一直未居于西方道德哲学的正统地位。黑格尔对伦理道德的理解是反"康德"之道而行，一方面区分伦理与道德，另一方面深究伦理道德的价值本性。黑格尔关于伦理道德的认识主要体现在《精神现象学》、《法哲学原理》和《历史哲学》三部著作中。在《精神现象学》中，黑格尔将伦理道德看作"精神"发展的一种形态，即客观精神形态，它辩证展开为"伦理"—"教化"—"道德"。《法哲学原理》致力于从意志角度剖析伦理道德，"自由意志"经历了"抽象法"—"道德"—"伦理"的辩证运动。《历史哲学》则不仅将整个历史归属于"精神"领域，而且把伦理道德作为"精神"的核心内容。在三大体系中，《精神现象学》最为明确地揭示了伦理道德的精神本性："真实的精神：伦理""自身异化了的精神：教化""对其自身具有确定性的精神：道德"。伦理和道德是"精神"发展的特定阶段：伦理是个体性与普遍性的直接同一，是"真实的精神"；道德是个体性对普遍性的复归，是"自身具有确定性的精神"。不仅如此，《精神现象学》更是在"主观精神—客观精神—绝对精神"的辩证运动中完成了对康德"实践理性"的超越：伦理道德不是理性，而是理性发展的更高形态——精神形态。"当理性之确信其自身即是一切实在这一确定性已经上升为真理性，亦即理性已意识到它的自身即是它的世界、它的世界即是它的自身时，理性就成了精神。"① 总的来说，在黑格尔"精神"化了的世界中，伦理道德的本性是"精神"。

较于西方社会康德"实践理性"僭越黑格尔"精神"，"精神"一直是中国道德哲学把握伦理道德的主要方式。经过先秦、汉唐的变革与发展，"精神"对于伦理道德的意义在宋明理学中得到自觉阐释。王阳明以"精神"来诠释作为其道德哲学核心的"良知"概念："夫良知一也，以其妙用而言谓之神；以其流行而言谓之气；以其凝聚而言谓之精。"②

---

① ［德］黑格尔：《精神现象学》下卷，贺麟、王玖兴译，商务印书馆1979年版，第1页。
② （明）王守仁撰，王晓昕译注：《传习录译注》，中华书局2018年版，第268页。

“精”意味着“凝聚”，是普遍物与单一物的统一，是以单一物出现的普遍物；“气”意味着“流行”，是普遍物的传递与传播；“神”意味着“妙用”，是一种复归普遍物的能力。“精神”本质上是单一物与普遍物的现实统一，它使“良知”得以外化、现实化，成为现实的普遍物。“精神”是“良知”的本性，即伦理道德的精髓。

在历史与逻辑的辩证统一中，伦理的精神本性得以彰显，“伦理”与“精神”相同一，也必须同一。于是，无论是黑格尔道德哲学还是中国道德哲学，它们共同表明，“精神”或“伦理”应当具有三大规定特征：第一，出于“自然”而又与“自然”对峙和对立，精神的对立面是自然，“精神”本质上是对人的自然存在的超越，“精神”的生成标志着人的伦理生命诞生；第二，有限与无限，或“单一物”与“普遍物”的统一，伦理是“单一物与普遍物的统一”，只有通过“精神”才能达到；第三，思维与意志、知与行的统一，思维与意志是“精神”的两种态度，思维与意志相统一才使伦理、精神获得现实性。①

当伦理的本性成为精神，其实已注定建构伦理的方式也同样具备精神本性。但我们可以基于精神的三大规定和伦理方式的逻辑结构，对伦理方式的精神本质获得更深刻的认知。在伦理主义体系中，无论是对个体、伦理实体的认知界定，还是对个体与伦理实体的关系搭建，始终以对伦理实体的预设为价值前提，以此秉承着个体发源于、依托于，最终回归于伦理实体的终极信念。显然，伦理方式对人的理解已经超越了人的自然本能，“精神”成为人高于动物的独特特性。作为伦理同一性建构的两个环节，“伦”的同一性和“理”的同一性及其辩证合一的关系则体现出“精神”第二大规定——“知行合一”。“伦”的同一性预设了伦理实体的存在，并确证了伦理存在诸形态之间的同一性，是伦理同一性的认知形态；“理”的同一性通过发挥意志尤其是情感的冲动作用，将认知层面的伦理同一性上升为行动层面，凝结成知行合一之力，从而成功内化为个体关于伦理的精神认同。当伦理同一性凭借着精神内化于个体自身之中时，个别性的个体就与普遍性的伦理实体现实地“在一起”了，“精神”的第三重规定性——个别性和普遍性的统一也在伦理方式中得以展露。“伦理本性上是普遍的东西”，这种普遍的东西通过“精神”的力量，造就个别性与

① 参见樊浩《“精神”，如何与“文明”在一起?》，《哲学动态》2015 年第 8 期。

普遍性的辩证合一，因而塑成了现实的、实质的普遍性。伦理方式正是为伦理构建提供了这样一个精神设计模型——以实质普遍的伦理为其终极的价值目标。总之，伦理方式本质上是一种建构伦理的“精神”方式，是一种“精神”。

精神是伦理方式的本质特征。这里潜藏着一种认识论上的误区：把精神仅仅看作意识或社会意识，因而仅仅看到伦理方式的主观特性，使伦理方式逐渐沦落为一种相对主义、虚无主义的建构方式。这种片面的意识论往往消解了伦理方式的客观性，同时也消解了伦理方式的合法性与现实性。事实上，精神自在地包含意识与意志两个方面，意识与意志是对待事物的两种态度，精神是意识与意志的辩证统一。意志与意识的区别在于，它能将主观的认识转换为客观的行动，直接作用于现实世界，成为现实的存在。所以，伦理方式不只是，也不能只是一种主观意识，精神凭借意识的主观认同与意志的客观实践，使伦理方式最终落实为一种现实的客观形态——伦理存在。伦理方式要落实到现实而成为“存在”。于是，伦理方式就不仅关涉价值论，也关涉存在论；不仅关涉精神世界，也关涉生活世界，是一个充满“精神”气质的道德哲学概念。

伦理存在的诸形态在黑格尔的《精神现象学》中显现为“伦理世界”“教化世界”“道德世界”；在《法哲学原理》中展现为“家庭”“市民社会”“国家”。樊浩教授对此进行了批判与超越，提出“家庭与民族”“财富与国家权力”“德性与社会风尚”的诸形态。[①] 伦理存在的诸形态究竟呈现何种样态，仍需进一步论证。

值得注意的是，因为精神自身具有意识与意志两方面，所以作为伦理方式现实形态的伦理存在，也自在地包含于伦理方式的精神本性之中，是对伦理方式精神本性的外化与现实化。同时，伦理方式的根本目的是确立起个体复归于伦理实体的同一性，当伦理实体从理念转换为现实时便成为一种现实的存在形态。因此，伦理存在不仅是伦理方式的现实形态，也是伦理方式中“精神”的现实形态，同样也是伦理方式中“伦理实体”的现实形态。

至此，我们完成了对“伦理方式”道德哲学建构的整体思辨。伦理方式意指“建构伦理的方式”。在伦理主义体系的框架中，伦理方式以

---

① 参见樊浩《伦理，“存在”吗?》，《哲学动态》2014 年第 6 期。

“个体”与“伦理实体”为概念元素，以“伦理同一性”为根本目的，以“精神”为本质特征，以“存在”为现实形态。但实际上，与其说这是一种伦理方式，毋宁说是一种具有特殊立场的伦理方式。伦理主义体系的指导让这种伦理方式无时无刻不带有“从实体性出发”的色彩。因而，它是一种狭义的伦理方式，是黑格尔笔下“从实体性出发”的伦理方式。以黑格尔的立场来说，这是一种真正的、本质的伦理方式。但伦理方式要想具有更强大的现实解释力，必须从狭义的伦理方式中走出来，以客观、宏观、辩证的视角探析道德哲学视域中的伦理方式，以便更好地回答“我们如何在一起”的伦理追问，更好地探寻个体的生活整体意义和生命总体价值。

以小见大，以管窥天，广义的伦理方式是“个体”与“伦理实体”之间“伦理同一性”的建构方式，宽而言之，伦理方式的逻辑路径是要构建起个体性与普遍性之间的价值关联性，从而使个体性上升为普遍性。以此反观人类道德文明发展史，由于立场的不同，通向两者相关性的路径存在诸多可能。于是便在人类精神文明发展的历史长河中培育出伦理方式的诸种道德哲学形态，它们有着相异的价值特征与存在形态。

第二章　信息方式与伦理方式

马克·波斯特的“信息方式”和伦理主义体系中的“伦理方式”这两个表面看似并不直接相关的概念，在此将成为回答“网络时代如何达到伦理、建构伦理”之间的概念基础和逻辑关键。马克·波斯特的“信息方式”体现出媒介批判学派与媒介环境学派的契合、哲学逻辑与历史建构的融合，在这个概念框架中，媒介不再只是作为物质层面的媒介平台和传播中介，它已成为一种媒介逻辑和一种历史社会语境。伦理主义体系中的“伦理方式”从道德哲学高度提供了一种解答“如何达到伦理、建构伦理”的方法论基础。将两大概念共同置于历史与逻辑的语境中，其关联性不言而明：信息方式为伦理方式建构了社会语境和逻辑背景；伦理方式则是信息方式下人类关乎生活整体意义和生命总体价值的必然追问；一部信息方式的发展史就是一部伦理方式的变迁史。

第一节　信息方式[①]

“信息方式”的最初提出，来源于马克·波斯特本人的理论积淀与学术敏感。面对快速发展的电子媒介及其带来的巨大社会影响，他敏锐地意识到现有媒介研究方法论的不足之处。基于观察到的种种后现代现实，他试图将后结构主义和社会语境的方法论引入媒介研究中，重新解读媒介。因而，“信息方式”与其说是一个新的传播学概念，毋宁说是一种创新性的传播学方法论，是一种解读“媒介”的新方法。

---

① 此小节部分内容曾以《媒介的哲学逻辑及其历史建构——对波斯特信息方式理论的评析》为题，发表于《北京理工大学学报》（社会科学版）2016 年第 4 期。

一　媒介的三种解读

人类文明的发展历程在很早时候就留下了“媒介”的印记。中华文明关于“媒介”的记载颇为悠久，最早出现于《旧唐书·张行成传》的“观古今用人，必因媒介”一语，意指使双方发生关系的人或事物。而“媒”与“介”单独使用的历史则更为古老。譬如《诗·卫风·氓》有“匪我愆期，子无良媒”的诗句，“媒”指媒人，后又引申为事物发生的诱因。“介”可追溯到殷商时期的甲骨文象形字，“”，指居于两者之间的中介体或工具。例如，《左传·襄公九年》：“使介居二大国之间。”相较于此，英语中的“media”（单数形式为“medium”）一词历史较短，直到 19 世纪末 20 世纪初才开始使用，用于指事物之间发生关系的介质、工具或手段。与上述广义的“媒介”不同，现代意义上狭义的“媒介”根源于人类不断提升的社会交往与信息传播需求，并随着西方现代传播学的确立而产生、发展，用以特指人们用来传递、交流信息的工具。随着人类所处世界的人口增加、社会发展与文明进步，人与人之间信息传播量的需求日益膨胀，促生了现代传播媒介的不断沿革，从基于身体的语言向外在于身体的文字、印刷术、广播、电视乃至互联网扩展，媒介的概念范畴不断向外延伸。传播学的使命之一就是用学术的视角解读这些持续进化中的“媒介”。

不同于人类传播的渊源历史，传播学最早诞生于 20 世纪的美国，是一门十分年轻又存在诸多争议的学科。正如有学者总结道，传播学的诞生无疑得益于当时得天独厚的社会条件，尤其是第二次工业革命的科技进步和两次世界大战中的战争宣传，它们分别为传播学的设立创造了客观基础和主观需求。以新能源、新动力为技术核心的第二次工业革命推动了电力工业的蓬勃发展，电力技术的革新促使各种各样新形式的媒介在短短的几十年间内如雨后春笋般层出不穷。电话、无线电广播、电视等媒介更逐渐步入寻常百姓家的生活，影响甚至改变了人们的交往模式、思维方式和生活方式。第二次工业革命带来的另一个重大影响是，快速提升的城市工业化水平吸引了大批农村人口向城市迁移，加快了西方社会的城市化进程。与传统的农村生活相比，在城市中大量集聚的人口有着与更多人交往、获取更多信息的主观愿望，而从土地劳作中解放出来的休闲时间也为交往和信息需求的满足提供了客观条件。媒介正是在这个大的社会背景中走向大众，大众媒介逐渐在城市人口中普及，成为他们获得信息的最重要渠道。

然而，人们对大众媒介的需求并不足以直接促生现代传播学。受美国学术圈实用主义传统的影响，对传播现象的研究最初由政府极力推动，用于服务战争宣传。在两次世界大战中，大众媒介的作用得到前所未有的发挥。各国开始意识到，一场战争的胜利并不能单单依托于强大的人力和物力，公共舆论的动员也具有重大的现实意义，它直接关系到军队的士气和战力，所谓得宣传者得天下。于是，各国纷纷设立战时宣传机构，这成为两次世界大战的独特景象。被学界公认的哈罗德·拉斯韦尔（Harold Lasswell）、库尔特·勒温（Kurt Lewin）、卡尔·霍夫兰（Carl Hovland）和保罗·拉扎斯菲尔德（Paul Lazarsfeld）四大传播学创始人正是在这一阶段先后介入传播学研究领域，共同开创了一个传播学的研究学派——经验学派，但最先将经验学派系统化完善的伟大学者，当数威尔伯·施拉姆（Wilbur Schramm）。他跳出固有的学科领域，以宏观的视野和体系化的观念来研究传播现象，以此来开创一个全新的学术研究领域。他关注的正是："我们为什么不能在'传播中'探讨那些种类的问题？"[①] 在施拉姆的努力下，经验学派逐步成为传播学研究的主流范式，其专著《传播学概论》也成为传播学理论系统化的奠基之作。

虽属于新兴学科，但传播学从确立之初就具有了强大的生命力和吸引力。在经验学派们致力于用实证主义的方法研究传播现象时，受德国古典思辨哲学影响的批判学派也开始将研究视角投向传播领域，通过哲学的思辨对传播现象进行深入批判，出现了大批著名学者，如马克斯·霍克海默（Max Horkheimer）、西奥多·阿多诺（Theodor Adorno）、路易·阿尔都塞（Louis Althusser）等。批判学派和经验学派的观点从一开始就处于对垒的局面，或者说，前者正是在对后者的批判过程中成长起来。正当两大学派相互争鸣之时，伴随着以互联网为核心的信息社会的来临，一个聚焦于媒介技术的新学派——环境学派——从萌芽走向成熟。如今，三大学派在传播学界日益呈现出三足鼎立之势，它们各自拥有着独特的理论背景、方法论基础和研究视域。但万变不离其宗，"媒介"是它们永恒的研究主题。

---

① ［美］E. M. 罗杰斯：《传播学史：一种传记式的方法》，殷晓蓉译，上海译文出版社2012年版，第17页。

现实生活中“媒介”的不断革新推动着传播学的产生与成熟，而传播学各学派的真知灼见又反过来提供了解读“媒介”的不同方法，从而丰富并完善着人们对“媒介”的多重认知。

在媒介经验学派眼中，媒介被看作一种可以被认知、被管理的文化形式。媒介并不生产物质性的东西，它生产的是精神性产品，即一种抽象的文化形式。这种文化形式包含了媒介传播的内容、结构、模式与方法。受奥古斯特·孔德（Isidore Comte）的实证主义和约翰·杜威（John Dewey）的实用主义影响，经验学派对媒介的研究常聚焦于具体的、经验使用层面的问题，因而，作为媒介最直接的现实表征——文化形式，尤其是文化形式中的内容与过程层面，自然落入他们的研究视域中，成为他们解读媒介的核心视角。在他们看来，资本主义社会中的大众传播媒介是一个保持着独立性和自治性的组织体，不受其他政治、经济利益集团的控制，可以通过对其自身的认知与把握来推动大众传播媒介的健康有序发展。世界上任何事物的发展都遵循着特定的规律，大众传播媒介及其作为产品的文化形式也必然被特定的规律所支配，经验学派的研究目标就是要挖掘传播的规律，提升传播的效率。具体而言，他们多立足于行为主义角度，通过实证研究和量化研究的方法，探究各种具体的传播内容和过程可能产生的短期或长期的传播效果，总结出传播影响人的规律，进而得出具有一定规律性的传播模式，用来科学、有效地指导现实生活中的传播活动。正是如此，有学者总结，经验学派所做的媒介解读其实“是有关媒体内容的特殊的、可测度的、短期的、个人的、态度和行为的效果的研究，以及媒体在舆论的形成中并不是非常重要的结论”①。

媒介不仅仅关乎其作为产品的文化形式，它更是社会当中的重要机构和复杂组织。发端于马克思主义批判传统的批判学派的独特之处正是将媒介作为总体性的社会机构加以剖析，揭露资本主义社会中的大众传播媒介其实是一种具有宰制性和压制性的体制形式。面对大众传播媒介力量的日益强大，他们深感到个别经验研究存在的有限性，认为后者无视了人的主体性和差异性，忽视了传播的价值与文化意义，容易让人们在媒介的持续灌输中迷失方向，难以清醒认识媒介的真实作用。而马克思主义批判传统

① ［美］E. M. 罗杰斯：《传播学史：一种传记式的方法》，殷晓蓉译，上海译文出版社2012年版，第297页。

早已揭示出大众传播媒介的阶级本性，作为资本主义社会中的重要社会机构之一，它本身担负着社会意识形态构建的重要作用，在很大程度上沦为统治阶级利益和统治阶级思想文化的维护者和宣扬者。在统治阶级和利益集团的操纵下，大众传播媒介通过语言符号系统的媒介逻辑构建，无形中影响着人们的思维，塑造着社会的文化意识和传统，从而成为资本主义社会宰制和压制大众的帮凶。因此，批判学派认为有必要将媒介置于特定的历史阶段和宏观背景之中，对大众传播媒介背后的体制形式展开全面、深刻而系统的批判与反思，以实现社会健康发展和人性自由解放的根本目的。批判学派的这种高屋建瓴的研究视域，使他们不可避免地带有较多的哲学思辨色彩，马克思主义、结构主义、后结构主义、女性主义、现象学等研究方法成为该学派主要的理论工具。

其实，除却媒介的文化形式、体制形式两大解读层面，媒介的技术形式应当是最为直接的研究视角，因为任何媒介都是以技术革新的形式最先展现在世人的面前。早年，以约翰·杜威、库利（Charles Cooley）、罗伯特·帕克（Robert Park）为代表的社会学芝加哥学派的研究有过技术主义的倾向，然而这个视角却迟迟没能得到学界的广泛关注，直到20世纪60年代媒介环境学派的出现，才使媒介技术正式登上了媒介研究的舞台。究其原因是，早期媒介技术形式单一，普及性不高，且多为大型机构所掌控，因而媒介的内容甚至是组织机构的重要性要远远大于技术本身。随着电子媒介技术的大面积普及，尤其是互联网的横空出世，学者们日益意识到激烈变化中的媒介技术正在塑造着一个全新的媒介环境，对处在媒介环境中的人、文化和社会产生着根本性影响，使它们发生着结构性变化。在这个意义上，媒介被看成与社会变迁有着密切关联的技术形式，媒介技术的变革推动了社会语境的变迁。用马歇尔·麦克卢汉（Marshall McLuhan）的话来说，新语境中的媒介是“一种‘使事情所以然’的动因，而不是‘使人知其然’的动因”①。面对这个宏大的叙事方式，单纯对具体传播内容、过程的经验分析，或是对媒介体制的哲学批判已经不能胜任。媒介环境学派开始采用宏观模式识别、历史比较分析、矛盾辩证分析等方法梳理历史演变中的诸种媒介技术形态，复原媒介技术影响下的诸种历史

---

① ［加］马歇尔·麦克卢汉：《理解媒介：论人的延伸》，何道宽译，译林出版社2011年版，第67页。

社会语境，从而进一步展望媒介技术发展的未来走势。

从早期经验学派的一支独大，到中期批判学派的分庭抗礼，再到当今三大学派的鼎足之势，短暂的传播学史却经历着一段快速出新的理论发展历程。得益于三大学派的努力，"媒介"的含义愈加饱满和立体。然而，这些解读方式或多或少受到历史的影响，带着历史的痕迹。经验学派和批判学派先后发端于大众传播媒介诞生的早期，那时的人们一方面欣喜于大众媒介具有的强大传播效果，另一方面又开始担忧大众媒介可能带来的意识形态宰制与压制。环境学派则出现于大众传播媒介日益普及且迅速迭新的年代，人们把把握媒介技术的历史演变及其带来的社会影响看作预测媒介未来发展方向的认知前提。如今，在新技术的影响下，媒介的发展又走向了一个新的高度。如何在新历史语境中更深刻地解读"媒介"及其变革，成为媒介研究必须思考的首要问题。

本研究将基于"网络时代如何达到伦理、建构伦理"的研究主题，吸取环境学派的历史视角与批判学派的哲学视域之精华，从历史建构与哲学逻辑相融合的视角解读"媒介"。幸之，马克·波斯特的"信息方式"正符合理论设想的题中之义。

二 作为信息方式的媒介

20 世纪 80 年代，信息方式理论开始进入公众视野。该理论由美国加州大学厄湾校区马克·波斯特教授最先提出。马克·波斯特是当代著名的西方马克思主义批判理论家之一，他毕生致力于发展一种适用于当代社会语境的新的社会批判理论。专职于历史学研究却倾心于哲学思辨的波斯特有着独特的学术风格，思想史的学术背景让他有着更加宏观的研究视野，哲学的兴趣使他对人的主体性问题特别关注，而批判性的历史思维又使得他对西方批判理论情有独钟。如同其他的西方马克思主义理论家，波斯特将自己的研究视线越来越聚焦于日常生活中的媒介，最终形成了融哲学、历史与媒介三大学科视域一体的独特理论。"信息方式"正是波斯特学术思想中最为重要的理论概念和研究范式，在其同名专著《信息方式——后结构主义与社会语境》一书中得以正式提出并详细论述。

早在《福柯、马克思主义与历史：生产方式与信息方式》的前言中，波斯特就初步界定了"信息方式"："'信息方式'这一术语标明 20 世纪在很大程度上由电子工业及相应技术的发展所带来的新的语言经验（experience)。"[①] 在后来的《批判理论与后结构主义：社会学的关联》中，波斯特提出："信息方式理论采取后结构主义的立场，集中于语言展开对西方理性的批判以及考察电子媒介这一新型语言结构中语言的重要性。"[②] 到了《信息方式——后结构主义与社会语境》，波斯特正式呼吁，生存于当代社会中的我们有着不同于以往的媒介经验，需要发展"一种基于语言学的交往行动理论"，能够"恰如其分地描述电子化交流方式"，能够"对社会互动新形式中的语言学层面进行解码"，同时也能够揭示每个时代的"符号交换情形中的结构"。[③]

波斯特对信息方式理论的酝酿与构思建立在对前人理论的深刻反思基础之上，尤其集中表现在对后工业主义、马克思主义、早期法兰克福学派、韦伯主义以及尤尔根·哈贝马斯（Jürgen Habermas）的批判。在他看来，现有观点"都具有严重的缺憾，这些缺憾使他们难以提出一套信息方式的理论"[④]。波斯特最先着重考察了丹尼尔·贝尔（Daniel Bell）的"后工业社会"。他认为以"后工业社会"为代表的后工业主义虽旨在生成面向新现实的新理论，但却犯下了最为严重的理论错误，与他的"信息方式"相距甚远。贝尔首先陷入了总体化的窠臼。总体性哲学是马克思在对黑格尔哲学的批判与改造中形成的，意味着总体相较于部分处于全面的决定的统治地位。正是因为这种总体的观念及其方法，马克思才完成了对资本主义社会的透彻分析与全面批判，才为社会主义建设提供了科学的实践方案。贝尔把总体性策略应用到以信息技术为核心的社会新现实中，提出将"后工业社会"作为新的时代标签。这种以一种总体化立场替代另一种总体化立场的理论本身遭遇着众多诘难。虽然贝尔试图将分析范围限于经济社会结构层面，以规避技术决定论，但事实上仍陷入了技术决定论的窘境。因为他的大逻辑层面的统计分析和一般事实的宽泛陈述使经济、政治和文化等因素不可避免地都被网罗到信息技术变革下社会的一

① Mark Poster, *Foucault*, *Marxism and History*, New York: Polity Press, 1984, Preface and Acknowledgement.

② Mark Poster, *Critical Theory and Poststructuralism*, Ithaca: Cornell University Press, 1989, p. 5.

③ ［美］马克·波斯特：《信息方式——后结构主义与社会语境》，范静哗译，商务印书馆2000年版。

④ ［美］马克·波斯特：《信息方式——后结构主义与社会语境》，范静哗译，商务印书馆2000年版，第59—60页。

元定义之中。另外，总体的不可知性又迫使贝尔不得不采用主观断言的方法加以“证明”。在“知识与信息如今已是决定性变量”的宣称中，他用“变量”一词企图掩盖阐述的含混性，但缺乏科学论证的总体化断言终究无法使他的后工业社会理论有效、合理。同时，贝尔的理论又对语言造成了压抑。20世纪语言学的崛起，尤其是索绪尔语言学理论的出现，使西方学术经历着一个重大的语言转向，语言成为各学科反思自身传统的一个起点和基础。在波斯特看来，现代媒介的特征，更需要用从语言学角度加以剖析。其一，信息的自由获取性和可复制性让现代媒介“起着反商品化的作用”。依据自由主义原则，信息流通的畅通无阻是一个民主国家建立的必然前提，因而，信息本身必须是可以自由获取的，不应受市场交易原则控制。信息的可复制性还打破了商品的市场规律，使私有权和隐私权问题遭遇困惑。其二，现代媒介“打开了新型交流散播信息的种种可能”，这些可能性只有在语言学层面才能被更深入地理解为一种交流形式的变革，以及交流主体位置的变更。贝尔的失误在于，他把信息交往缩约成一个经济隐喻，在资本主义的经济理论旧范畴中成功消化社会新现象，得出“多即好”的传播理论。

对马克思主义、早期法兰克福学派、韦伯主义以及哈贝马斯的批判，波斯特似乎抱有更温和的态度，他认为，这些理论框架“预见到其解释了被我称为信息方式的那些社会现象”，“人们只需对他们的立场进行增补便可覆盖历史的诸多新发展”。[①] 然而，这些理论还是有着一些共同的缺陷，尤其体现在语言学层面。马克思虽意识到自动化过程中科学所起的作用，并敏感于生产方式中变化着的社会意蕴，但只是将注意力投在了劳动和资本的内在矛盾之上；以霍克海默和阿多诺为代表的早期法兰克福学派试图重新定位，将科学当作政治力量以及话语与实践的结合，却未触及信息内在交流结构和信息的主体构建作用；马克斯·韦伯（Max Weber）的社会行动理论进一步将马克思对劳动的观照转变为对个体意义的观照，但他的理论仍植根于行动与意识的二元论和理性支配的启蒙话语中，因而与语言学机制失之交臂；为了克服现代性理论的局限，哈贝马斯提出了“符号互动”的批判范畴，使工具性的理性行动转向符号的理性互动，行

① ［美］马克·波斯特：《信息方式——后结构主义与社会语境》，范静哗译，商务印书馆2000年版，第44页。

动理论向语言理论过渡，但可惜的是，着眼于解放议题的他仍旧陷入了启蒙理性的观念之中，最终没能提出一个电子媒介交流的分析框架。前人理论的这些诸多不足之处，成了波斯特社会批判理论的起点。

在《信息方式——后结构主义与社会语境》的导论中，波斯特就开宗明义地指出他要借用马克思的生产方式理论来建构自己的社会批判理论。与其说借用，毋宁说是批判性地借鉴。马克思在《德意志意识形态》和其他著作中将生产方式定义为“一个历史范畴”和一个“终极的决定因素”，信息方式理论正是要批判性地继承马克思生产方式所具备的划分历史和决定历史的双重功能。为何是批判性地继承？因为，波斯特意识到产生于工业资本主义时代的生产方式理论如今已缺乏理论的现实有效性，已难以驾驭电子媒介带来的后现代社会。同时，总体化窠臼和语言压抑也同样限制着生产方式理论的现实解释力。因此有必要在借用的基础上，用新的理论资源对其加以改造。他继而投入后结构主义的怀抱，关注在交往行动及交往结构中被构成的主体，来为自己的媒介研究的语言学转向提供新的理论基础和分析框架。一个“能够对社会互动新形式中的语言学层面进行解码”的新的社会批判理论——信息方式理论——呼之欲出。

与众多理论不同，波斯特的论述并没有给予“信息方式”一个明确的表述，特别是在不同的语境中，“信息方式”的侧重点有所差异，时而作广义之解，时而又以狭义论之。他首先揭示出“信息”的特殊含义：“在某种意义上，所有意符如今都被看作是信息，正如控制论中以及大众常说的那样，‘信息’与‘噪音’或无意义相对。”① 从该界定中延伸出的“信息方式”自然具有广义的属性，指向社会文化生活中所有赋有意义的符号。与此同时，波斯特在许多论述中又自觉或不自觉地在狭义层面将“信息方式”与电子媒介交流画上等号：“电子化通讯手段则与信息方式相联系”；“在信息方式下，一套新的语言/实践冲击了面对面及印刷文字语境下的种种既存语言/实践”；“分析电子媒介交流（我所称的‘信息方式’）”② ……与其说这是波斯特在概念界定上的含混不清，倒不如说从

---

① ［美］马克·波斯特：《信息方式——后结构主义与社会语境》，范静哗译，商务印书馆2000年版，第15页。

② ［美］马克·波斯特：《信息方式——后结构主义与社会语境》，范静哗译，商务印书馆2000年版，第16—83页。

侧面体现出信息方式理论的真正意义所在。它不是一个单纯的传播学概念，而是一个解读“媒介”的新方法论。从他非体系性的信息方式理论论述中可以窥探出媒介的两层内涵。其一是媒介背后的哲学逻辑。媒介的哲学逻辑是媒介自身内含着的哲学意蕴，是媒介的本质所在。“信息方式”借助于注重语言层面的后结构主义理论，将媒介看作“符号交换情形中的结构变化”，以此勾勒出媒介背后的哲学逻辑，而非着力于现实视域中媒介的内容、制度和技术层面。其二是媒介的历史建构意义。媒介的历史建构意义以媒介的哲学逻辑为前提，强调媒介的不同历史形态对人类文明发展各阶段的建构作用。在此基础上，历史可以按符号交换情形中结构的变化被区分为不同时期。身为媒介批判学派的波斯特在不经意间糅合了媒介批判学派和媒介环境学派的方法论特点[①]，使哲学逻辑视域与历史建构视角统一于“信息方式”的方法论之中。作为“信息方式”的媒介不再是一个简单的媒介平台和传播中介，它已成为一种媒介逻辑和一种历史社会语境。

三　哲学逻辑：语言、交往、主体、世界与文明

作为当代批判学派的重要代表人物，波斯特的“信息方式”显然延续了批判学派形上思辨的哲学逻辑追求，认为经验学派对媒介文化形式的关注无法触及媒介的内在本质。但由于所处时代媒介发展状况的不同，以及社会问题的差异性，波斯特不再像早期批判学派那样通过揭露资本主义社会大众传播媒介体制的弊端来激发受众获得清醒的媒介认知。他转而立足于更宏大的视野，采取辩证的方法，用后结构主义理论分析媒介本身具有的哲学逻辑及其带来的文化后果，尤其着重剖析电子信息方式，以期通过对电子信息方式的认知，使人们在现时情境中看到早期的发展。正是这种较为中立的、宏观的解读方式使我们认识到了媒介背后潜藏的哲学逻辑，它关乎语言构型，关乎交往行动，关乎主体构建，乃至关乎整个人类的文化进程与文明发展。

---

① 媒介批判学派以哲学批判为其方法论特征，将媒介置于特定的历史阶段和宏观背景之中，对大众传播媒介背后的体制形式展开全面、深刻而系统的批判与反思，以实现社会健康发展和人性自由解放的根本目的；媒介环境学派以历史研究为其方法论特征，主要采用宏观模式识别、历史比较分析、矛盾辩证分析等方法梳理历史演变中的诸种媒介技术形态，复原媒介技术影响下的诸种历史社会语境，从而进一步展望媒介技术发展的未来走势。

信息方式理论认为，媒介本质上是一种语言构型，这与波斯特本人采用的后结构主义方法论有着千丝万缕的联系。他认为原有社会理论主要产生于将主客二分的笛卡尔文化，产生于将心物概念推而广之的二元论形而上学。在这种理论范畴下，“日常的语言世界（观点、态度、观念及意识形态）也与行动的世界截然分开，变成一个可能与行动语域并不同步的独立语域”①。换言之，在二元对立的语域中，语言仅仅作为一种传播的中介和意识的表征，与主体及其行动保持着一定的距离。但是，随着社会的进步和文化的多样化，语言的直接表征功能日渐式微。指涉对象的丧失使词与物的关系复杂化，语言表征他物的功能逐渐转向表征其自身，而新时代的电子媒介交流更是放大了语言的自指层面。传统社会理论二元对立的解读模式显然已经无法可靠解读“新语言”的作用。这种理论系统削减了电子交流的时空远距化作用，只是徒增了语言的表征力而已。因而为了更好地解读媒介的语言作用，波斯特自然转向了受20世纪语言学转向而产生的关注语言内在结构的后结构主义理论。让·鲍德里亚（Jean Baudrillard）的“符号经济学批判”话语，米歇尔·福柯（Michel Foucault）的“话语/实践”范畴和“权力技术”理论，雅克·德里达（Jacques Derrida）的“书写”“延异”等范畴都被借用到他的理论论说之中，用以分析电视广告、数据库、电子书写等媒介现象，构成了信息方式理论运演的前沿话语框架。在后结构主义理论指导下，社会中各类型的交流构型在理论分析层面都是“自足的经验王国”，语言构型则是把握这些“经验”的指明灯。例如，波斯特以“电视广告”为例，参照鲍德里亚的理论，阐释了电视媒介具有的新型语言构型：“首先，电子媒介会话取消了语境，创造了新的言语情境……其次，媒体上的会话主要是独白式的，而非对话性的……第三，媒体的独白式无语境是自指性的……”② 在波斯特看来，电视广告“非真实的被制作成真实的，被交流的是一套没有意义的意义”的境况，正是由其新的语言经验所营造出来的。

当然，后结构主义理论家对语言的理解并不仅停留于“语言包装”的特殊形式，背后暗藏的描绘性结构性权力才是他们的意指所在。这也正

---

① ［美］马克·波斯特：《信息方式——后结构主义与社会语境》，范静哗译，商务印书馆2000年版，第21页。

② ［美］马克·波斯特：《信息方式——后结构主义与社会语境》，范静哗译，商务印书馆2000年版，第64—66页。

是后结构主义与结构主义的差异所在，前者将语言看作客观关系的系统，后者把语言当作主体产生并接收的意义。相较而言，后结构主义笔下的语言无疑更具有能动性，它的结构性权力体现在，它一方面构建着言说的主体，另一方面又构建着作为言说对象的主体。语言构型如何才能对主体产生构建作用？其中就涉及交往行动这个中间环节。虽然在波斯特本人的论述中，交往行动环节常常隐藏在论说之中，有时还与“信息方式”含混等同，但仍然无法抹杀其在信息方式理论中的重要作用。语言与交往行动本身有着天然的联系。语言是交往行动的基本中介，也是人类交往的最基本的工具；而人类的交往行动则给语言提供了交流的空间，同时赋予语言现实的意义。不同的语言构型，塑造了相异的交往行动方式，尤其是影响了交往行动的时空参数，主体正是在交往行动及交往结构中被构成着。鲍德里亚以这种后结构主义的立场总结了电视广告对主体的后现代意义：“广告塑造了一种新语言，一种新的意义组合，每个人都言说着这种语言，或者更确切点说，这种语言言说着每个人。”① 具体而言，电视广告的语言构型是一种“不同步”的“独白式自指交流”，通过这类自指性语言产生的交往行动“脱离了言说者社群，被从生产方式下的物质基础中抽取出来”②，在此基础上，电视广告一方面把观看者主体构建成一个消费者和旁观者合成体，使其面临着主体位置的不可能性，进而消解了观看者主体的自律特性，另一方面也同时解构了作为中心化原始行为者的主体构型。在这个意义上，波斯特认为电子信息方式“促成了语言的彻底重构，这种重构把主体构建在理性自律个体的模式之外，这种人所熟知的现代主体被信息方式置换成一个多重的、撒播的和去中心化的主体，并被不断质询为一种不稳定的身份”③。从语言构型角度引申出主体构建的分析方法无疑避免了如阿多诺等人所犯的对主客体二元、自律/他律二元律的坚持，能从客观角度评析正在被媒介文化重组的主体。

自主体在交往行动中被重新构成伊始，语言构型的结构性权力的作用点便开始不断延伸。因为，在后结构主义看来，不仅主体在媒介交流中被

---

① ［美］马克·波斯特：《信息方式——后结构主义与社会语境》，范静哗译，商务印书馆2000年版，第82页。

② ［美］马克·波斯特：《信息方式——后结构主义与社会语境》，范静哗译，商务印书馆2000年版，第94页。

③ ［美］马克·波斯特：《第二媒介时代》，范静哗译，南京大学出版社2001年版，第83页。

塑造，人类世界乃至整个人类文明都在其中被构型。在“信息方式”的语境中，人们所面对的世界正是由媒介所构型的语言、符号世界。语言构型为世界提供了意义结构，交往行动为世界创造了时空背景，被建构的主体则是世界的构成元素，三大因素的共同作用造就了一个“信息方式”下特殊的世界。由于意义符号的涉入，这个特殊的世界不再单纯指涉世界的客观形态，而是指向了更为深刻的文化内涵。与此同时，主体本身的建构过程也深谙着“信息方式”的文化建构旨趣，因为波斯特曾坦言：“信息方式所质疑的不仅仅是主体性的感觉器官，而是其具体形式：它与客观世界的关系，它对该世界的看法，它在该世界中的位置。”[①] 所以，自始至终，“信息方式”就不单单是一种新型的语言构型，不单单是一种被语言结构的交往行动，不单单是一种被交往行动建构的主体，它还是一个被构建的世界，是一种文化状态，一种文明形态。

遵循这一理论路径，波斯特继续借助鲍德里亚的分析，考察电视广告的文化意义。电视广告以一种非再现性的、非工具性的传播方式对观众进行构建的同时，也从总体上将这种新的交流模式铭写进文化之中。这种被电视广告构建的文化成为一种仿像，一种没有原作、没有客体指涉物的拷贝，它们共同组成了一种新的现实秩序，鲍德里亚把这种新现实称为“超现实”。电视广告对文化和文明的变革作用能够在与前电视时代的比较过程中显得更为明晰。波斯特如此总结鲍德里亚笔下印刷文字与资本主义文明之间的密切关系：“按波德里亚的观点，我们可以这样说，古典资本主义阶段的表意方式是再现符号。社会世界按‘实在论’的图形借助于符号而得以构建，这些符号的稳定指涉物是物质客体。将能指与所指结合起来的交换媒介是理性。最能例证这种再现符号的交流行为便是阅读写出来的文字。这种书写文字的稳定性及线性排列有助于构建理性世界中的主体，有助于构建一个自信的且表达也合乎逻辑的主体。这个主体借助于符号说着实在的语言，而实在的语言的最高理想就是自然科学的话语。……理性的元叙事支撑着这种表意方式，通过阅读行为，通过这种对印刷文字在心象中的单向流动的不断追随，这一表意方式被一再向每个人证实。资产阶级过去就是生活在这种再现性表意方式的云雾中而不自知，

① ［美］马克·波斯特：《信息方式——后结构主义与社会语境》，范静哗译，商务印书馆2000年版，第25页。

许多人仍然这样生活着。"[①] 印刷文字、再现性表意方式、在心象中单向流动的阅读行为、理性的主体、实在论的社会世界、资本主义文明这些关键词就在信息方式理论框架中被合乎逻辑地串联了起来。书写稳定及排列有序的印刷文字是一种再现性的符合表意方式，通过文字在内心单向流动着的阅读行动构建出一个个自信且理性的主体，主体们反过来言说着实在、理性、科学的话语，这些话语力量又共同结构出一个理性、自律的资本主义文明样态。电视广告对印刷文明产生的剧烈震荡就始于语言构型从"语境化的线性分析"到"摆出一副客观外表的孤立数据的蒙太奇"的转变，它构型出了一种去中心化的、非理性化的后现代文明，对基于理性的资本主义文明产生了强大冲击。值得一提的是，波斯特如其他批判学派成员一样，信息方式理论最终旨在关涉文明形态中的政治生活，他尝试在后结构主义的话语中结合哈贝马斯、鲍德里亚等学者的观点描绘新媒介形态下后现代政治的种种可能。不过，在这里，"信息方式"对文明形态的构建作用这一逻辑落脚点显然更值得我们引介。

如此，媒介在信息方式理论框架中完成了全部逻辑运演：它以语言构型为出发点，历经交往行动，最终构建着主体、世界乃至整个人类文明。具有后结构主义力量的媒介通过诸多环节成了人类文明历史演进中重要的影响因子，从而得以发挥出其对历史的建构作用。基于此，波斯特从媒介的角度对整个人类文明的发展进行了独到且深刻的历史划分。

四　历史建构：口头、书写与电子

当"信息方式"从逻辑层面走向历史层面时，就方法论和研究视角而言，它似乎已从批判学派的哲学逻辑视域转入了环境学派的历史建构视角。

媒介环境学派兴盛于 20 世纪 50 年代以后，它的历史语境视角并非时代的标新立异。无独有偶，20 世纪 70 时代以来，整个学术界处于一种探究如何界定当代文明状况，如何预测未来发展趋向，以及如何划分文明历史发展阶段的研究氛围之中，出现了众多宏大的社会发展理论框架。原因是当时社会正在经历着日新月异的科学技术（尤其是信息技术）革新，新技术的变革使高技术产业群迅速崛起，这些变化使西方工业发达国家出

---

① ［美］马克·波斯特：《信息方式——后结构主义与社会语境》，范静哗译，商务印书馆 2000 年版，第 86—87 页。

现了若干新的发展趋势，面对纷至沓来的转变，学者们纷纷提出种种新学说，预测社会的未来发展方向。丹尼尔·贝尔利用“轴心分析法”，基于轴心原则、经济形态和阶级结构三大标准，将美国社会经历划分为前工业社会、工业社会与后工业社会；阿尔文·托夫勒（Alvin Toffler）通过敏感的社会观察，研究科学技术发展给社会各方面带来的变化与趋势，把文明分成三次浪潮时期，从约 1 万年前开始的农业阶段、从 17 世纪末开始的工业阶段以及从 20 世纪 50 年代后期开始的信息化阶段；约翰·奈斯比特（John Naisbitt）采用起源于“二战”时期的新闻报道内容分析方法，预测出美国社会已经进入了一个以创造和分配信息为基础的经济社会。虽然这些理论的话语表述存在差异，但有一点得到了众人的认可，那就是信息技术是当代社会变革的核心推动力。

然而，倘若立足在媒介与人类文明进程之关联的研究视域中，这些理论存在共同的局限之处，第一，它们只注意到现代信息技术对社会变革的作用，而忽视了早期媒介与人类历史文明的密切关联；第二，它们大多只是从经济、社会结构角度理解现代信息技术，而忽视了信息技术本身的影响力；第三，它们只是揭示了目前信息技术“已经影响”现代文明的事实，而没能对“如何影响”现代文明作出合理的解释。因而，在这些划分中，媒介的作用力并没有得到全面认知。他们意识到了现代信息技术的力量，但又从媒介与人类文明这个议题的边缘划过，再一次走回了经济与社会的研究路径。

同样专注于历史视角的媒介环境学派似乎在这方面付出了更多努力。首先，他们把研究对象明确为媒介技术本身；其次，他们广泛研究了原始社会至今人类历史长河中媒介的诸种形态；最后，他们创立了一个媒介影响力的研究范式：“传播媒介的变化如何促进文化里根本的、大规模的或生态的变化。”① 有的学者重点考察一种媒介，一个历史时期，例如伊丽莎白·爱森斯坦（Elizabeth L. Eisenstein）主要研究印刷媒介在 16 世纪到 19 世纪期间产生的社会影响。而大部分学者的研究都贯通了整个原始社会至今的人类历史长河。从这些众多媒介环境学派著作中可以看到，他们主要根据四个重要的传播时代来构想历史进程，形成了一个划分历史进程

① ［美］林文刚编：《媒介环境学：思想沿革与多维视野》，何道宽译，北京大学出版社 2007 年版，第 32 页。

方式：口语时代（如在口语文化中）、文字时代（如在文字或手写文化中）、印刷术时代（如在印刷文化中）、电子时代（如在电子传播技术主导的文化中）。[①] 在每个历史阶段，他们针对特定的媒介都发出了相似的提问。身处媒介环境里的人如何思考和构想他们周围的现实？身处媒介环境里的人维持着什么样的社会、经济、政治和文化体系？新媒介的产生又是如何对上述两个问题产生改变？在对这些问题的回答过程中，为我们复原出一个个生动活泼、跃然纸上的历史生活图景。但是，环境学派的薄弱之处也是显而易见的，这根源于哈罗德·伊尼斯（Harold Adams Innis）曾经引以为傲的“模式识别”方法。伊尼斯早在《传播的偏向》中对西方社会科学的自然科学倾向提出批判，认为社会科学的任务是去发现和解释模式和趋势，以便能够预测未来，而不是靠精细计算为政府和工商业提供短期的预测，从而提出了宏观层次的“模式识别”方法。[②] 但“模式识别”方法主要靠学者的观察得来，缺乏细密的逻辑推演，另外其提出的概念大多是或明或暗的比喻，没有科学的定义，因而在一定程度上缺少理论的解说力和说服力。换言之，虽然环境学派论述了媒介对文明如何产生影响的问题并据此提出了四大历史分期，但仍然没能提供一个合乎哲学逻辑的解答。

信息方式理论的后结构主义立场，揭示了媒介自身潜藏的哲学逻辑，这无疑有助于弥补媒介环境学派逻辑推演上的不足。通过对信息方式理论的探索，尤其对电子信息方式的深度考察，波斯特反观到早期媒介具有的不同哲学逻辑。就此，他相应地对媒介的历史形态进行了特定的划分：“每个时代所采用的符号交换形式都包含着意义的内部结构和外部结构，以及意义的手段和关系。信息方式的诸阶段可以试做如下标示：面对面的口头媒介的交换；印刷的书写媒介的交换；以及电子媒介的交换。若说第一阶段的特点是符号的互应（symbolic correspondences），而第二阶段的特点是意符的再现（representation of signs），那么第三阶段的特点则是信息的模拟（informational simulations）。”[③] 换句话说，人与人之间的符号交换

---

① 参见［美］林文刚编《媒介环境学：思想沿革与多维视野》，何道宽译，北京大学出版社 2007 年版。

② 参见［加］哈罗德·伊尼斯《传播的偏向》，何道宽译，中国人民大学出版社 2003 年版。

③ ［美］马克·波斯特：《信息方式——后结构主义与社会语境》，范静哗译，商务印书馆 2000 年版，第 13 页。

起先以口头媒介的形式进行，这种符号交换方式由于总是以面对面的交流为前提，因而交流双方需同时在场，从而使每一次的言说都能得到及时的回馈，这就是符号之间的“互应”。印刷术的发明给人们带来了书写媒介，书写媒介使符号交换的双方分离开来，读者“在场”，作者却被隐退到文本之后，文本成了读者和作者之间的中介，它“再现”了作者的思想与读者进行“交谈”。到了电子媒介时期，人与人之间的交流通过数字化的电子信号传达，此时，信息的性质发生了根本的变化，它不再是一种“实在”的存在，而是对信息的“模拟”。

然而，在信息方式的理论框架中，媒介诸历史形态的意义并不止于此。它们不仅仅是媒介的诸历史形态，更表征着人类文明的诸历史阶段。如前述，媒介背后的哲学逻辑表明，媒介能凭借语言学意义上的结构性权力，建构着主体、世界乃至人类文明。在媒介发展的每个阶段，语言与社会、观念与行动、自我与他者的关系各不相同，媒介的不同历史形态进一步构建出人类文明发展的各个具体的历史阶段。这正如波斯特所言：“我所谓的信息方式也同样暗示，历史可能按符号交换情形中的结构变化被区分为不同时期，而且当今文化也使‘信息’具有某种重要的拜物教意义。”[①] 在面对面的口头媒介时期，自我（the self）被包嵌在面对面关系的总体性之中，因而被构建和再生产为一种关系自我，这种被熟知的自我常常与早期的部落社会相关。在印刷的书写媒介时期，自我被稳定性和线性排列的书写文字隔离开来，被构建成一个行动者，一个具有固定身份的自信的且表达也合乎逻辑的主体，资本主义文明在这群理性、自律的自我中诞生。在电子媒介时期，自我被完全退隐到电子信号之后，持续的不稳定性使自我去中心化、分散化和多元化，一个后现代社会正在产生。如此，媒介的诸历史形态与人类文明发展的诸历史阶段，凭借着媒介的历史建构意义，在信息方式理论中紧密联系起来。身处批判学派团队中的波斯特无意间实现了批判学派哲学视域和环境学派历史视角的糅合，真正合乎逻辑地划分了媒介影响下人类文明的不同历史进程，弥补了同时期社会发展理论与媒介环境学派的理论缺陷。在信息方式理论中，一部“信息方式”的变迁史，即一部人类文明的发展史。在此，我们要关注的正是构

---

① ［美］马克·波斯特：《信息方式——后结构主义与社会语境》，范静哗译，商务印书馆2000年版，第13页。

成人类文明的重要文化因素之一——“伦理”。

第二节　“信息方式—伦理方式”[①]

“信息方式”是一种用哲学逻辑和历史建构来解读“媒介”的理论方法。“伦理方式”则是基于伦理的总体性意义来探寻伦理构建的思维模式。在信息方式理论中，媒介发展是影响人类文明进程的重要因素之一。媒介通过语言构型、交往行动建构主体、世界乃至文明，形塑了人类文明的不同历史形态。“信息方式—伦理方式”诠释构架的搭建可以用来揭示不同媒介环境中伦理构建的可能性，从而进一步回答“网络时代，我们如何在一起”的伦理反思。作为一种新的理论，“信息方式—伦理方式”的合理性、可能性与必要性有待于澄明和确证以下几个问题：信息方式为何以及如何作用于伦理方式？信息方式作用于伦理方式可能为伦理道德发展，乃至文明发展带来何种影响？“信息方式—伦理方式”又具有何种道德哲学意义？

一　信息方式之于伦理方式的意义

“信息方式—伦理方式”的解释构架本质上是要揭示出信息方式之于伦理方式的意义与作用。信息方式作用于伦理方式的理论前提，首先在于媒介与伦理相关。当谈及媒介与伦理的关系时，我们自然而然联想到把伦理当作媒介的价值规范标准的论断，从而常有“媒介伦理”与“伦理的媒介”之说。然而，人们往往忽视了媒介与伦理关系的另一旨趣——媒介作用于伦理。媒介能否作用于伦理，这才是信息方式之于伦理方式关系建立的合理性基础。

纵观传播学的三大经典学派，理论家们甚少直指媒介对伦理的作用，但在一定程度上又都潜藏着这种观点趋向。这种趋向主要表现为媒介自身具备的文化影响力。例如，经验学派的社会功能论从传播过程与内容的角度指出大众传播媒介具有传承社会文化遗产的功能，认为它能够将信息、

---

① 此小节部分内容曾以《“信息方式—伦理方式”诠释框架的道德哲学解读》为题，发表于《道德与文明》2018 年第 6 期，并收录于笔者参与合著的《现代伦理学理论形态》（中国社会科学出版社 2021 年版）一书中。

价值观和社会规范代代相传或者将之告诉新来者，为个体打下共同经验的基础，从而提升整个社会的团结力和凝聚力；批判学派的意识形态霸权理论从媒介体制的视域入手，探究作为文化形式之一的意识形态问题，表明大众传播可以以间接的、无意识的方式，透过传播结构、专业理念和日常业务，不断在受众中复制着主流意识形态，从而成为统治者统治的一个手段；环境学派大部分理论的主旨则是立足于媒介技术层面，正面剖析媒介对身处于其环境中的人、社会和文化产生的根本性影响和结构性变化。显然，无论是作为内容的媒介，作为体制的媒介，还是作为技术的媒介，媒介的各个层面都发挥着不容小觑的文化影响力作用。媒介的信息传播过程，正是一个文化形塑、渗透与扩散的过程，它影响着、建构着人们日常的知识结构、思维方式与价值观念。而伦理作为一种达致人的完满存在、追求并实现"好的生活"的价值诉求，自然而然在媒介的文化作用机制中被影响、被构建。

当然，提出"信息方式—伦理方式"的诠释构架不仅适用于强调媒介能够作用于伦理的传播学问题，更适用于复原出媒介如何影响伦理构建的道德哲学图景。一句话概括，信息方式通过具体的语言构型和交往行动，影响伦理方式的意义结构与时空因素，进而影响伦理方式"个体"与"伦理实体"两大概念元素的存在性状，最终在信息方式的文明生态中生成具有特殊立场、价值特征以及存在形态的伦理方式。

正如波斯特将信息方式理论的逻辑起点设定于媒介的语言构型一样，信息方式对伦理方式的影响，也肇始于语言构型层面。波斯特的信息方式理论以后结构主义为方法论基础，而后结构主义又以对结构主义的批判为起点。后结构主义与结构主义虽具有很大的理论差异，但两者有着共同的语言学立场。这种语言学立场发端于20世纪瑞士学者弗迪南·德·索绪尔（Ferdinand de Saussure）引领的语言学转向，旨在将哲学理论的出发点由作为个体主体存在的人转向超越个体主体而具有某种"客观"结构和体系的语言，从而意图批判传统理性形而上学的工具主义语言学。因而，从索绪尔开始，语言不再只是一种交流的工具和手段，它自身成了一个体系，一个先验结构。索绪尔认为，语言符号体系就是由音响形象和概念之间的关系构成的一个网络，他还用"能指"和"所指"两个术语分别指称"音响形象"和"概念"。"能指"是语言的读音和字形，即"音响形象"；"所指"是人创造出来的主观"概念"，而并非现实世界的任何一个具体物品。因而，语言成了一个具有独立价值的符号系统和符号体系，基于此，索绪尔语言学从根本上扭转了传统语言学、符号学理论，重新建立了一种语言符号意义的产生机制：语言的符号意义是语言符号内部“差异”规则运作的结果。也就是说，现代语言学体系中的语言本质上是一种表达意义的符号体系，它的魅力和力量正是在于在一系列符号的“差异”性中对意义的“结构”和规定作用。

作为信息方式的逻辑起点，语言构型就是承载着信息与价值，承担着意符转化为意义的任务，从而直接与伦理方式的意义结构相关联。意义在伦理方式中的“结构”作用主要表现在：其一，伦理本身被“结构”成人及其生活的重要意义维度之一，它关乎人追求好的生活的价值抉择；其二，伦理自身的构建需要通过意义的“结构”作用，“个体”达至“伦”的过程即一个意义整合的过程。所以，语言性质的变质导致的意义符号差异，将直接对伦理及其构建中的意义结构产生影响，进而影响着伦理方式整个建构过程中的价值选择。

语言的本质是一种表达意义的符号体系，但意义的表达与传递不是自发的、独立的，需要通过具体的交往行动才能实现。因而，语言与交往行动本身有着天然的联系。信息方式在塑造不同语言构型的同时，也在人与人之间创造着不同的交往模式。正如麦克卢汉总结道：“每一种技术都立即对人的交往模式进行重组，实际上造就了一种新环境。”[①] 那么，这种交往模式如何作用于伦理方式？交往模式的哲学本义与意义在于对空间和时间因素的追求、满足与超越。任何一个媒介的创造与发展，其实都是人类在信息传播领域对空间性和时间性的一次又一次的尝试与探索。伊尼斯关于传播偏向的理论最为详尽地论证了媒介的时空偏向性，他认为，每一种媒介独特的物质特征和符号特征都使其在传播中带有一定偏向，各种时空偏向性又与当时的社会变革和文明培育密切相关。例如，像黏土、石头、羊皮纸等笨重耐久的媒介，容易传承，却不易传输，是典型的具有时间偏向性的媒介，因而常与稳定、传统以及等级观念相关；像莎草纸和纸张等轻便的媒介，容易传送，却不易保存，可以称其具有空间偏向性，有利于促进文化的交流，从而解构权威。伦理方式作为一种文化与意义的建

---

① ［加］马歇尔·麦克卢汉：《麦克卢汉如是说：理解我》，何道宽译，中国人民大学出版社2006年版，第57页。

构形态，显然也深受交往模式的时空偏向性影响，在不同的媒介时代形成不同的文化特色。

虽然像伊尼斯这类媒介环境学派学者已经指出了媒介、交往行动及其时空因素与社会文化之间的内在关联性，但是他们大多数仅点明了这些因素关联的结果而未阐明关联的逻辑过程。以后结构主义为视域的信息方式理论则进一步地把握了具有特殊时空偏向性的交往行动作用于伦理方式的哲学机理，其阐释的着力点正是后结构主义与结构主义的差异之处。

后结构主义使结构主义的语言理论从封闭走向开放，从一元走向多元，在扩展语言的外延性力量的同时更加强调了语言通过交往行动建构主体乃至世界的结构性权力。此处的主体和世界在伦理方式的理论结构中具体表征为"个体"（个体性）与"伦理实体"（普遍性）两大概念元素。就"个体"即"个体性"而言，时间与空间因素在不同语言构型下的交往行动中重组，使个体与个体之间的距离，个体与群体，个体与世界之间的距离产生变化，在特殊的时空关系和时空位置中，个体被构型成不同的价值性状。至于"伦理实体"即"普遍性"，由于信息方式具备特殊的语言构型符号意义和交往行动时空因素，加之在交往行动中被构建的个体性状，普遍性理念及其定在的显现形态也具有了多种现实可能性。于是，在不断变化着的时空关系中，"个体"的存在性状、"伦理实体"的存在性状、"个体"与"伦理实体"之间的关系和两者的地位都在不断地被特殊的信息方式"结构"着。在两大元素相互博弈的过程中，占主导地位的一方随即成为伦理建构方式的立场和出发点，从而基于不同的立场和出发点创造出普遍性理念的不同"结构"模式及其存在形态。

然而，信息方式"结构性权力"的意义并不止于此。其更广泛的、更深刻的影响力在于它使整个文化与文明最终也被纳入其"结构"范围之内。"语言—交往—主体—世界—文明"，在层层推进之中，它能为也必定为伦理方式营造出一种媒介化了的文化语境和文明生态。深受文化语境和文明生态的洗礼，被特殊信息方式"结构"出的伦理方式也自然呈现出一种生态特性。如此，有多少种信息方式的文明生态就造就出多少种具有特殊立场、价值特征以及存在形态的伦理方式生态，它们为人们提供了形形色色的"回家"之路。

二 信息方式与精神世界、生活世界

媒介建构文明的议题早已不陌生。媒介研究的三大学派都曾立足于各自的研究视域、基于各自的研究方法探讨过媒介对文明的影响：经验学派着重传播过程和内容的效果方面；批判学派强调媒介体制的文化宰制影响或媒介文本的意义建构作用；环境学派则突出媒介技术的文化意义。经过“经验学派—批判学派—环境学派”的不断探索，媒介对文明的影响力也从实证主义的工具论演变为思辨主义的建构论。信息方式理论更在无意间反思并吸取了各大学派的经验与教训，融合批判学派的哲学视域与环境学派的历史视角，在逻辑与历史辩证统一的方法论指导下复原出媒介建构文明的作用机理和历史生态。

即便如此，我们也只是初步认识到媒介具有作用于文明的能力，以及媒介何以作用于文明的机制，但就文明本身而言，它似乎仅仅成为一个被动的对象、一个抽象的概念。伦理方式的介入，则打开了文明发展的神秘之门。“‘文明’即由‘文’而‘明’；‘文明’的目标在‘明’，达道在‘文’；‘文’即人文，即文化，即‘人’的文化规律。”① 丹尼尔·贝尔认为，“文化本身是为人类生命过程提供解释系统，帮助他们对付生存困境的一种努力”②。潜在的意义是，文明一方面现实地关乎人们的世俗生存，另一方面更超然地关乎人们的意义追寻。前者是人们居于的“生活世界”，后者是人们居于的“精神世界”，两者共同构成了文明世界本身。一个明显的假设是，伦理方式的变革将深刻影响精神世界、生活世界的状态以及两者之间的关系，从而确证整个文明发展的基本走向。但更为深刻的意义在于，与其说这是在表征伦理方式对文明发展的影响，不如说其内涵于伦理方式的本意之中。因为，伦理方式的目的是建构伦理、达到伦理，而伦理乃是人类文明的重要价值，甚至是中国文明的核心价值。以“伦理”阐释“文明”，甚至在中国文化中“伦理”即“文明”。因而，根本而言，“信息方式—伦理方式—精神世界与生活世界—文明发展”的运演逻辑内在于“信息方式—伦理方式”的诠释框架之内。凭借伦理方

① 樊浩：《“精神”，如何与“文明”在一起?》，《哲学动态》2015 年第 8 期。

② ［美］丹尼尔·贝尔：《资本主义文化矛盾》，赵一凡等译，生活·读书·新知三联书店 1989 年版，第 24 页。

式的“传递”与“中介”，一幅完整的媒介建构伦理、媒介建构文明的历史图景展现开来。

前已澄明信息方式作用于伦理方式的机理，那么，伦理方式又如何内在地、本质地与“精神世界”和“生活世界”相关，影响整个文明世界？首先有必要厘清对“精神世界”和“生活世界”的认识，以及它们与文明世界的关系。

如同对“精神”的理解一般，人们对“精神世界”的理解也相对片面、局限。纵然中国传统文化和西方历史文明都曾对“精神”作出过深刻的哲理思辨，宋明理学的“精气神”、柏拉图的超理性本原、亚里士多德的高级思维活动本身等，但受到现代性的“祛魅”洗礼，“精神”的意义显得日益单薄和平面化。本体论、认识论上的“精神”，尤其是马克思历史唯物主义视角下的“精神”，获得了业界的极大推崇。“精神”简单成为与物质存在相对立的主观意识活动，为物质存在所决定，但同时也能反作用于物质存在。继而，“精神世界”是一个以“精神”为内容的世界，是“人的意识活动所生成的世界，它包括意识活动本身和意识活动的结果两个方面”①。人们日常生活中所提及的与“精神”相关的其他概念，如精神文明、精神生活、精神境界均主要基于历史唯物主义的视角。久而久之，“精神”和“精神世界”慢慢脱离哲学分析，倒成为关注人们内心生活的心理学常客。

但本体论、认识论上的“精神世界”，与其说它是“精神世界”，毋宁说是一个偏正结构的“精神的世界”。“精神的世界”先验地隐藏着主观“精神”与客观“世界”之间的二元对立，它首先肯定客观“世界”的存在，然后将主观“精神”嫁接到客观“世界”之上，作为客观“世界”的意义附加值。所以在“精神的世界”中，“精神”并未显现其自身，未能展现出其全部价值，因而陷入主观片面之中。“精神世界”应当是也必定是“精神”自己的“世界”，是精神显现其自身规律、特性、发展的世界，这就是黑格尔精神哲学意义上的“精神世界”。黑格尔的《精神现象学》刻画了一个宏大的“精神世界”，将其复原为“主观精神世界—客观精神世界—绝对精神世界”的辩证发展过程。在“主观精神世界”中，“意识—自我意识—理性”构成了“主观精神”的诸环节，它是

---

① 张健：《精神世界概念》，《肇庆学院学报》2004 年第 3 期。

“精神”直接的、初级的阶段；“精神”客观化其自身，形成由“伦理—教化—道德”辩证运动构成的“客观精神世界”；最后，“精神”回到“宗教—艺术—绝对知识”的“绝对精神世界”中，完成了对其自身的实现。[①]“精神世界”正是一个由“主观”到“客观”再到“绝对”的辩证运动过程。由此观之，作为主观意识的“精神世界”只是“精神世界”的一个初级环节，并不能指称“精神世界”的全部内容。“精神世界”不仅包含意识的主观方面，也包含存在的客观方面，更包含主观方面与客观方面的辩证统一。

至于“生活世界”，由于我们过于熟悉平凡的“生活”，以至于对其缺少必要的反思，直接把“日常生活的世界”等同于“生活世界”。这种经验性认识也受到西方实用主义、自然主义生活观的进一步支配与巩固。实用主义代表人物之一杜威曾将“生活”解释为“个体或种族的全部经验”，它包括“人们所做的、所遭遇的事情，人们所追求的、所爱的、所相信的、所忍受的事情，也包括人们怎样活动和接受活动，人们行动和遭受、意欲和享受、观察、信仰、想象的方式”[②]。实用主义、自然主义生活观强调“生活”经验的物质客观性，把“生活世界”当作纯粹客观世界或自然物质世界，因而对立于主观世界和价值世界。这种单一的生活世界观在埃德蒙德·胡塞尔（Edmund Husserl）那得以修正。胡塞尔察觉到客观主义及其变种的长期支配是欧洲世界危机四起的最终根源，因此他提出用“生活世界”的分析来扭转客观主义的认识论误区。胡塞尔认为“意义是由主体在生活世界的实践中被授予的”[③]。“生活世界”“只是一个外在于我的世界，一个交互主体性的世界，是为每个人在此存在着的世界，是每个人都能理解其客观对象的世界”[④]。胡塞尔的“生活世界”将客观物质世界排除在外，成为一个意义建构的抽象的理念世界。

无论是杜威式还是胡塞尔式的“生活世界”，事实上他们均带有主观或客观的片面。“生活世界”理应是主客观的统一，一方面人生活于自然

---

① 参见［德］黑格尔《精神现象学》下卷，贺麟、王玖兴译，商务印书馆1979年版。

② ［美］杜威：《杜威教育论著选》，赵祥麟、王承绪编译，华东师范大学出版社1981年版，第272页。

③ ［德］埃德蒙德·胡塞尔：《欧洲科学危机和超验现象学》，张庆熊译，上海译文出版社2005年版，第16—17页。

④ ［德］埃德蒙德·胡塞尔：《生活世界现象学》，［德］克劳斯·黑尔德编，倪梁康、张廷国译，上海译文出版社2002年版，第153页。

世界之中，且从事物质生产活动，使“生活世界”具有客观性，另一方面生活的主体即人的存在，又使意识、意义与价值成为“生活世界”的主观元素。马克思把日常生活与非日常生活、物质生活与精神生活相统一，符合其题中之意。这里，我们首先在与“精神世界”相对应的意义上使用“生活世界”概念，凸显“生活世界”的客观性、现实性和经验性，同时也承认“生活世界”的价值指向、意义指向和理念指向。

总之，“精神世界”和“生活世界”均兼具主客观性，不同之处是，“精神世界”多侧重于主观性，旨在主观向客观的落实，而“生活世界”多倾向于客观性，旨在客观向主观的升华，但只有主客观的辩证统一才是它们的本质追求。从主客观意义上讲，文明世界应当是一个包含着“精神世界”与“生活世界”及其两者统一的世界。“精神世界”与“生活世界”并不对立，它们只是表征对待文明世界的两种态度；“精神世界”与“生活世界”并不等同，它们的差异与矛盾助推文明世界的发展；“精神世界”与“生活世界”并不固化，它们的动态变化交织成文明世界的不同形态。

伦理方式内在的、本质的与文明世界的两个方面（“精神世界”和“生活世界”）相关。正如黑格尔所说，“哲学所研究的是理念，从而它不是研究通常所称的单纯的概念”，“定在与概念、肉体与灵魂的统一便是理念”。① 前已论证，伦理方式的“概念”即它的本质特征——“精神”；伦理方式的“定在”即它的现实形态——“伦理存在”。“精神”和“伦理存在”分别对应文明世界的两个方面——“精神世界”与“生活世界”。即使抛开哲学思辨，当我们谈论“伦理”时，也总是潜在包含这两个方面：世俗层面的风俗与习惯、形上层面的价值与意义。在古希腊，“伦理”最先被认为是“灵长类生物长期生存的居留地”，居留地之所以被称为伦理，是因为它为人的生存提供了可靠的空间。与动物世界的弱肉强食不同，人类生活必然存在着交往的需求。在群体交往和群体生活中，就生成了人们对可靠性的期待，进而凝聚成生活中的风俗与习惯。通过长期的积淀与传承，风俗与习惯逐渐演变为“伦常”，“伦常”进一步抽象为“伦”之“理”，最后沉淀为人们生存与生活中的文明基因。“伦理”文明基因就是人们普遍追求的价值与意义。从“伦理”的演进过程可以

---

① ［德］黑格尔：《法哲学原理》，范扬、张企泰译，商务印书馆1961年版，导论第1页。

看到，“伦理”发端于世俗层面的风俗与习惯，而又升华于形上层面的价值与意义，当然，这种形上层面的价值与意义也终究须回归于世俗层面，才具有现实性。无论如何，世俗层面与形上层面的一体才能构成“伦理”。世俗层面的“伦理”指向我们的“生活世界”，而形上层面的“伦理”则指向我们的“精神世界”。总之，伦理方式之所以内在的、本质的与“精神世界”和“生活世界”相关，是“伦理”理念和“伦理方式”理念的本性使然，具体展现为：“伦理”概念—“伦理方式”概念—“精神世界”；“伦理”定在—“伦理方式”定在—“生活世界”。

综上，“信息方式—伦理方式”的诠释框架得以完整建立，它包含两大意蕴。其一是核心意蕴，即“信息方式—伦理方式”：信息方式通过语言构型和交往行动建构主体、世界乃至文明，其结构性权力影响伦理方式的立场、价值特征以及存在形态，生成伦理方式的不同道德哲学形态。其二是延伸意蕴，即“信息方式—伦理方式—精神世界与生活世界—文明世界”：信息方式影响下的伦理方式继而影响精神世界、生活世界的状态以及两者之间的关系，造就整个文明发展的基本走向。这是伦理方式对文明的影响，更是伦理方式对其自身的文明诠释。

三　“信息方式—伦理方式”的道德哲学意义

马克·波斯特的信息方式理论基于后结构主义方法论，融合媒介批判学派的哲学视域与媒介环境学派的历史视域，创造性地将媒介诠释为哲学逻辑与历史建构双重维度，为传播学理论发展和实践指导增添了新鲜血液；与之相应，伦理主义体系中的伦理方式范畴从道德哲学高度构建出一种建构伦理的方法论基础，扭转了近代以来伦理学过度注重道德而忽视伦理的尴尬局面。在历史与逻辑的重叠视域中，信息方式为伦理方式铺垫了社会语境与逻辑背景，伦理方式则帮助生活于信息方式之下的人们回答“我们如何在一起”的价值追问。信息方式与伦理方式的耦合，无论在理论和实践上都具有深刻的道德哲学意义。

首先，“信息方式—伦理方式”是一幅关于信息方式下伦理方式现象学复原的“概念图式”，能够借此揭示媒介技术发展的伦理规律。媒介与伦理的关系由来已久。迄今为止的大多数研究基本着力于将伦理看作媒介行动的价值判断标准，从而延伸出一系列媒介伦理规则，以此指导媒介行动。这是西方媒介伦理学的经典视角，它奠定了当代整个媒介伦理学的研究主基调。这一视角的兴起可以追溯至西方20世纪传媒自由主义的价值式微。在西方垄断资本主义崛起的过程中，体积庞大而又无所不在的大众传播媒介逐渐陷入垄断集团的“私人的樊笼”，表达自由开始蜕变为媒体所有者的私有权利，这使原本用以对抗传媒威权主义的传播自由主义观念再一次成为学界批评的对象。在这些批评声中，美国芝加哥大学校长R. M. 哈钦斯（Robert Maynard Hutchins）主持的“新闻自由委员会”先后发表《自由与负责的报刊》《新闻自由：原则的纲要》等调查报告，正式运用了“社会责任论”这一概念。从此，责任成为媒介行为善恶的重要考量标准，媒介伦理学成为一门显学。然而，这种媒介与伦理的关系厘定，一方面将伦理简单还原为道德，另一方面更没有完全揭示出媒介与伦理之间道德哲学的形上关联，其更多是规范伦理学框架下道德观念在媒介活动中的具体运用。媒介伦理学需要向元问题即道德哲学视域回归，正视伦理与道德之间的差异性，注重伦理的优先价值，在此基础上，深入探讨媒介技术对道德文明与伦理生活的影响和作用，为具体的媒介道德困境和伦理难题奠定道德哲学的逻辑基础和理论前提。如前述，经验学派的社会功能论、批判学派的意识形态霸权理论以及媒介环境学派的主流观点都各自基于不同的立场，认可了媒介具有强大文化影响力的事实。这些观点潜藏着媒介作用于社会伦理价值的可能性，但它们只是解释了媒介技术“可能影响”或“已经影响”现代文明的事实，而无法彻底解释它“如何影响”现代文明及其价值合理性这个具有实践哲学意义的重大问题。媒介伦理学的元问题旨趣，需要具体透析出媒介技术如何影响现代文明的道德哲学路径。在此，“信息方式—伦理方式”的诠释框架不仅是一幅媒介技术影响伦理价值构建的“概念图式”，更是对信息方式下伦理方式的现象学复原。媒介技术发展的伦理规律由此展现：信息方式通过具体的语言构型和交往行动，影响伦理方式的意义结构与时空因素，进而影响伦理方式“个体”与“伦理实体”两大概念元素的存在性状，最终在信息方式的文明生态中生成具有特殊立场、价值特征以及存在形态的伦理方式；伦理方式关乎精神世界和生活世界的状态以及两者之间的关系，能够造就整个文明发展的基本走向。

其次，认清媒介技术发展的伦理规律，有利于为媒介技术与伦理构建的合理互动提供哲学基础和价值指引。“风险社会”是当今社会发展不可规避的重大现实难题。众多研究已经表明，技术发展是现代风险的重要成因。社会学家乌尔里希·贝克（Ulrich Beck）指出："各种后果都是现代化、技术化和经济化过程的极端化不断加剧所造成的后果，这些后果无可置疑地让那种通过制度使副作用变得可以预测的做法受到挑战，并使它成了问题。"① 风险文化学学者斯科特·拉什（Scott Lash）则认为："自然风险包括对自然和人类社会所构成的生态威胁和科学技术迅猛发展带来的副作用和负面效应所酿成的风险。"② 现代高科技技术的迅猛发展一方面满足了人类的各种需求，推动了社会经济文化的发展，另一方面也潜藏着巨大的社会风险，导致了社会的"价值断裂"，引发了许多道德难题和伦理困境。媒介技术，作为技术发展的一个重要分支，自然无法轻易躲开"风险社会"的可怕"咒语"。从道德哲学高度考察，媒介技术发展带来的伦理风险集中表现在，媒介技术与伦理构建之间并非总能处于合理互动的良性状态。其一，媒介技术及其衍生品的创造、应用与发展过程本身缺乏适时的伦理理念指导，导致媒介技术与伦理观念的断层抑或伦理观念的缺席。其带来的伦理风险主要发生在具体的媒介实践层面，例如，网络新技术中存在的隐私问题、谣言问题。其二，也是更为深远之处是，在现实生活中，伦理构建的自身适应力与调整力落后于社会的发展速度和媒介技术的迭代速度，尤其当步入信息社会之后，媒介技术的更新速度更呈现出突飞猛进之态势，让整个社会的伦理构建猝不及防。它造成的伦理风险则指向人类更为深刻的世界观和价值观层面，诸如，网络新技术可能潜在的人类群体价值失落与精神危机风险。究其原因，这些媒介技术的伦理风险，主要是长期以来人们忽视探究、把握媒介技术发展的伦理规律而导致。"信息方式—伦理方式"的诠释框架正是旨在，在媒介技术的历史变迁中领悟人类精神领域的伦理构建过程，进而从道德哲学角度重新确证媒介技术发展的伦理规律，复原出媒介技术影响伦理构建、文明发展的道德哲学图景。从而，在现今乃至未来的媒介发展历程中，为媒介技术与伦理构建的良性互动和和谐共生提供可靠的哲学基础和价值指引，以便于在具体的实践领域，达到事前妥善规避风险，事后合理解决风险的目的。

最后，媒介技术与伦理价值之间的良性互动和和谐共生，有助于人

---

① ［德］乌尔里希·贝克、约翰内斯·威尔姆斯：《自由与资本主义——与著名社会学家乌尔里希·贝克对话》，路国林译，浙江人民出版社 2001 年版，第 125 页。

② ［英］斯科特·拉什：《风险社会与风险文化》，王武龙译，《马克思主义与现实》2002 年第 4 期。

们在媒介化社会中更好地实现生活的整体意义和生命的总体价值，推动生活世界与精神世界的共同发展与进步。自人类诞生以来，传播就是人类生存和发展的基本方式，而只要进行传播活动，就一定需要借助于某种特定的传播媒介。因而，在某种意义上，媒介化作为一个过程，几乎是和人类社会一起开始的，换言之，人类社会自发生起就是一个媒介化的社会。虽然，就目前学界的一致观点而言，只有经历了语言、文字、印刷、电子、网络这五次传播革命之后，人类社会才真正开始进入媒介化社会，媒介于人才具有本体论的意义，但如若参照波斯特的信息方式理论，无论何种媒介它都在整体上起到了“结构”社会语境的作用，只是由于各个媒介的基本特性不同，“结构”的具体影响力和作用范围有所差异。所以，与其说，与传统媒介相比，新媒介将人类社会带入真正的媒介化社会；毋宁说，传统媒介与新媒介塑造了媒介化社会的不同现象形态。一言以蔽之，媒介自诞生起就开始“结构”社会，媒介化社会是人们生存和生活的共同语境。正是媒介与社会之间、媒介化社会与人之间的紧密联系，使媒介技术与伦理价值、文明价值之间的良性互动和和谐共生，注定能为人类及其生存与生活带来非凡的价值与意义。实现这些价值与意义主要经历三个环节：一是，在媒介化社会中，我们与媒介“同在”；二是，媒介技术与伦理价值之间的良性互动和和谐共生，使媒介与伦理“同在”；三是，身处于媒介化社会中的我们最终与伦理“同在”。从而，伦理的普遍性、终极性意义融汇于整个媒介化社会之中，内化于生存于媒介化社会的个体之中，使我们得以重新“在一起”，回归到精神的“家园”。进一步而言，根据断代史和通史的理解，伦理与我们“同在”“分别以‘生活’（当下生活世界）与‘生命’（类生命及其绵延）为轴心或指向，前者与我们的生活世界‘同在’，后者与‘我们’的生命历程‘同在’；前者是生活智慧，后者是生命智慧”①。因而，伦理价值在媒介化社会中的融汇，不仅能够指导人们当下的生活世界通向类生活，实现个体生活的整体性意义，而且更能够指引人们的个体生命达至类生命，获得个体生命的总体性价值。在精神世界中达成类生活和类生命，人才能真正成为一个“完整的人”。

---

① 樊浩：《伦理如何“与‘我们’同在”?》，《天津社会科学》2013 年第 5 期。

第三章　口头媒介下的伦理方式

一部信息方式的发展史即一部伦理方式的变迁史。“信息方式—伦理方式”将为我们展开一幅关于媒介影响伦理构建的生动历史画卷。我们在信息方式中窥见伦理方式的变迁，在伦理方式中反观信息方式的发展。

研究媒介历史，或更为具体的语言历史，学界主要有两种分析方法。19 世纪的语言学家们最感兴趣的方法是历时分析法，即研究语言自身是如何发展，如何随着历史的变化而进化。这种方法受到了 20 世纪下半叶兴起的结构主义思潮的批评，结构主义认为共时分析法应当优于历时分析法，所谓共时分析法是要对同一时期共存的语言形式进行比较。如果说历时分析法是一种“全景扫描”，那么共时分析法就是一种“快照特写”。其实，无论是媒介，还是作为语言的媒介，其实质上都是共时性与历时性的并存。即使当媒介进化到包罗万象的网络阶段，一些传统的媒介方式，如口头媒介、文字媒介、印刷媒介也一起共存于同一个社会语境之中。历时分析法和共时分析法只是将媒介置于不同的场景和语域中，分别从历时纵向和共时横向的断面审视媒介的性质及其产生的文化影响。但为了厘清媒介发展的伦理规律，为了复原媒介影响伦理构建的历史图景，纵向的历时研究方法更为关键。一方面，任何时代总是以某种媒介形态为主导，因此才会有媒介建构历史、划分历史之说；另一方面，只有将不同媒介分隔开来，我们才能明晰各个媒介对伦理建构产生的独特影响。所以，我们将主要借助历时分析法，鸟瞰时间上前后相继的信息方式，及其影响下的伦理方式。在切入核心主题——“网络”之前，让我们先穿越回历史，领略口头媒介和印刷媒介的信息方式，探索口头媒介和印刷媒介下的伦理方式。在历史梳理的过程中，启发我们对新时代的新认知。

第一节　口头媒介的信息方式

人类的传播活动与人类的发展密切相关，自从有了人类，便开启了人类传播活动的探索史。人类的传播活动经历了一段漫长的史前时期。在这段艰苦岁月中，为了适应集群而居的生活，人类尝试用触觉、视觉或嗅觉来传递信息，或是通过人体自身的行为举止，如面部、手足、肢体的动作表情，或是凭借外在的他物，如烽烟、火光、鼓、结绳记事等。随着社会性联系的日渐复杂，人与人之间以音节传递信息的便利性逐渐显现，口语开始成为一种独立的交流手段。它克服了肢体语言的某些局限性，例如肢体语言很难在黑暗中交流，又例如人们的肢体很难使工作与交流同时进行。在这个社会环境中，口语逐渐发展成为一个完整的传播系统，逐渐成为人们最主要的传播手段，也真正带来了人类传播的第一次革命性进化。

然而，直到20世纪60年代初，学术界才从对文字的偏向中觉醒，开始关注口语的变革性意义。这多亏了现代语言学之父索绪尔的警示，他“提醒人们注意口语的首要地位，因为口语是一切语言交流的基础”[①]。历史也表征着语言世代永存的口语属性。“历史上数以万计的语言中，大约只有106种语言曾经不同程度地使用过文字或产生了文字，绝大多数的语言根本就没有文字。”[②] 在索绪尔的影响下，学界将长期处于理论话语边缘的口头媒介推向了当时的学术前沿。一批应用语言学和社会语言学家，如杰克·谷迪（Jack Goody）、麦克卢汉、沃尔特·翁（Walter J. Ong）等，更使一开始对语音的简单关注，转向对原生口语及其与后继书面语的动态关系的考察之中。著名文学研究专家米尔曼·帕利（Milman Parry）及其弟子阿尔伯特·洛德（Albert Lord），以及稍后的埃里克·哈弗洛克（Eric A. Havelock）又进一步充实了该方面的研究，提供了大量的文化素材与理论分析。口头媒介的重要性不言而喻，要想窥探到整个媒介的发展历程和变革规律，首先必须对口头媒介有着清晰的认知。与上述专注于史

---

① ［美］沃尔特·翁：《口语文化与书面文化：语词的技术化》，何道宽译，北京大学出版社2008年版，第1页。

② ［美］沃尔特·翁：《口语文化与书面文化：语词的技术化》，何道宽译，北京大学出版社2008年版，第3页。

实和文本研究不同，基于马克·波斯特的信息方式框架，口头媒介将折射出的是一系列全景式、动态式、因果式的独特特征，这些特征一定程度上也映射着史实和文本的研究成果。

首先，口头媒介的语言构型具备三大特征，即明确化、情感化和魅力化。作为“符号的互应”阶段，这种共时性的交流方式需要一个双方共通的语境，需要双方能够在短时间内尽可能表达清楚所需表达的意思，以完成交流的目的。如果双方的语音意义无法直接对接，那就如同“对牛弹琴”。因而，正如沃尔特·翁曾表示的，口语文化和书面文化的差别之一就体现在不同的复杂性和抽象性之上，口语文化不可能和书面文化一样记录和记住复杂和抽象的东西。在双方共通的语境中，口头媒介的语言构型更表现出特殊的情感化内涵，它“是激情的发泄，而不是思想的表达”[①]。这是因为，一方面，人体的听觉机制是口语词交流的渠道。“耳朵和眼睛不同，它无法聚焦，只能是通感的，而不能是分析的、线性的”，“听觉场是同步的，而视觉场是连绵的”。[②] 声音的现象不同于外在的文本，它深入人的生存感觉之中，所以借助于听觉机制的口语词必然比书面词承载着更为丰富的情感，在语调中可以传达喜怒哀乐等情感意蕴。另一方面，为了达到良好的沟通目标，口语交流者又必须将自身主动投身于沟通语境中，以贴近认识对象、达到与其共鸣和产生认同的境界。移情式、参与式的语言交流，保留了双方各自的“主观性”地位，倾入了更多的情感色彩。口语词的情感化特质，使人们进一步得以摆脱平凡、粗俗、沉重和“客观”的物质世界，建立起一个具有魅力的意义世界。因而，荷马用了一个标准的名号，称语词为“长翅膀的语词”，意指语词不停地在空中飞翔，而飞翔是一个充满生机和希望，通向未知和未来的运动。

语言的目的是指向交往。口头媒介的使用完全依赖于人的发声器官，因人体能量的局限，使其交往行动必定是一种传输者和接收者都在场的面对面的交往模式。这种交往模式体现出显著的时空有限性。语音自身就存在着一个时间性特征，即它的出口即逝性。“语音的存在仅仅表现在它消

---

① ［加］哈罗德·伊尼斯：《帝国与传播》，何道宽译，中国传媒大学出版社 2013 年版，第 39 页。

② ［加］埃里克·麦克卢汉：《麦克卢汉精粹》，［加］弗兰克·秦格龙编，何道宽译，南京大学出版社 2000 年版，第 27 页。

逝的过程中。”[①] 正因为如此，在没有外界力量帮助时，为了实现思想的传承与交流，“原生口语文化”时代的人们只能凭借独特的记忆术才能将费尽心思说出的话保存和再现。米尔曼·帕利和阿尔伯特·洛德对口传时代荷马史诗和行吟诗人的研究比较真切地评估了原生口语文化时代口头记忆术的性质，也因而间接论证了口语词的时间有限性。他们发现，像《伊利昂纪》《奥德修纪》这些史诗之所以能够在不借助文字力量的吟诵诗人口中流传，是因为这些“六音步的诗歌不仅是由单词构成的，而且是由套语式词组构成的”，“只要诗人吟诵的是传统的材料，他们就能创造无穷无尽的、音步正确的诗行”。[②] 而在口传时代的日常生活中，人们也大多通过增加口语表达的节奏感、模式感、重复性、对仗性，引用大量的套语和箴言来弥补语音易逝的缺陷。虽然，这些记忆术暂且帮助人们从语音转瞬即逝的交流困境中走出，但仍然无法避免受到口语交往另一个局限性的影响，即空间的有限性。对于交流的双方而言，他们只能共同存在于一时、一处，凭借双方各自声音在空气中的传播，交往才能顺利进行。即便当使用口头记忆术之后，相似内容可以在不同对象之间传播，传播的范围也是极其有限的。它还是以交流双方为核心向外层层扩散出去，仅能形成一定规模的小群体。费孝通所言的“乡土社会”就是口语传播面对面情境下典型的空间格局模式。

在这种时空有限性的交往行动中，自我得以“被包嵌在面对面关系的总体性之中，因而被构成为语音交流中的一个位置”[③]。总体而言，口头传统下的自我是被构建和再生产为一种关系的自我，这种自我的关系性不仅体现在其自身，而且体现在其与他人、与集体、与自然的关系之间。口语词具有声音的物质属性，具有（空间上和时间上的）内在性的特征。它始于人体内部，因而当发声者从自己体内发出语词时，其实正是在展示着自己意识分明的内部人格，从而达到了内在自我与外在身份的同一性。又因为一切口头交流都必须是直接面对面的对话，涉及声音近距离的你来

---

① ［美］沃尔特·翁：《口语文化与书面文化：语词的技术化》，何道宽译，北京大学出版社2008年版，第53页。

② ［美］沃尔特·翁：《口语文化与书面文化：语词的技术化》，何道宽译，北京大学出版社2008年版，第44页。

③ ［美］马克·波斯特：《信息方式——后结构主义与社会语境》，范静哗译，商务印书馆2000年版，第13页。

我往，所以人与人之间必须保有比较紧密的联系性。当一个人向听众说话的时候，为使得讲话内容顺利传达到听众一方，并被听众理解，讲话者与听众之间需要创设出一个互通有无的交往情境。人与人的关系在这个交往整体中得以凝结，双方的位置也在整体性中得以固定。这一定程度上体现了沃尔特·翁在《口语文化与书面文化：语词的技术化》中所提及的原生口语文化中人格的外向性特征，即他们是通过转向外部世界来完成对自身的探索。人格的外向性更深远的意义在于，它能够促使人在社会领域实现群体的团结，在自然领域实现人与自然的和谐。回顾原生口语文化时期，虽然人在生物学层面已是个体性的独立存在，但他还暂时缺乏自我意识和自我认知，人和集体处于合二为一的状态。因而，身处于此，人们是完全没有个体隐私观念的，以至于会出现这种情况，“有一位土著人是他那个社群里唯一识字的人，他谈起为别人读书信的情况，他觉得必须用手指头塞住耳朵，以免听见别人书信里的隐私”①。社会领域中人与集体的统一性也延伸到了自然领域，影响着人们对自然和宇宙的感觉，影响着人们对待自然和宇宙的态度。对于口语文化而言，自然和宇宙都是进行之中的事件，不仅“我”是自然和宇宙的中心，而且“我”也与自然和宇宙处于和谐同一的状态。针对这一点，让－雅克·卢梭（Jean-Jacques Rousseau）常常批判书本和阅读的“堕落”，因为他认为口传文化中的人是“高尚的野蛮人”，恰恰是书本和阅读将我们带离了自然本身。

明确化、情感化、魅力化的语言构型，时空有限性的交往行动，外加关系自我的主体构建，“世界”最终在信息方式多重因素的作用下被赋予独特的历史特性。口头媒介的语言构型，尤其是情感化的特征，赋予了“世界”独特的意义结构，人与人之间的情感成为“世界”结构的维系纽带。口头媒介面对面交流的时空有限性限制了“世界”的组建形式，使其只能被限定在口头传播的有效范围之内，拘泥于一个具体的位置之中。与此同时，交流的时空有限性，以及有限时空中被构建的关系自我，又进一步让口头媒介最终与小规模的群体发生联系，例如波斯特在论及口头媒介时常常提及的家庭、部落、村庄以及高密度的城区街坊。这类以情感为纽带、规模小、置于特定位置的“世界”形式却保持着异常的“平衡或

① ［加］马歇尔·麦克卢汉：《理解媒介：论人的延伸》，何道宽译，译林出版社 2011 年版，第 99 页。

衡稳”性能。究其原因，主要与口头媒介下的文化状态和文明形态相关。由于语音具有出口即逝性，人们很大程度上只能生活于当下。因此，“每一个口语词都有特定的控制条件”，它的意义是“由此时此刻的真实生活情景决定的”。[①] 同时，人们也会根据一些经常出现的情境，总结出可靠的经验加以反复演练。熟练掌握这些经验的人自然成为人们竞相追捧的师傅，经验就通过师徒传承的学习方式保存下去，逐渐凝练成为特定的熟习。伊尼斯认为，这种偏爱对话、口耳相传的交流模式，有效地抵抗了知识垄断，具有强烈的民主化倾向。[②] 这种民主化倾向确实一定程度上有利于维持整个社会生态的和谐与稳定。但更为重要的是，口头传统下的生活经验并非简单的日常琐事，它深受口语词魅力化的影响，呈现出神话、宗教和仪式色彩，与神圣情怀和终极关怀联系在一起，从而构成当时当地共享的历史文化，成为凝聚整个“世界”的精神支柱。例如，西方的古希腊文明和中国的乡土社会均是口头媒介下典型的文化状态和文明形态，它们的神圣情怀和终极关怀始终引领着人们的生存与生活，它们的文明阵痛和文化纠结则主要来源于文字媒介给口头媒介带来的巨大冲击，古希腊文明遭受了“苏格拉底之死”，而中国乡土社会则遭遇了“文字下乡”。但不可否认，也正因为这场变革，社会才得到发展，文明才得以进步。

第二节　实体主义的伦理方式

口头媒介为我们形塑了这样一个媒介化历史社会语境：明确化、情感化和魅力化的口头语言构型，在时空有限性的面对面交往中，将“主体”建构成一个关系自我，将“世界”建构成一个拥有固定位置的小规模群体形式，最终创造出一种口语的、经验的、神话的、宗教的、仪式的文明生态。在这个历史社会语境中，“我们”如何“在一起”？如何通过“伦理”“在一起”？如何使“个体性”上升为“普遍性”？一言以蔽之，口头媒介孕育出一种实体主义的伦理方式。口头媒介下的实体主义伦理方式坚持“从实体性出发”的方法论来建构伦理，呈现出三大特征：一是它

① ［美］沃尔特·翁：《口语文化与书面文化：语词的技术化》，何道宽译，北京大学出版社2008年版，第35页。

② 参见［美］林文刚编《媒介环境学：思想沿革与多维视野》，何道宽译，北京大学出版社2007年版。

实现了“个体性”与“普遍性”的自在同一；二是它以“精神”为价值特征；三是它以“家庭—民族”为存在形态。

一 “个体性”与“普遍性”的自在同一

“个体”和“伦理实体”，或宽而言之，“个体性”与“普遍性”是伦理方式的两大概念元素，伦理方式的根本目的是要建构“个体性”与“普遍性”之间的同一性关系，使“个体性”上升为“普遍性”。那么，以何种立场来建构同一性关系，成为有待回答的首要问题。“信息方式—伦理方式”的诠释框架已表明，伦理方式的立场受到信息方式的影响，尤其是受到其语言构型和交往行动的结构性权力的作用。信息方式的语言构型具有通过交往行动建构“主体”乃至“世界”的结构性权力，能对“个体性”的存在性状和“普遍性”的存在性状产生直接的作用力。“个体性”与“普遍性”相互博弈，占据主导地位的一方面成为伦理方式的先验立场。

口头媒介的语言构型和交往行动将“主体”即“个体性”“结构”为一种关系自我，它不仅与自身，还与他人、集体、自然处在原初的同一性关系之中。因而，这种关系自我处于总体性关系之中，用伦理学话语来诠释，即以普遍性为依附。普遍性先于个体性，个体性脱胎于普遍性：以普遍性为依附正是口头媒介下“个体性”的存在性状。与之相应，“世界”在情感化的语言构型、时空有限性的交往行动以及关系性的自我中，被建构成一种以情感为纽带，具有特定位置、小型规模的结构形式，它以家庭为起点，向外依次延展为氏族、部落、村庄等。情感是自然的感觉，是人性的显现。它是人与人之间的相通之处，是不同个体之间共同的普遍性特质。以人类的自然情感为纽带，“世界”将呈现为一种纯粹的统一性和普遍性，构成“普遍性”的存在性状。可见，在口头媒介下“个体性”与“普遍性”有着非常微妙的联系：“普遍性”是自然的、纯粹的，且先验于“个体性”而存在。伦理方式的根本目的是要达成“个体性”向“普遍性”的价值回归，实现“个体性”与“普遍性”的辩证统一，最终使个体性存在提升为实体性存在。在“个体性”与“普遍性”的相互博弈过程中，处于优先地位的“普遍性”自然成为口头媒介下伦理方式的立场和出发点。值得注意的是，这里的“普遍性”不是一种抽象的、空洞的普遍性，它内在地包含着“个体性”的因素，因而它本质上是

“个体性”和“普遍性”相同一的“实体性”，只是这种“实体性”是一种潜在状态，是“个体性”与“普遍性”不加区分构成的“实体性”。所以，与其说“普遍性”，毋宁说“实体性”才是口头媒介下伦理方式的立场。

在口头媒介下，伦理方式不仅“从实体性出发”来实现“个体性”与“普遍性”的同一性建构，而且这种同一性是自然的、自在的同一性。这是口头媒介孕生的实体主义伦理方式的重要特征之一。在口头媒介时期，“自我被包嵌在面对面关系的总体性之中，因而被构成为语音交流中的一个位置”①。此句话在逻辑上一语道破了口头媒介时期“个体性”与“普遍性”关系的自然性与自在性。“个体性”“被包嵌”在“总体性”之中，也就是说“个体性”直接地包含于“普遍性”之内，更确切而言，此时的“个体性”并未意识到其自身，而是以“总体性”“普遍性”的形式存在，“总体性”“普遍性”就是“个体性”。“个体性”与“普遍性”自在地、自然地、直接地同一着。

逻辑上的自在同一是否与历史相符合？口头媒介与原始社会相伴而生，口头媒介的诞生推动了原始社会的组建，原始社会的发展则促进了口头媒介的运用。但对于任何民族而言，口头媒介的最初进展与原始社会的最初记忆已无法完整复原，只能借助于历史学、考古学、人类学的猜测与考据来佐证口头媒介下“个体性”与“普遍性”的自在同一。

历史考证显示，口头媒介时代的人们过着一种无意识条件下的普遍生活。在口头传统下，口语词的情感性和流逝性不仅限制了人与人之间的交往范围，也将经验的习得模式控制在有限范围之内。这个范围多以基于血缘亲情的亲属、族群为核心，向外扩散。在有限的生活圈子中，祖辈与父辈的生存与生活经验成为知识的唯一来源，被视为毫无疑问的一切。祖辈与父辈因而成为儿孙们学习与效仿的榜样，他们在生活中总结出的经验与教训则成为群体统一的文化模式行为。整个人际、代际的文化传递过程在不知不觉中进行着，深深地潜藏在人们意识的表层之下，似乎有一种无形的力量将人们会聚在一起，指引着人们自然而然走向一种普遍生活。普遍生活与人类的个体生命与个体生活自然合一，融汇、贯穿于人类的整个生

① ［美］马克·波斯特：《信息方式——后结构主义与社会语境》，范静哗译，商务印书馆2000年版，第13页。

命流和生活流之中。口头传统孕生了普遍生活，普遍生活的本质之一乃是一种伦理的追求。古希腊哲学以“可靠居留地”来形容伦理，亚里士多德以“风俗习惯”来描绘伦理，都深有其意。

由于缺乏自我意识，乃至自我意识的疑问与反思，对于生活在口头媒介时代的人们而言，现实中的普遍生活慢慢自觉地衍生为神秘思维和形上追求。列维·布留尔（Lucien Lévy-Bruhl）从人类学角度考证了原始语言或者说口头语言与神秘思维之间的关联性。在原始社会中，“任何物体的性状、任何塑像、任何图画，都有自己的神秘力量，作为声音图画的口头表现也必然拥有这种力量”①。布留尔引用“一个精细的观察者考察爱斯基摩人”的例子，用以说明现代人用开化了的理性抽象思维去考察原始语言的超高难度，从一个侧面再一次论证了口头语言与神秘思维有关，抽象思维的介入反而抑制了神秘思维的能力。即使现代人能熟知原始语言，也无法向原始人一样掌握一些观察或判断情势的方法，充分发挥思维中的神秘能力。“原始思维从那些在他们那里和在我们这里都相似的感性印象出发，来了一个急转弯，沿着我们所不知道的道路飞驰而去，使我们很快就望不见它的踪影。”② 这个神秘能力的推动，开启了我们“想象”的闸门，在“想象”中触及了思想的深度。在原始人的神秘思维中，有且仅存在一个世界，一个看得见与看不见相统一的世界。这个看得见与看不见相统一的世界乃是一个还未开化、还未分裂的普遍世界，具有原初的伦理意义。同时，这份原初的伦理情愫又深居于形上的王国之中。因为原始的神秘思维始终将任何实在、任何直觉都看作神秘的，世界中任何事物的原因，都永远在神秘中寻找，在真正的形上王国中去寻找。

口头传统下的神秘力量和形上追求最终发展成为一种指向生活、指向人的神圣情怀，成为关乎人类存在的终极关怀，充当起指引人们生存与生活的启明灯。作为终极关怀的理性形态之一，宗教是最直接的例证。沃尔特·翁认为，这就是为什么在大多数宗教中，口语词是不可分割的一个重要部分。“以基督教为例，礼拜仪式上是要朗诵《圣经》的，因为基督徒心中的上帝总是在对人‘说话’，而不是在给人写字；从《圣经》文本看，即使在使徒书信里，宗教情怀的口语属性也占据支配的地位。”“在

① ［法］列维·布留尔：《原始思维》，丁由译，商务印书馆1981年版，第170—171页。
② ［法］列维·布留尔：《原始思维》，丁由译，商务印书馆1981年版，第58页。

三位一体的神学里，圣子是上帝的言说。”[①] 伦理与宗教是指向终极关怀的两种理论形态。在历史上，它们各自充当着中西方社会的主流文化密码和文明基因。因而，当口头传统胎生出宗教这个终极关怀时，伦理自然也成为孪生儿被孕育于世间，两者共同为人们解答着如何更好生活的终极问题。

历史学、考古学和人类学复原了原始社会的现实生活、形上追求与终极情怀，它们都现实地昭示出，口头媒介时代具有一种直接的普遍性、一种未开化的普遍性、一种缺乏自省的普遍性。在这个时代，“个体性”与“普遍性”自在地同一着，它们构成了人类最纯真的童年生活，构成了人类宝贵的集体记忆，深深地根植于人的潜意识之中。即便当个体意识从集体意识中觉醒过来，这份记忆中的伦理情怀还如同“头顶上的星空”，照耀着人类不断成长的漫漫长路。它一直警示着世俗生活中的人们，要在个体觉醒、实体分裂过后重新回归至统一，这是人类永远有待完成的终极任务。或许，口头传统给人类伦理发展带来的最大贡献正在于此，它虽植根于生活，但却激发了人类的心智与能力，开辟出一个丰富的精神世界。

二　情感、爱与精神

口头媒介下实体主义伦理方式具有的另一个特征是，以“精神”为价值特征。这直接与信息方式的逻辑起点即语言构型密切相关。语言构型本质上是一种表达意义的符号体系，它对伦理方式的作用集中体现在语言对意义的“结构”作用。语言构型的意义模式将影响伦理方式的意义结构，进而影响伦理方式的价值特征。“情感—爱—精神”，是口头媒介的语言构型作用于伦理方式价值特征的哲学机理。

前已论证，口头媒介是一种移情式、参与式的语言构型，它将人类的情感内化于其中。这里的“情感”，更确切而言是广义的“情”。“情”既包含“情感”之“情”，也包括“情欲”之“情”。但“情欲”之“情”是伦理建构所扬弃的对象，只有“情感”之“情”才被有效地注入伦理方式的意义结构中。因为“情欲”发端于人的生物本能，满足的是个体性的欲求，而伦理本质上是一种普遍的东西，因此个体性的“情

① ［美］沃尔特·翁：《口语文化与书面文化：语词的技术化》，何道宽译，北京大学出版社2008年版，第56页。

欲”必须也必然遭到伦理的扬弃。“情感”则不然，“情感建构意义世界的本质在于对情欲的超越”[①]。虽然“情感”也出自生物性的“情欲”，“人的情意的根源是出自身体中的欲望，并从身体开始发展”[②]，但它扬弃了“情欲”中的个体性与生物性，强调彼此间的心意感通和情感交往，因而指向一个普遍的意义世界。个体性的“情欲”与伦理相背离，普遍性的“情感”与伦理相同一。因此，口头语言中的“情感”之“情”才是伦理方式的潜在价值资源。口头语言中的“情感”之“情”能为伦理方式带来什么？以“爱”为内容的“精神”价值。

“情感”指向伦理，“情感”在中西方伦理建构中一直占据着特定的位置，它是使个体性上升到普遍性的重要途径。不同之处是，西方伦理中的情感主义起源于对理性主义的批判，理性主义始终是西方伦理的主导形态；而中国伦理中的人情主义则自发生成、自我建构，是中国传统伦理，尤其是儒家伦理的本质形态。西方世界，理性主义独占鳌头。自从亚里士多德直接宣告“人是理性的动物”，人们就开始了一场旷日持久的以理性的反思为基础的意义探寻之旅。情感主义是理性主义发展到一定阶段的必然产物，它诞生于理性对其自身的反思，是对理性弊病的弥补与修正。它一方面重新肯定人的自然情欲，另一方面又提出应充分发挥“同情”等情感力量，超越一己私利，维护他人利益和公共利益。尽管西方的情感主义尝试以“情感”的机制来建构伦理，但这项任务是在反思理性能力、确立情感与理性二元对立的过程中进行的，因而没能建构起“情感”自己的伦理体系，所以也就不可能深刻揭示“情感”的伦理能力。与此同时，由于情感主义最终根源于理性主义，因而它不能从根本上弱化理性的地位，反而在一定程度上强化了理性在伦理建构中的主导作用。

相反，儒家的人情主义伦理体系则充分彰显出“情感”的伦理本性、伦理功能和伦理能力。儒家首先把人设计为情感的主体，再用“人情”诠释“情感”，直接赋予“情感”以伦理价值。“所谓人情，是建立在‘推己及人’、‘以心比心’的心意感通的基础上，通过相互关心，相互帮助的情谊设计，处理、调节人际关系的一种方式”；“人情主义就是以人

---

① 郭卫华：《先秦时期的“情”义辨析——兼论“情”的文化意蕴》，《学术论坛》2007年第12期。

② 沈清松：《大脑、情感与情意发展》，《哲学与文化》2005年第10期。

伦秩序为绝对价值，主张通过主体的德性修养和心意感通的生活情理来维护社会关系和人伦和谐”。[①] 人情与人情主义根源于中国文化的家庭血缘传统。家庭是自然情感的策源地。在家庭中，诞生了以亲子为原型的自然情感，即血缘情感。血缘情感是使个体与伦理实体直接同一的原始力量，它现实地呈现为子女与父母、子女与家庭之间的同一关系。血缘情感一旦激发，就凝聚成一股强大的社会规范力量。通过“推己及人”的机制，让“爱亲”发展至“爱人”；通过“移孝作忠”的方式，从“家庭”延伸至“国家”。血亲关系逐渐扩散到一般的人伦关系中，形成“人情”，从而使血缘情感上升为更具有普遍规范意义的伦理情感。在儒家伦理的诠释下，“情感”的伦理价值就通过“血缘情感（情感）—伦理情感（人情）”的路径展现开来。

“血缘情感—伦理情感”之所以能赋予“情感”伦理价值，关键在于它的本性是“爱”，它以“爱”为内容，又将“爱”不断推进、扩充。“父子有亲，君臣有义，夫妇有别，长幼有序，朋友有信”，孟子的五伦设计是“血缘情感—伦理情感”的伦理表达和现实呈现。在这里，“爱”始终贯穿其中，从基于自然血缘的父子之“爱”扩充至君臣之“爱”、夫妇之“爱”、长幼之“爱”、朋友之“爱”。虽然“爱”有差等，在不同的人伦关系中，“爱”的内容和要求是不同的，但是“爱”的本质是一致的。黑格尔将“爱”的本质诠释为：“就是意识到我和别一个人的统一，使我不专为自己而孤立起来；相反，我只有抛弃我独立的存在，并且知道自己是同另一人以及别一个人同自己之间的统一，才能获得我的自我意识。”[②] “爱”的本质即“不孤立”“不独立”。如何实现“不孤立”“不独立”，“爱”包含了两个环节：“爱的第一个环节，就是我不欲成为独立的、孤单的人，我如果是这样的人，就会觉得自己残缺不全。至于第二个环节是，我在别一个人身上找到了自己，即获得了他人对自己的承认，而别一个人反过来对我亦同。”[③] 第一个是否定的环节，是对个别性的扬弃；第二个环节是肯定的环节，是获得他人的承认。否定之否定，最终确立起整体性、实体性的“爱”。“爱”的目的是消解掉人的独立性或个别性，

---

① 樊浩：《中国伦理精神的现代建构》，江苏人民出版社 1997 年版，第 63—64 页。

② ［德］黑格尔：《法哲学原理》，范扬、张企泰译，商务印书馆 1961 年版，第 175 页。

③ ［德］黑格尔：《法哲学原理》，范扬、张企泰译，商务印书馆 1961 年版，第 175 页。

建立与他人相通的普遍性。真正的“爱”不是个体与个体之间的人际之爱，而是个体与实体之间的人伦之爱。所以，用思辨话语来表述“爱”的本质，即个体性与普遍性的相统一。而“精神”的首要规定特性正是个体性与普遍性的辩证合一，在这个意义上，黑格尔才把“爱”称作“精神对自身统一的感觉”。换言之，“爱”本质上是一种“精神”形态。“爱”的伦理意义正是在于它能提供“精神”的价值，而“精神”与“伦理”内在同一。但“爱”又仅仅是一种“感觉”。这种未经反思的、直接的、自然的“感觉”只能实现个体性与普遍性的自在同一，只能建构出一种“自然形式的伦理”。

口头语言的“情感”之义在区分开“情欲”之“情”与“情感”之“情”后，经历了两次价值递进：“情感”之“情”的伦理价值体现在“血缘情感—伦理情感”的路径中；“血缘情感—伦理情感”的本性是“爱”，“爱”的本质是一种“精神”。“情感—爱—精神”作用于口头媒介下伦理方式的意义结构中，最终生成以“精神”为价值特征的实体主义伦理方式。

三　“家庭—民族”存在形态

口头媒介下，“从实体性出发”、以“精神”为价值特征的伦理方式最终会落实为一种现实的存在形态。它将不仅是伦理方式的存在形态，也是精神的存在形态，也是普遍性复归的存在形态。这种现实的存在形态是“家庭—民族”。需要求证的是，“家庭—民族”何以以及如何成为口头媒介下伦理方式的存在形态？

首先，“家庭—民族”是口头媒介建构“世界”的主要形式，而“世界”建构又是影响伦理方式中普遍性性状的直接因素和现实基因，后者将关乎伦理方式的存在形态。口头媒介通过明确化、情感化、魅力化的语言构型、时空有限性的交往行动，以及关系自我的主体构建将“世界”构建为一种以情感为纽带，具有特定位置、小型规模的结构形式。凭借对媒介形式的长期考察与反思，波斯特经验性地表示这种“世界”现实表现为“部落、村庄，以及高密度的城区街坊”①。费孝通则通过研究以口

---

① ［美］马克·波斯特：《信息方式——后结构主义与社会语境》，范静哗译，商务印书馆2000年版，第115页。

头媒介为主的乡土社会，发现这类“世界”现实展开为家庭、家族、氏族和部落。[①] 虽然两位学者的文化背景、研究方法和研究主题大相径庭，但求同存异，双方都道出了口头媒介影响下“世界”形式的共性：在有限范围内，立足于血缘情感的家庭而不断向外扩充，血缘情感是“世界”的根本逻辑。因而，有理由把“家庭”作为口头媒介“世界”构建的基本形式和逻辑起点。那么，为什么要将未出现的“民族”置于另一端呢？而不是氏族或部落？事实上，无论是家庭、氏族、部落、民族都是“一种事实的不同名称，表示血统在大小范围的景色中由于生殖关系所造成的运行”[②]。抛开“家庭”起源的历史争论，在生物学和人类学的意义上，可将家庭作为血缘关系的基本单位。氏族是家庭的扩充，是一个在其中男女之间存在严格性禁忌的集团。部落则是由相互之间存在着婚姻关系的各个氏族构成。部落发展到一定阶段就形成民族，民族往往由多个部落组合而成。因此，在这条延绵的血缘情感、血缘关系线索上，氏族、部落只是家庭向民族发展的过渡阶段。“家庭—民族”的表达方法正暗含着这个历史演变过程，表明了历史与逻辑的发展趋向。所以，将“家庭—民族”看作口头媒介影响下“世界”建构的主要形式，具有理论和现实双重合理性。依据“信息方式—伦理方式”的诠释框架，信息方式的“世界”构建将作用于伦理方式中的普遍性元素，而普遍性元素又与伦理方式的存在性状相关，所以“家庭—民族”就成为口头媒介下伦理方式的潜在存在形态。

其次，“家庭—民族”具有口头媒介下伦理方式存在形态的道德哲学特征：以实体性为本性，个体性与普遍性的自在同一，以精神为价值特征。这让“家庭—民族”能够成为口头媒介下伦理方式的现实存在形态。

“家庭”和“民族”的伦理特性在黑格尔那已被阐释。《精神现象学》将“家庭”和“民族”作为“伦理世界”的元素或“真实的精神”。一方面，家庭与民族相互区别，相互对立，这是因为它们各自遵循着不同的规律。家庭遵循着“黑夜的法律”—“神的规律”，而民族遵循着“白日的规律”—“人的规律”。“家庭所以是‘神的规律’，因为它以先天

---

① 参见费孝通《乡土中国》，上海人民出版社 2006 年版。

② ［德］奥斯瓦尔德·斯宾格勒：《西方的没落》上，张兰平译，安徽人民出版社 2012 年版，第 150 页。

的血缘情感为逻辑，神圣而天然；民族所以是‘人的规律’，因为它的成员已经超越家庭成员而成为公民。”[①] 但另一方面，家庭与民族之间又能相互统一，相互过渡。在家庭中诞生的、作为伦理世界“原素”的“男人和女人”是民族和家庭“天然的自我和能动的个体性”，他们各司其职，维护“神的规律”的同时，推动“神的规律”向“人的规律”过渡。在这一过程中，“女人”是家庭的守护神，“男人”则被家庭精神赶到社会共体中去。“弟兄是从他本来生活于其中的神的规律向着人的规律过渡。而姐妹则像妻子本来一直就是的那样也变成家庭的主宰和神圣规律的维护人。这样，男女两性就克服了他们自然的本质而按照伦理实体具有的不同形式表现出两性的两种不同的伦理性质来。”[②] 民族是由家庭发育成长而来，它以家庭为“现实的元素”，最终成为一个“现实的实体”。正是在这个意义上，黑格尔的精神现象学将家庭置于比民族更为源头的地位。但是，这里的“家庭—民族”存在形态暂且不过多强调家庭与民族之间的对立与过渡，而是首要凸显家庭与民族之间的一致性与延续性。“家庭的扩大，作为它向另一个原则的过渡，在实存中，有时是家庭的平静扩大而成为民众，即民族，所以民族是出于共同的自然渊源的。”[③] 这是口头媒介下血缘情感在家庭与民族中传承的具体体现。可是，家庭与民族终究是两种不同的存在形态，民族中潜藏着对家庭的否定性因素，因而在演变发展的过程中，“家庭—民族”存在形态的道德哲学特性被不断稀释着。

这种以血缘情感为纽带的“家庭—民族”存在形态以实体性为本性。实体性是个体性与普遍性的辩证统一。以实体性为本性，意味着个体性与普遍性的辩证统一是“家庭—民族”存在形态的真理。黑格尔认为：“因为伦理是一种本性上普遍的东西，所以家庭成员之间的伦理关系不是情感关系或爱的关系。在这里，我们似乎必须把伦理设定为个别的家庭成员对其作为实体的家庭整体之间的关系。”[④] 家庭的实体性即它的伦理本性，表现为作为个体性的家庭成员与作为普遍性的家庭整体之间的实体性关系。不仅如此，“作为精神的直接实体性的家庭，以爱为其规定，而爱是

① 樊浩：《基因技术的道德哲学革命》，《中国社会科学》2006 年第 1 期。

② ［德］黑格尔：《精神现象学》下卷，贺麟、王玖兴译，商务印书馆 1979 年版，第 18 页。

③ ［德］黑格尔：《法哲学原理》，范扬、张企泰译，商务印书馆 1961 年版，第 195 页。

④ ［德］黑格尔：《精神现象学》下卷，贺麟、王玖兴译，商务印书馆 1979 年版，第 10 页。

精神对自身统一的感觉”，“爱”的规定性也赋予家庭实体属性。“爱”是通向个体性与普遍性统一的重要路径之一。“所谓爱，一般说来，就是意识到我和别一个人的统一，使我不专为自己而孤立起来；相反地，我只有抛弃我独立的存在，并且知道自己是同别一个人以及别一个人同自己之间的统一，才获得我的自我意识。”① “爱”先扬弃自身的个别性，再建立自我与他人的统一性，在统一性中重新确认自己，从而建立起家庭的实体性。以家庭为背景的“姓名”最为直观、现实地呈现了家庭的实体本性：“在‘姓名’其中，‘姓’是家族实体的共同符号，‘名’是作为家庭成员的个体的符号；‘姓’和‘名’的关系，便是个体性的家庭成员与家庭共同体的关系，不仅是当下家庭成员之间的关系，而且是与历史上曾经存在的所有的家族成员之间的实体性关系，因而是个体与家族血缘共体之间的关系。”② 作为家庭的血缘情感延续，民族也具有同样的实体属性。只是在由家庭向民族延伸的过程中，由于血缘情感关系日益庞杂而逐渐淡化，民族的实体性并不如家庭来得稳固。因而，“家庭—民族”存在形态虽以实体性为本性，但不得不承认这是一个渐渐淡化中的实体性。

“家庭—民族”存在形态的实体性是一种自在的同一性，即个体性与普遍性的自在同一。第一，这是由血缘情感纽带所决定，血缘情感是一种以亲子为原型的自然情感，这就注定基于血缘情感缔结的“家庭—民族”是一种自然的、自在的存在。第二，从精神现象学来考察，家庭和民族是“伦理世界”的元素。“伦理世界”是精神客观化自身而生成的第一个世界，是个体性与实体性直接同一的世界。因而，黑格尔称其为“真实的精神”，直接的和自然的精神。作为这样一个直接又自然的“伦理世界”中的元素，家庭和民族当然承继着直接性和自然性，在精神世界中享有神圣性地位。“它既是一个天然的伦理的共体或社会，那么显然，这个环节即是家庭。”③ “当它处于直接的真理性状态时，精神乃是一个民族——这个个体是一个世界——的伦理生活。”④ 另外，家庭以“爱”为规定，以婚姻关系为基础，无论是“爱”还是婚姻关系都具有一定程度的直接性、

---

① ［德］黑格尔：《法哲学原理》，范扬、张企泰译，商务印书馆 1961 年版，第 175 页。

② 樊浩：《伦理，“存在”吗?》，《哲学动态》2014 年第 6 期。

③ ［德］黑格尔：《精神现象学》下卷，贺麟、王玖兴译，商务印书馆 1979 年版，第 9 页。

④ ［德］黑格尔：《精神现象学》下卷，贺麟、王玖兴译，商务印书馆 1979 年版，第 4 页。

自然性和自在性。“爱是精神对自身统一的感觉。”[①]“爱是感觉，即具有自然形式的伦理。”[②]“爱”仅仅是一种感觉，感觉带有主观色彩，乃至是欲望冲动，因而具有自然性。男人与女人的婚姻缔结则是家庭建构的必要前提。而婚姻是一种“直接伦理关系”，它包含两个环节。其一是“自然生活的环节”，“类及其生命过程的现实”，即人对自然需要的满足；其二是“精神统一的环节”，自然性别的统一“在自我意识中转变为精神的统一，自我意识的爱”。婚姻首先是自然性别的统一，在此基础上才有机会升华为精神性的统一。自然统一是婚姻的本源。因而，在自然性的“爱”与婚姻关系的双重作用下，家庭必定是一个最直接、最自然的伦理实体。同样，“家庭—民族”的自在同一也是随着家庭向民族的过渡而不断减弱。所以，安德森在《想象的共同体：民族主义的起源与散布》中才会如此定义：“民族是一个想象出来的政治意义上的共同体，即它不是许多客观社会现实的集合，而是一种被想象的创造物。”[③]

最后，“家庭—民族”存在形态又是以精神为价值特征。精神具有三大规定性：个体性与普遍性的辩证统一，知与行的统一，出于“自然”又超越“自然”。精神的规定性之一即个体性与普遍性的辩证统一，在“家庭—民族”存在形态的前两个特征中已经显现：“家庭—民族”存在形态是一种个体性与普遍性的自在同一。至于知与行的统一，黑格尔说：“在这里，我们似乎必须把伦理设定为个别的家庭成员对其作为实体的家庭整体之间的关系，这样，个别家庭成员的行动和现实才能以家庭为其目的和内容。”家庭伦理实体不仅包含家庭成员和家庭整体之间的实体性关系，而且落实到“个别家庭成员的行动和现实”之中。家庭的实体性关系赋予“个别家庭成员的行动和现实”以合理性和合法性，因而家庭中的行动应与实体性关系相统一，“必须是实体性的，换句话说，必须是整个的和普遍的”。[④]民族同样如此，民族中的行动也与民族的实体性关系相一致。出于“自然”又超越“自然”的特征则更为直接。家庭肯定人的动物本质，它建立在两性关系和生殖繁育的基础之上，但同时更突显了

---

① ［德］黑格尔：《法哲学原理》，范扬、张企泰译，商务印书馆 1961 年版，第 175 页。

② ［德］黑格尔：《法哲学原理》，范扬、张企泰译，商务印书馆 1961 年版，第 175 页。

③ ［美］本尼迪克特·安德森：《想象的共同体：民族主义的起源与散布》，吴叡人译，上海人民出版社 2016 年版，第 2 页。

④ ［德］黑格尔：《精神现象学》下卷，贺麟、王玖兴译，商务印书馆 1979 年版，第 10 页。

人对自然本能的超越，爱与亲情、生活与生命才是家庭的意义所在。民族则延续着家庭对自然的超越，并将意义扩散到更为宽广的时空中。但如同前两个特征，精神的价值特征在家庭向民族演变的过程中也在不断式微。

第三节　精神世界与生活世界合一

口头媒介的语言构型、交往行动、主体构建、世界构建等逻辑孕育出伦理方式的实体主义形态，实体主义伦理方式以“精神”为价值特征，以“家庭—民族”为存在形态，建构了“个体性”与“普遍性”的自在同一。这是口头媒介的信息方式影响伦理方式的核心意蕴。更深远的文明意义是，实体主义伦理方式内在地又对精神世界和生活世界的状态以及两者之间的关系产生作用，从而左右整个文明世界的结构特征和文化价值。在此背景中，文明世界总体上呈现出精神世界与生活世界的直接合一。

精神世界与生活世界的直接合一，在历史和逻辑上均得到表征。回到口头媒介下伦理建构的历史源头，古希腊哲学把伦理看作灵长类动物借以获得长期生存的可靠居留地，亚里士多德把伦理称为“风俗习惯”的东西。伦理源于生活，伦理就是生活。更宏观的历史文明进程也昭示，以口头媒介为主导的原始社会将现实生活、形上追求和终极关怀一以贯之、融为一体，伦理是融合生活世界和精神世界的文化源泉和文明动力，更是生活世界与精神世界相合一的价值内容和意义本质。历史的经验在逻辑的思辨中再次获得验证。文明世界的精神世界方面对应于伦理方式的概念；文明世界的生活世界方面对应于伦理方式的定在。实体主义伦理方式的概念即它的价值特征——“精神”，确切而言，精神是伦理方式的本质特征，其与文明世界的精神世界方面相关。实体主义伦理方式的定在则是它的现实存在形态——“家庭—民族”存在形态，其与文明世界的生活世界方面相关。“家庭—民族”存在形态处于原初的伦理世界，是一种“真实的精神”，是直接和自然的精神。换言之，伦理方式之定在即“家庭—民族”存在形态与伦理方式之概念即精神的自然同一。因而，在口头媒介时代，文明世界的两个方面——精神世界与生活世界，直接合一：生活世界是精神世界的源泉；精神世界是生活世界的本质；生活世界即精神世界，反之亦然。

总而言之，口头媒介孕育了实体主义伦理方式，实体主义伦理方式创造了精神世界与生活世界的直接合一状态。精神世界与生活世界的直接合一因直接性而具有深刻又深远的文明意义，但也因缺乏反思性而潜藏着一定程度的文明风险。

一　精神世界的伦理信念

实体主义伦理方式的文明意义主要体现在“精神世界的伦理信念—伦理认同—个体至善—个体生命整体意义与生活总体价值——社会整体秩序”的辩证逻辑之中。

文明意义主要根源于，实体主义伦理方式培育出一种神圣性的伦理信念。实体主义伦理方式凭借精神的力量，孕育了个体性与普遍性的自然同一。个体性向往于普遍性，普遍性是个体性的本质，是个体性的信念。又因为自然同一，所以是一种神圣性的伦理信念。正如宗教型文化以上帝为信仰对象，赋予人类生命与生活的终极意义，伦理型文化以伦理为信念对象，承担着同样的文化使命和文明意义，关乎人们的终极追问与终极关怀。更为重要的是，在这种原初的实体主义伦理方式中，精神世界与生活世界的直接合一让伦理信念不仅是人们精神世界中的伦理信念，也是人们生活世界中的伦理信念，自然内化于生活世界之中。

精神世界与生活世界的直接合一，让伦理信念得以充分渗透、贯彻与落实，使其不但具有超远的生命终极意义，而且具备现实的人生指导意义。从道德哲学上讲，这是一个将伦理信念内化为伦理认同，通往个体至善的精神过程。伦理信念与伦理认同是建构个体性与普遍性之间伦理同一性的两大环节，分别对应于“伦”的同一性与“理”的同一性。“伦”的同一性是伦理同一性的客观形态和自在形态。它的首要任务是伦理信念，即首先在信念中确立并确证普遍性的伦理存在。但“伦”的同一性或伦理信念只是一种外在的客观概念和终极目标，并不具有内在的主观性和现实性。“理”的同一性能使自在形态的“伦”的同一性向自为形态的“理”的同一性过渡，使客观内化为主观、理念落实到现实。伦理认同就是“理”的同一性建构的方式与内容，它使个体不仅意识到伦理信念的存在，而且能分享并内化伦理信念的普遍意义，促使个体性上升为普遍性，实现个体性与普遍性辩证统一。精神的力量推动“伦”的同一性向“理”的同一性转化，推动“伦”的同一性与“理”的同一性相整合，使上述伦理信念内化于伦理认同的过程成为必然的现实。以伦理作为信念并加以认同，是个体回到自己伦理本质或普遍本质的过程。个体以伦理或普遍性为本质，伦理或普遍性即个体的善的本质与目标。因而，伦理信念与伦理认同本质上是一条通往个体至善的精神之旅。精神世界与生活世界直接同一，这条精神之旅就不再仅仅停留于理想的彼岸，而是指导于生活世界，成为个体在生活世界中的一条现实的意义探索之路。考证以口头媒介为主导的原初文明时代，中国传统伦理型文化与西方传统目的论分别是中西方两大典型的“从实体性出发”的伦理方式。中国传统伦理型文化以儒家伦理为核心，西方传统目的论则横跨了古希腊哲学至中世纪哲学整个阶段。虽然具体的实体意义有所差异，具体的实现路径有所分别，但它们都带有向内探求的个体至善色彩，将个体至善当作个体追求的终极使命。

“伦理信念—伦理认同—个体至善”的精神轨迹表明，就个体性至普遍性的上升路径而言，实体主义伦理方式首先有助于实现个体生命的整体意义与生活的总体价值。人的最初诞生都是以自然的个体生命形式而存在，这是因为人类是自然界长期发展的产物，是由类人猿进化而来的结果。人的自然属性、个体属性与动物有着极大的共同点：人的肉体存在与其特性，以及人与周围事物发生关系时表现出来的本能特征与利己倾向。例如，人与动物一样，渴思饮，寒思衣，倦思卧。虽然人的自然属性和个体属性是人类生存与延续的必要前提，但反过来也控制、束缚着人类，潜藏着作恶的倾向。与动物相比，人类的高明之处在于，他能意识到自然个体的局限性，并有着超越自然，超越个体，探求普遍本质，成为类存在的伟大愿望。实体主义伦理方式遵循精神世界与生活世界的个体至善路径，它是个体发现普遍本质，升华为类存在的最佳实践模式。个体至善始终是实体主义伦理方式的必然要求，个体至善意味着个体始终以普遍伦理为“修养”目标：个体以伦理为信念，通过精神的认同，分享伦理，从而扬弃自身的自然秉性和个体特殊性，超越世俗的局限性，承袭类的生活智慧，最终成为一个真正的“人”，一个“大写”的“人”。这是个体生命和生活脱离个体性、动物性与世俗性，回归类生命与类生活的价值升华过程。至此，个体才能获得真正的解放与自由。在这个意义上，伦理或“从实体性出发”的伦理是人类从自然走向自由的必由路径。伦理就是“法”的真理，是自由的定在，“伦理性的东西就是自由”。① “伦理作为

① 参见［德］黑格尔《法哲学原理》，范扬、张企泰译，商务印书馆 1961 年版。

客观精神是自由的具体实现。”[①] 中国的儒家伦理提倡“修身养性”的至善模式，强调以“圣人精神”与“君子人格”为最终目标。而西方的古希腊时期也同样充满了对完美人格的追求与希冀，出现了诸如柏拉图《理想国》中的“正义的人”、亚里士多德《尼各马可伦理学》中的“有实践智慧的人”、斯多亚派的“圣贤”等描述。中世纪基督教伦理虽将世俗德性转向宗教德性，但也仍执着于个体寻求人生目的的信条，在凸显上帝爱的属性与信徒对爱的实践的基础之上，把“成圣”作为个体德性的最高指向。它们均注重回归实体过程中的个体德性培育，以促进达成个体分享生命整体意义与生活总体价值的美好愿景。

可是从根本目的与根本利益而言，普遍性又始终优先于个体性，普遍性是个体性的本质与归宿，个体至善的根本目的与根本利益还是在于对普遍性的坚守与回归。因而在某种意义上讲，追求个体至善，归根结底落实为维护社会秩序的整体稳定，维护社会秩序的整体稳定才是实体主义伦理方式的根本意旨。在动物世界中，动物自然地作为个体而存在。受原始自然本能的驱使和奴役，动物总是出于自我保护的本性而行动，不可避免地引发族内或族群间的残酷争斗。这种角斗场遵循“优胜劣汰、物竞天择”的生存规律，胜者为王，败者为寇。因而，动物即便具有群居生活的习性，也无法建立起一个和谐共生的社会化秩序。人之成为人，就是因为他开始在自我意识的反思中觉察到自然本性的有限性，同时更认识到人有别于动物而具有的探求意义的能力。执拗于自然本性，人与人之间只能如动物一般相互残杀，甚至导致物种的衰减和毁灭，最终丧失掉自己的个体价值。只有凭借对自然本性的超越，缓解个体之间的矛盾与冲突，建构起诸个体和谐共生的社会秩序，个体的价值才有可能获得真正的维护。在追求整体稳定的社会秩序的冲动中，实体主义伦理方式奠定了可靠的价值基础，发挥了价值引导作用。社会秩序是普遍本质的现实显现。实体主义伦理方式不仅以普遍本质为信念与目标，而且通过个体至善的实践路径积极实现对普遍本质的捍卫与维护。社会秩序即在捍卫与维护普遍本质的过程中得到稳定维系。正鉴于此，中国儒家伦理才能在培育“圣人精神”与“君子人格”的同时，造就了一代又一代的封建统治秩序；西方的古希腊

---

① 贺麟：《黑格尔著〈法哲学原理〉一书评述》，载［德］黑格尔《法哲学原理》，范扬、张企泰译，商务印书馆 1961 年版。

伦理才能在培养正义、节制、公正等美德的同时，创造了城邦的公共生活，维护了稳定的城邦秩序；西方的基督教伦理才能在培植通达“信”“望”“爱”的“成圣”境界的同时，树立起教会威严和神学权威。

实体主义伦理方式酝酿并诞生于口头媒介时代，是原初世界的文明模式，深深地扎根于人类的文明基因和文明记忆之中，因而在滚滚的历史洪流中，也将被不断传承与延续。即便随着印刷媒介诞生、实体主义伦理方式祛魅、精神世界与生活世界相分离，“精神世界的伦理信念—伦理认同—个体至善—个体生命整体意义与生活总体价值—社会整体秩序”始终是人们孜孜以求的文明图景和终极向往。

二　普遍性的价值霸权

在实体主义伦理方式下，文明世界呈现为精神世界与生活世界的直接同一。精神世界与生活世界的直接同一让精神世界中以普遍性为本性的伦理信念顺利延展并内化于生活世界之中，从而有利于个体生命和生活的价值升华以及社会秩序的整体稳定。但也因这种直接性，人们对精神世界与生活世界的关系缺乏一定的反思。这就有可能导致精神世界中普遍性价值的极度膨胀，进而支配乃至操纵着生活世界，使实体主义伦理方式最终陷入文明的风险之中：普遍性的价值霸权。

普遍性的价值霸权带来的首要后果是，精神世界中的普遍性地位直接反映为生活世界中的伦理专制，可能造就不合理的社会秩序。实体主义伦理方式追求以普遍性价值为预设的向内探求的至善模式。它要求个体在认同社会的基础上，不断追求自身人格的完善。这种模式虽然一定程度上能够维护社会的稳定秩序，但是它本身缺乏对社会秩序合理性的追求。当社会秩序本身不合理、缺乏善的本性时，个体也只是盲目地、消极地维护社会秩序，而不会去尝试革新现有社会秩序。就如笛卡尔所说，“宁可改变自己的欲望，而不改变社会的秩序”。于是便产生了“道德的人和不道德的社会”的价值悖论。

西方传统目的论和中国传统儒家文化都曾触发了类似的价值危机。西方传统目的论横跨古希腊哲学至中世纪哲学整个阶段，虽然中途亚里士多德论及事物内在的合目的性，但传统目的论实际上仍以强调外在目的为主导，它在万物之外预设了一个超越的“理念”、“至善”、神或者上帝，用以主宰世间万物的秩序和规律。对超越于人之上的终极实在的强调，成为人们如何更好生活、如何安身立命的价值指导。然而，终极实在和整体价值的绝对地位，也为传统威权和等级制度提供了“价值合理性”辩护，从而酿成了古罗马时期的专制强权和中世纪时期的神学威权。中国传统儒家文化先后在孔子的“克己复礼为仁”与孟子的“人之有道”“教以人伦”的论断中，确立起礼仁同一、伦理与道德合一、伦理优先的关系。伦理即普遍性的优先地位，让人们从家国一体、由家及国的“五伦”世界中需求安身立命之根本。但中国传统儒家文化也没有逃离沦为普遍性霸权的命运。在汉代董仲舒的助推下，儒家的伦理型文化最终发展成为“君为臣纲，父为子纲，夫为妻纲”的封建纲常礼教以及相应的宗法等级制度，成为为封建统治阶级服务的意识形态工具。无论是西方的专制强权和神学权威，还是中国的封建纲常与等级制度，它能造就一时的社会稳定，但它不是一个具有积极性的、合理性的良性社会秩序。这是实体主义伦理方式普遍性立场的必然弊端。

普遍性的价值霸权可能进一步导致的后果是，个体基本权利的丧失。虽然实体主义伦理方式一再表示，只有当个体回到并分享普遍性时，才能实现真正的自由与解放，才能获得生命的意义和生活的价值。但由于普遍性才是根本目的和根本利益，所以个体本身只是通往普遍性的工具和手段。这就让实体主义伦理方式陷入悖论之中，它一方面能满足个体的生命意义和生活价值追求，另一方面又因将个体当作工具和手段，致使个体自身的内在价值遭到无情剥夺，进而导致个体自由、利益等基本权利的丧失。个体基本权利的丧失，主要存在两种情况。一是，当普遍性本身缺乏合理性和合法性时，等待个体的结局就不是自由与解放，反而是压迫与伤害。普遍性霸权会假借普遍性的名义，强迫个人服从，这就可能严重伤害个人的基本权利。二是，即使当普遍性本身具有合法性和合理性时，过分要求个体的自制力和内聚力，也会导致个体承受能力的超载，出现精神分裂，乃至丧失安身立命之基地。所以，在西方的专制强权与神学威权，以及中国的封建纲常与等级制度之下，个体的基本权利无法得到保障，甚至沦为侵犯乃至牺牲的对象。

在这种情况之下，实体主义伦理方式虽然能有助于个体获得生命整体意义与生活总体价值，有助于促进社会秩序的整体稳定，但普遍性的价值霸权造就的不合理的社会制度与个体基本权利的丧失始终是其不可逃避的另一面，这也是实体主义伦理方式发展到一定成熟阶段后的消极后果。

“哪里有压迫，哪里就有反抗”，历史发展的定律已在昭示，亟待重新激发一种根植于个体自身的伦理建构方式，从而使个体从现在的普遍性的价值霸权中解放出来，从而生成一个以肯定个体基本权利为前提的良性的、合理的社会秩序。这是人类道德文明发展的历史必然。印刷媒介的诞生与普及见证了这一历史性的时刻。

第四章　印刷媒介下的伦理方式

口头媒介下的伦理方式是一种实体主义的伦理方式，以“精神”为价值特征，以“家庭—民族”为存在形态，建构了“个体性”与“普遍性”的自在同一，创造了精神世界与生活世界直接合一的文明状态。它是人类永远不可改变的原初文明基因。在文明的初期，实体主义伦理方式推动了个体生命意义和生活价值的升华，维护了社会秩序的整体稳定。但随后又不可避免地陷入普遍性的价值霸权之中，普遍性的价值霸权片面巩固了不合理的社会秩序，致使个体自由权利不断丧失。实体主义伦理方式的内在悖论正在消解掉自身的合理性和合法性。如何“在一起”？如何伦理地“在一起”？如何在保护个体自由权利与建构合理社会秩序的基础上伦理地“在一起”？伦理方式势必会迎来新的道德哲学形态：个体主义的伦理方式。口头媒介向印刷媒介的变革见证了这个重要的历史时刻，同时更为重要的是印刷媒介的诞生与普及也推动了这次伦理方式由实体主义向个体主义的历史转变。

第一节　印刷媒介的信息方式

人们习惯将文字媒介的诞生看作继口头媒介之后的第二次传播革命。文字媒介的重要性不言而喻，然而早期文字媒介的运用并不普遍，它与口头媒介仍有着千丝万缕的联系。它并没有形成一种独立的书面文化，仅仅是口头文化的延伸。即便到了以手抄形式记录和传播书籍的抄本时代，文本形式还是呈现出鲜明的口头特征。欧洲的中世纪就是典型的抄本文化时期。以中世纪僧侣的小阅读室为例，它其实是一种吟唱室，人们在阅读时必须高声朗读，通过表演的发表方式向“听众”（自己）传播文本上的信息。无论是文本形式还是阅读模式，抄本时代的文字并没有脱离与声音的联系，视觉和听觉—触觉仍旧密切相关。口头文化向书面文化的真正过渡，归功于印刷技术的发明，更确切而言，是现代印刷术的诞生。

在世界上所有的伟大发明中，印刷术无疑是最具全球性和跨国性的。尼尔·波兹曼（Neil Postman）曾在《童年的消逝》中提到："世界上至少有 7 个城市自称是印刷机的诞生地，每个城市都指认一个发明家。"[①]这正揭示出印刷术在人类文明发展史中具有的无可替代的重要地位。目前，学界已经达成的共识是：中国最早发明印刷术，而德国则是孕育现代印刷术的摇篮。早在隋唐时期，中国便发明了世界上最早的雕版印刷术，后经宋仁宗时代的毕昇发展、完善，产生了泥活字印刷术，并由蒙古人传至波斯和土耳其。但是，中国的表意文字是一种复杂的书写体系和认知结构，这严重限制了中国活字印刷术的使用、普及与发展。汉字的书面表达需要两万个独立的表意符号才能完整表达语意，在这种情况下，印刷术需要用到的活字简直难以计数，无法发挥出印刷术的优势——交换使用性。中国人因此只能把印刷术用在有限的地方，例如少量表意符号的祝词或通知上。中国发明的活字印刷术，在国外却得到了进一步的发展和完善。德国美因茨的谷登堡在 1440 年让印刷术重新"腾飞"，他将葡萄酒压榨机改进成印刷机器，同时发明使用了凸起的铅活字和油性墨，使印刷术实现了技术上的飞跃，将它从手工阶段带入了机械阶段。与此同时，得益于西方表音文字[②]的简洁性和字母的可互换性，印刷机作为大众传播媒介也成为可能。在现代印刷媒介的推动下，西欧社会最终由抄本文化向印刷文化过渡，印刷媒介下的文字也最终得以摆脱口头特征，真正促生了一场彻底的传播革命。

印刷媒介实现了视觉与听觉—触觉的分道扬镳，眼睛代替耳朵成为语言加工的器官，书面文字成为印刷媒介时代独立的语言构型。新的语言构型拥有独特的物理特性，因而造就了独特的意义结构。印刷媒介的语言构型首先呈现出理性化的特征。印刷时代的文字是经过编码的可见符号，这些特定的符号指涉着语音精巧的结构和所指，它们具有高度的抽象性。同时，这些文字的语义表达又"具有一成不变的线性特征——

① ［美］尼尔·波兹曼：《童年的消逝》，吴燕莛译，中信出版社 2015 年版，第 182 页。

② 参照现有研究成果，本书持有以下基本立场：相较于东方表意文字，西方表音文字对现代印刷术的发明与发展有着更为重要的影响，正是印刷媒介下的表音文字技术造就了信息方式的彻底变革。因而下文中的"文字"，如未说明，多指涉西方的表音文字。

一句一句排列的序列性，它的分段，按字母顺序的索引，标准化的拼写和语法”[①]。无论是文字的排列、句子的组合，还是书页的顺序，都呈现出秩序井然的序列性，“大致对应于因果逻辑”。正因为此，书面文字的表达需要通过理性能力才能进行使用和解读。并且，识字本身是一种特殊的才能，而非人的本能，必须通过理性训练才可获得。其次，印刷媒介的语言构型还具有标准化的特性。在印刷媒介时代，作为语言构型的书面文字是物质的、稳定的，它们是一系列独立但可靠的单元，拥有一定程度上固化的界限。这些物理特性使信息的重复接受成为可能。麦克卢汉曾一针见血地指出印刷品的重复本性，并揭示了它对现代化生产的潜在意义：“它是一种图画似的表述，可以清楚而无限制地加以重复——至少在印刷品表面延展的范围之内，可重复性是主宰我们世界的机械原理的核心。”[②] 事实上，印刷媒介确实开启了标准化产生的革命，凭借活字字模的组装线，“印刷的纸张是第一种可以机械化生产，而且完全标准化的产品”[③]。与标准化大相径庭的复杂化也随之成为印刷媒介发展的副产品。这类复杂化主要体现在，印刷媒介的抽象化符号与标准化生产使表达和传播复杂的东西成为可能，再复杂的意义均能被抽象的文字符号表现得精确到位，而标准化生产也使不同个体之间复杂信息的表述与理解更为简便。

伴随着语言构型的新特征，印刷媒介影响下的交往模式相较于面对面交往复杂得多。如果说口头传统是一种时空有限性的交往模式，那么印刷媒介则颠覆了时空的局限性。在时间参数上，它是永恒的；在空间参数上，它是封闭与开放并存的。当我们阅读文本时，阅读者可以在任何时候打开阅读，可以随时中断思路，也可以随时重新开始。因为书面文字不像口头话语出口即逝，它被固定在纸张上而长久存在。其实，永恒的时间观更源自印刷媒介具有的复制功能及其背后的保存能力。在抄本时代，手抄者虽然也可通过誊写将文字记录在案，但当时的“任何文本都不可能长期保存而不至于错讹丛生、文本退化”，而且“就连这样的‘保存’也随

① ［美］尼尔·波兹曼：《童年的消逝》，吴燕莛译，中信出版社 2015 年版，第 193 页。

② ［加］马歇尔·麦克卢汉：《理解媒介：论人的延伸》，何道宽译，译林出版社 2011 年版，第 204 页。

③ ［美］刘易斯·芒福德：《技术与文明》，陈允明等译，中国建筑工业出版社 2009 年版，第 123 页。

着地方精英变幻莫测的需求和誊写人训练水平的波动而变化”[①]。印刷技术的出现，不仅使现有文本的内容清晰、准确地保存下来，更让早已失传的古老文本重新再现。所以说，印刷媒介成功把过去、现在和永远连接了起来，使“永恒”得以恢复。相较于时间参数的单一性，印刷媒介的空间参数处于二元对立的状态之中。就文本阅读的过程而言，印刷术造就了一种“封闭的”空间感。印刷术把语词放置在特定的空间中，其强制性远远超过了早期文字的力量。早期的文字只是将语词从声音世界转移到空间世界之中，印刷术则通过控制文字形成的文本，控制语词在书页上的具体位置和语词之间的空间关系，把语词完全锁定在空间里。沃尔特·翁因此将“空间控制”看作“印刷术压倒一切的目标”。面对印刷术营造的封闭空间以及封闭空间中的文本，读者只能孤独地沉浸其中，依靠自己的智力，理解这些抽象的符号。私人空间中的个人隐私感也正是在这个时期才慢慢培育出来，成为现代社会的重要标志。然而，在微观的阅读领域造就封闭空间的同时，印刷术却又在宏观的社会层面推动了空间的延展。印刷的纸张虽耐久性逊色，但质地轻盈，便于流通，能把人们从此时此地的交往情境中解脱出来，使有限性交往向社会化交往转变。因而印刷术能够促进广袤地区的治理和贸易，能够成就庞大帝国的行政管理。正是在这个意义上，伊尼斯界定印刷术是一种空间偏向的媒介。[②]

在错综复杂的时空参数中，主体最终被构建成一个“理性的自律自我”，从与自身、他人、社会以及自然的原初总体性关系中挺拔出来。印刷媒介把读者与文本限制在一个封闭空间中，作者隐退，文本沉默，读者只得退回到自己的心灵世界。读者的冷静思考和深刻反思，培育出一个崭新的普遍的自我观念——理性的、个体的意识形态。心灵世界的发展又进一步启迪了读者的思想能力，并使思想能力与直接的行动能力分离开来。这一切都打破了口语传统中主体自身的内在总体性，产生了主客体的二元对立。显然，这种觉醒的个体意识也随即分化了主体与他人、社会和自然的总体性关系。主体首先在全新的交往模式中意识到，读者身份（信息接收者）与作者身份（信息传播者）之间的差异性。这一感知即使在抄

---

① ［美］伊丽莎白·爱森斯坦：《作为变革动因的印刷机：早期近代欧洲的传播与文化变革》，何道宽译，北京大学出版社 2010 年版，第 67 页。

② ［加］哈罗德·伊尼斯：《传播的偏向》，何道宽译，中国人民大学出版社 2003 年版。

本文化时代也是不可想象的，更不用说在遥远的口头媒介时代。正如麦克卢汉对中世纪后期的描述："中世纪后期的人们不仅对个人著作权一无所知，甚至不存在现代意义上的阅读群体。"① 随着印刷文化的不断扩散，读者与作者的身份差异性逐渐影响着日常生活中人与人的交往模式和依存模式。个体与个体相互独立、相互区别，他们在交往过程中倾向于保留着一定的"计算"空间，以充分发挥个人独立自主的认知能力和判断能力。当这些觉醒的个体认识到自己理性的强大，认识到自身与他者之间的差异，必然在总体性的社会关系中蠢蠢欲动。我们可以想象一个部落人的识字过程，尤其是对表音文字②的习得。理性化表音文字的耳濡目染，使他的一切情绪和团体的家族情感被剔除出去。两者之间的冲突能初步把他从部落网络中脱离出来，成就文明的个体。觉醒的个体还使自己从与自然的总体性关系中独立出来。此时此刻，自然、宇宙或世界已成为外在的客体，被平摊在众人面前。客观看待，甚至能动改造世间万物成为可能。

经历了语言构型、交往行动和主体构建的多方位变革，整个"世界"构型必将产生天翻地覆的变化。"世界"正在由口头媒介下的"家庭化世界"向印刷媒介下的"社会化世界"转变。首先，理性取代情感，成为"世界"构建的关系纽带。口头传统时代的"世界"是以"家庭化"形态呈现。"家庭化世界"是一种纯天然的共同体，人们依托于情感因素无意识地、不加反思地生活在一起。印刷媒介的理性化语言构型动摇了传统的情感纽带，但也同时为"世界"组建创造了新的方式。人们借助理性的力量，在个体利益冲突之中寻求协商和平衡，以达到互惠互助的平和境界，因而造就了基于理性的新"世界"——"社会化世界"。其次，全新的时空特性，尤其是封闭与开放并存的空间属性，一方面建立了"社会化世界"的扩张性，另一方面又构建了"社会化世界"的统一性。这种"空间偏向"的媒介轻便、可携带，可以在空间上得以延伸，从而把人们从此时此刻的空间局限中解放出来。"世界"的构建形态正是沿着这个横向的线性思路，由"家庭化"拓展为"社会化"，并进一步推动边界的扩

① ［加］马歇尔·麦克卢汉：《谷登堡星汉璀璨：印刷文明的诞生》，杨晨光译，北京理工大学出版社 2014 年版，第 227 页。

② 正如麦克卢汉所认为的："表意文字无法实现感官的分裂和专业化，也不能承受视觉、听觉和语意的分裂——而这正是表音文字的关键所在。"［加］马歇尔·麦克卢汉：《谷登堡星汉璀璨：印刷文明的诞生》，杨晨光译，北京理工大学出版社 2014 年版，第 102 页。

张。但是以空间控制为目标的现代印刷术同时也构建了“社会化世界”的统一和集权。空间控制不仅影响着文本的呈现形式和阅读模式，而且固化成为现代社会特有的思维范式，后者间接作用于国家观念的形成。如何实现空间上的统一和集权成为国家的重要旨趣之一。现代印刷术的标准化生产模式在众多领域中的推广和延伸，也为国家的统一创造了客观条件。最后，理性、自律、独立的自我削弱了传统的社群意义，使“社会化世界”本质上只是一个松散的社会结构。爱森斯坦认为，与“聆听型公众”相比，“阅读型公众”更加原子化和个性化，他们习惯于独立、自主的理性思考，而非通过聚集的模式接受信息。这种自我特性和相处模式使以“阅读型公众”为成员的“社会化世界”只能是一群分离的单位。

在现有情境下，现代印刷媒介已然创造出一种新的文明景观。这在以表音文字为主的西方文明史中表现尤著。现代印刷媒介提供了独立思考的平台，激发了大众的理性能力，从而推动了文艺复兴、宗教改革、启蒙运动等思想浪潮，动摇了教会的知识垄断权，使神权文化逐步向智力文化转变。教会霸权地位和等级制度的削弱，为其他非宗教势力的出现开辟了道路，其中便包括国家政权的崛起、科学技术革命的兴起以及新知识的出现。这些新生事物反过来又进一步削弱教会的势力，并为自己的不断壮大开拓空间。在此过程中，资本主义，这一理性而开明的经济生活制度悄然兴起，理性、自由与平等成为新时代最为推崇的价值观。

第二节 个体主义的伦理方式

与口头媒介时代不同，印刷媒介时代的语言构型、交往行动、主体构建、世界构建等都出现了新的变化。语言构型呈现出理性化、标准化、复杂化；交往行动颠覆了时空局限性，时间上永恒，空间上封闭与开放并存；主体被建构成一个理性的自律自我，从总体性关系中解放出来；新世界则以理性为关系纽带，同时具备扩张性和统一性，本质上却是一个松散的社会结构形式。整个文明生态不再延续口头媒介时代的经验性、神话性、仪式性和宗教性，反而在批判中宣扬起理性、自由与平等的新价值观。历史社会语境的剧烈震荡改变了“我们”原初“在一起”的伦理方式，但“我们”又不得不伦理地“在一起”。于是，口头媒介时代“从实体性出发”的伦理方式开始向“原子式思考”的伦理方式过渡。“原子式思考”的伦理方式是一种个体主义的伦理方式，它完成的是“个体性”与“普遍性”的自为同一，它以“理性”而非“精神”为价值特征，以“社会—家庭”而非“家庭—民族”为存在形态。

一　“个体性”与“普遍性”的自为同一

无论伦理方式的道德哲学形态产生何种变化，其目的都是要建构“个体性”与“普遍性”之间的同一性关系，使“个体性”上升为“普遍性”。在“信息方式—伦理方式”的诠释框架中，印刷媒介建构了特殊的“主体”和“世界”，它们通过影响伦理方式两大概念元素（“个体性”与“普遍性”）的存在性状及其相互之间的权力关系，改变了伦理方式的立场和出发点。印刷媒介的信息方式把“主体”构建成一个“理性的自律自我”，“主体”从与自身、他人、社会以及自然的原初总体性关系中解放出来。这种理性、自主、独立的“主体”摆脱了总体性关系的束缚，在伦理学意义上成为从原初实体性中挺拔出来的个体。原初的实体性被祛魅了，个体的地位和力量重新得到重视，乃至超越了普遍性与实体性。从实体性挺拔出来的个体正是印刷媒介下“个体性”特殊的存在性状。“世界”则在经历了语言构型、交往行动和主体构建等多方位变革之后，由传统的“家庭化世界”向现代的“社会化世界”转变。新的“世界”，以理性为关系纽带，同时具备扩张性和统一性，但本质上却是一个松散的社会结构形式。现实中的“市民社会”以及“市民社会—政治国家”体系正是新“世界”形成的现实显现。基于理性的价值起点，“市民社会”乃至“政治国家”都旨在促使利己的个体之间能达成某种和平协议，但由于缺乏背后普遍性价值的精神支撑，暂时的契约关系只能是一个“个人利益的战场”，只具有形式普遍的意义。“世界”的形式普遍性，构成了伦理方式“普遍性”元素的存在性状，但这种形式普遍性归根结底可还原为一种个体性。伦理方式的本质是要实现“个体性”向“普遍性”的复归，其立场和出发点取决于“个体性”与“普遍性”之间的权力关系。印刷媒介使“个体性”与“普遍性”两大元素的权力关系发生了根本性的颠倒。“个体性”从“实体性”（个体性与普遍性的原初统一）中挺拔出来，从而优于“普遍性”“实体性”而存在。在新的伦理方式看来，“普遍性”“实体性”不再至高无上，它甚至转头批判纯粹“实体性”可能带来的愚昧与威权，认为“个体性”才是伦理方式的真实的立场和出发点。以“个体性”为立场的伦理方式是一种“原子式思考”，认定“原子”的“个体性”比“普遍性”“实体性”更具有终极性意义。

当“个体性”从总体性关系中挺拔出来，当“个体性”从原初的实体主义伦理方式中挣脱出来，以“原子式思考”重新确立起的同一性关系，不再是自在的，而是自为的。这是印刷媒介时代个体主义伦理方式与口头媒介时代实体主义伦理方式的首要差别之一。在印刷媒介时代，“自我被构建成一个行动者，处于理性/想象的自律性的中心”①。“个体性”与“普遍性”的关系缔结以“自我”为中心展开，它不是一种自在的、自然的、直接的存在，而是建立在“自我”的理性能力和想象能力基础之上，是一种依靠“行动者”的人为模式，因而是一种自为的同一形态。印刷媒介时代“自我”的构建在逻辑上预示了“个体性”与“普遍性”缔结的自为形态。就现实的历史而言，从自在同一走向自为同一，中西方文明都经历了一次相似的历史转折——个体伦理启蒙。

在西方历史上，印刷文明具象化表现为前赴后继的三次思想解放潮流：文艺复兴、宗教改革以及启蒙运动。印刷术在三次思想解放潮流中均发挥着举足轻重的作用。许多人认可维夫列特的观点，认为“文艺复兴促进了印刷术的传播”。事实上，如爱森斯坦反复申明并论证的那样：“文艺复兴传播印刷术的作用大概比较少，反过来，印刷术传播文艺复兴的作用可能比较大。”② 印刷术的出现使意大利文艺复兴在15世纪后发生了意义重大的变革，不仅在学科领域更为拓宽，而且在地域领域也更为开阔，复兴最终由短暂演变为恒久。印刷术对16世纪至17世纪宗教改革的影响更为明显。早在15世纪中叶，谷登堡印制的第一本拉丁文《圣经》的问世，已经吹响了宗教生活变革的前奏。随后，大量新版《圣经》尤其通俗语《圣经》的印行，在传播福音真理的同时，不断促使拉丁语基督教世界的分裂，最终在16世纪引发了马丁·路德（Martin Luther）的宗教反叛。印刷媒介成为新教徒们公开宣传鼓动、反对现存体制的大众传播工具；印刷术的功能也被深化到新教徒的宗教改革观点之中。到了17世纪至18世纪的启蒙运动阶段，印刷术开始突破信仰领域，在非宗教领

① ［美］马克·波斯特：《信息方式——后结构主义与社会语境》，范静哗译，商务印书馆2000年版，第13页。

② ［美］伊丽莎白·爱森斯坦：《作为变革动因的印刷机：早期近代欧洲的传播与文化变革》，何道宽译，北京大学出版社2010年版，第109页。

域大范围普及，书籍的大量印刷使启蒙思想的广泛传播成为可能，进而催生了新时期公共讨论的政治文化生活。

虽然三次潮流的思想内容各有特点，文艺复兴坚持以人为本，主张重回古希腊传统；宗教改革强调在信仰领域打破中世纪教会的绝对权威；启蒙运动宣扬凭借理性的力量获得真知。但它们的思想主线基本一致，都意图摆脱基督教神权的束缚，重新认识自己。在很大程度上，启蒙运动升华了早期的印刷文明，旨在“从人文主义文艺复兴和宗教改革运动中发现其隐藏更深的道德自我”①。因而启蒙文化可谓现代印刷文明较直接、较全面的历史表征。康德给“启蒙运动”下了一个“经典”性的定义：“启蒙运动就是人类脱离自己所加之于自己的不成熟状态。不成熟状态就是不经别人的引导，就对运用自己的理智无能为力。当其原因不在于缺乏理智，而在于不经别人的引导就缺乏勇气与决心加以运用时，那么这种不成熟状态就是自己所加之于自己的了。”② 其中隐含着启蒙思想的核心目标和主要内涵，即让个体从神学权威中挺拔出来，凸显个人的理性、平等与自由。福柯进一步提升了启蒙的普遍意义，认为启蒙是“为了永久地激活某种态度，也就是激活哲学的‘气质’，这种‘气质’具有对我们的历史存在做永久批判的特征”③。有学者将西方启蒙的意义看作“理性先行、科学相伴、消解宗教权威的神学启蒙和政治启蒙”④，因为认识到其批判的对象是神学权威及其专制统治。但宽而言之，西方的启蒙不仅是神学启蒙和政治启蒙，更是一次冲破实体伦理桎梏的个体伦理启蒙。它企图摆脱那份原初伦理情愫，尤其力争从原初伦理情愫发展而来的神权实体中挣脱出来，在现实情境中重新发现人类自身的力量。

相较而言，现代印刷术与中国文明发展之间的关系脉络暂且不那么清晰。隋唐时期的雕版印刷术与北宋时期的泥活字印刷术对世界文明发展产生过巨大贡献，但由于客观条件的局限性，并未得到大规模运用。直至明朝时期，葡萄牙殖民主义者强行占租澳门，耶稣会士将欧洲普及的铅活字

① 田海平：《启蒙道德与契约精神—— 近代西方社会转型期伦理精神的重建》，《浙江社会科学》1999 年第 1 期。

② ［德］康德：《历史理性批判文集》，何兆武译，商务印书馆 1990 年版，第 22 页。

③ ［法］米歇尔 · 福柯：《何为启蒙》，顾家琛译，载米歇尔 · 福柯著，杜小真编选《福柯集》，上海远东出版社 1998 年版，第 536 页。

④ 徐嘉：《中国近代启蒙的伦理向度》，《道德与文明》2005 年第 6 期。

印刷术带入中国，现代印刷术才记入中国史册。但当时尚无人探索中文铅活字的制作方法，所以没能很快传入内地。19 世纪初，欧美各国纷纷研制中文铅活字技术，其中西方传教士起了特殊的作用。为了更好地开展翻译、出版活动，为来华的外国人服务，澳门东印度公司率先研制出中文铅活字排印技术，从而正式开启了中国现代印刷史。从明清到近代，在这期间，沉闷的、封闭的中国封建文化逐渐萌生出一股股新的“启蒙”潮流。明清时期，李贽、黄宗羲、顾炎武、王夫之等人批判宋明理学对人性的压制与束缚；但随着清王朝统治的“巩固”，这股启蒙思想不久转向沉寂。1840 年后，社会危机与民族危难的加深，西方学说的传入，让启蒙思想再次复兴，出现了诸如地主阶级改良派、资产阶级改良派、资产阶级革命派等思想启蒙队伍。20 世纪前半叶，更形成了马克思主义、文化保守主义和自由主义三大社会思潮。虽然我们难以直接论证现代印刷术与中国启蒙思想之间的关系，但时间上的巧合也从侧面说明现代印刷术可能具备的文明影响力。尤其是 19 世纪之后出现的启蒙浪潮，无法离开现代印刷术的使用。得益于现代印刷术的引入，人类许多先进的新思想、新学说才得以突破国界传入中国，被长期束缚的民智才得以重新启发。

如同西方的启蒙，中国的启蒙表面上也宣扬个性，强调追求个人的理性、平等与自由。但是中国的启蒙思潮是中国内生性思想和西方外入性思想相互交融的结果，因而从诞生之日起，它就难以摆脱自身的不彻底性。它总是肩负着国家和民族的救亡图存，将个性与“国民性改造”紧密相连。即便如此，深受西方思潮影响，中国的启蒙文明也可谓一场启发民智的个体伦理启蒙。中西方力图挣脱的实体伦理桎梏互不相同，西方的启蒙运动致力于将个人从神学威权中解放出来，中国的启蒙思潮则致力于将个人从封建纲常和家庭权威中解放出来。只是中国启蒙的不彻底性，使这场个体伦理启蒙因打上传统思想的清晰印记，而走得更为艰难。但无论如何，中西印刷文明都带来了一次相似的革新——走向个体伦理启蒙。

殊途同归，中西方文明的个体伦理启蒙都将个体从原初的自在同一伦理中解放出来，个体的自由与权利得到肯定，个体成为世界的主宰力量，而世界则成为一个由散落个体构成的原子世界。但原初的自在同一始终烙印在人们的文化基因中，是萦绕在人们头顶上的星空。因而，如何回归普遍性，一直是伦理启蒙后的个体在反思中不断努力的方向。此时此刻，普遍性的努力就不再是一种自然的、自在的同一，而是基于个体“需要的体系”的“应然”与“必然”。“需要的体系”依靠某种外在性，如利益、规范、法律等建构同一性，因而是一种自为的同一。

二　理性的力量

在口头媒介时代，口头媒介情感化的语言构型，经过“情感—爱—精神”的逻辑演绎，为口头媒介下的伦理方式创造出“精神”的意义结构与价值特征。到了印刷媒介时代，语言构型对伦理方式的作用和影响显得更为直接，一切紧紧围绕着“理性”展开。理性化，可谓印刷媒介语言构型最为根本的特征。如前述，印刷媒介的语言构型具有理性化、标准化和复杂化三大特性，但标准化与复杂化何尝不是理性化特性的延伸。只有建立在理性的分析逻辑基础之上，印刷媒介的形式与内容才可能有章可循，从而实现标准化和复杂化。在信息方式与伦理方式的互动过程中，语言构型的理性特性直接成为印刷媒介时代伦理方式的意义结构与价值特征。

为什么相较于口头媒介的“情感”要素，印刷媒介的“理性”要素对伦理方式而言具有更为直接的作用?归根结底在于“理性”的伦理力量。首先，“理性”是一种对伦理的反思能力。原初的实体主义伦理方式潜藏着一种价值弊病，即普遍性的价值霸权，容易导致普遍性至上的伦理专制。西方的专制统治与神学权威，中国的封建纲常和家庭权威都是它的负面产物。在长期的伦理专制统治之下，个体的自由与权利被剥夺、被侵害，人丧失了其之所以为人的东西，沦为普遍性的奴隶。这种极端的伦理专制激发了人异于动物的主体能力——“理性”，“人是理性的动物”成为新时代的宣言。人们在“理性”的反思中重新审视自身以及整个世界。因而，在此意义上而言，“理性”发端于人们对原初伦理束缚的反思，是原初伦理方式发展到一定阶段的必然产物。其次，“理性”是一种对伦理的解构能力。“理性”解构的是原初的伦理束缚。“理性”旗帜宣扬个体的平等、自由与权利，这些价值观与原初伦理相背离，解构着原初伦理的实体性、整体性与普遍性。正是依靠着“理性”的力量，西方的启蒙运动和中国的启蒙思潮才能动摇甚至瓦解根深蒂固的伦理专制。再次，“理性”还是一种对伦理的建构能力。“理性”不仅反思伦理，也反思其自身。对其自身的反思体现为对伦理的再建构。“理性”虽然知晓其以个体为核心，但又反思到“彻底的理性必须体现普遍性”[①]，这是人的普遍本质要求。因此，“理性”在反思伦理、解构伦理之后又重新努力建构出个体性与普遍性之间的同一性，成为个体性重新回归普遍性的价值工具。“理性”的诞生、运用与发展，自始至终与伦理有着密不可分的关系。“理性”天生是关于伦理的一种力量，所以能直接注入伦理方式的意义结构中，充当伦理方式的价值特征，这正是口头媒介的“情感”要素所欠缺之处。“情感”要素是原初实体主义伦理方式的价值源泉，但它只是过渡阶段，它需要在“情欲”之“情”与“情感”之“情”相区分后，经历两次价值递进（“血缘情感—伦理情感”和“情感—爱—精神”），才能造就出“精神”的价值特征。

“理性”是印刷媒介时代伦理方式的价值特征，但究其本性而言，“理性”不是其他，它只是原初“精神”价值特征的一个方面。这根源于“理性”的缘起：对原初实体主义伦理方式的反抗即对原初“精神”的反抗。“理性”是原初“精神”发展到一定阶段后对其自身的否定，是原初“精神”的自我异化与自我实现。“理性”与“精神”的区分在黑格尔的道德哲学中得到了充分论述。在《精神现象学》中，黑格尔指出：“当理性确信其自身即是一切实在这一确定性已上升为真理性，亦即理性已意识到它的自身即是它的世界、它的世界即是它的自身时，理性就成了精神。”[②]“理性”与“实在”即“它的世界”同一，才是“精神”。因而，“在道德形而上学体系中，‘理性’必须上升为‘精神’，也必然、应然上升为‘精神’”[③]。在《法哲学原理》中，“精神”被进一步确证为“思维”与“意志”相同一的两个方面。“思维与意志的区别无非就是理论态度和实践态度的区别。它们不是两种官能，意志不过是特殊的思维方式，即把自己转变为定在的那种思维，作为达到定在的冲动的那种思维。”[④]“理论的东西本质上包含于实践的东西之中。”“我们如果没有理智就不可能有意志。反之，意志在自身中包含着理论的东西。”[⑤] 概言之，“理性”

---

① 樊浩：《“后伦理时代”的来临》，《道德与文明》2013 年第 6 期。

② ［德］黑格尔：《精神现象学》下卷，贺麟、王玖兴译，商务印书馆 1979 年版，第 1 页。

③ 樊浩：《道德形而上学体系由现象学向法哲学的转换及其概念过渡》，《哲学动态》2007 年第 11 期。

④ ［德］黑格尔：《法哲学原理》，范扬、张企泰译，商务印书馆 1961 年版，第 12 页。

⑤ ［德］黑格尔：《法哲学原理》，范扬、张企泰译，商务印书馆 1961 年版，第 13 页。

是“精神”同一性的一个方面，是“精神”发展的初级阶段。那么，为何这里的“精神”又重新退回到“理性”呢？根源在于，原初的“精神”只是一种直接的、自然的精神，它暂不具有有机性、现实性与真理性。潜在理性力量的崛起，让原初“精神”在反思中认识到自己，并逐渐向现实过渡。“理性的目的乃在于除去自然的质朴性，其中一部分是消极的无我性，另一部分是知识和意志的朴素性，即精神所潜在的直接性和单一性。”① 在这个意义上，“理性”是原初“精神”价值特征的一个方面，同时也是原初“精神”的自我异化和自我实现。

这就必然导致“理性”与“精神”在本质上存有很大的差异性，因而带来不同的伦理方式效应。第一，如果说，“精神”的立足点是出于自然而超越于自然的性善论，那么，“理性”的立足点则是出于且归于自然的性恶论。“理性”建立在自然的人性论基础之上。自然的人性论即性恶论肯定人的动物本质，认可人的个体性、世俗性和生物性，强调“趋乐避苦”“自我保存”的利己本能。利己本能的实现离不开人的“理性”的能力。凭借“理性”的能力，人才能求得自我保护与自我发展。但在社会交往中，利己本能必然会造成个体与个体之间的矛盾与冲突，反过来有损个人的利益。“理性”发展的更高阶段是，用以协调个体与个体之间的利己本能，从而达至一个相对平衡的状态。但它最终还是未能逃出个体的利己本能诉求，因而终究归于自然。第二，如果说，“精神”实现的是知行层面的合一，那么，“理性”则只是关于道德知识的“契约”建构。“意志”和“理性”是“精神”的两个方面：“意志”是冲动形态的“精神”，“理性”是认知形态的“精神”。因而，“理性”是“理论的态度”而不是“实践的态度”，它是关于道德的知识，而不是关于道德的行动。理性只提供了关于道德知识的协商手段，旨在众理性主体中确立起一个基于理性认知的道德契约。虽然康德试图挖掘出理性的实践能力，作出纯粹理性和实践理性的区分，但由于受理性本性的限制，理性不可能直接指向行动，所以康德的实践理性观无法从根本上摆脱知行脱节的宿命。第三，如果说，“精神”的本质规定是个体性与普遍性的辩证合一，那么，“理性”由于缺乏终极实体的信念，只能留于个体性之间的博弈、妥协与求合。“理性”力量的崛起正是发端于人们对终极实体信念的反抗与解构。

① ［德］黑格尔：《法哲学原理》，范扬、张企泰译，商务印书馆 1961 年版，第 202 页。

但解构之后，实体性原初记忆仍旧赋予“理性”普遍性的诉求，个体性向普遍性的回归依旧是人们追求的永恒价值。与之前不同的是，“理性”的力量只能实现个体与个体之间的“集合并列”，无法真正达到个体性与普遍性的辩证合一，因为普遍性只是工具性的存在，个体性才是目的和出发点。“理性”的力量最终造就的是个体主义的伦理方式。

三 “社会—国家”存在形态

从口头媒介时代发展到印刷媒介时代，信息方式的转变加速了伦理方式的变革。原初“从实体性出发”的实体主义伦理方式，如今已向“原子式思考”的个体主义伦理方式过渡，“理性”代替“精神”成为伦理方式的价值特征。经历了上述演变过程，伦理方式在现实中的显现形态也随之出现了相应变化。实体主义伦理方式的“家庭—民族”存在形态逐渐让位于“社会—国家”存在形态。“社会—国家”是个体主义伦理方式的存在形态，是理性的存在形态，也是该时代普遍性的存在形态。

“社会—国家”之所以能够作为新时代个体主义伦理方式的存在形态，首先在于“社会—国家”是印刷媒介建构“世界”的主要形式。因为，根据“信息方式—伦理方式”的诠释框架，“世界”建构关乎伦理方式中的普遍性元素，进而关乎伦理方式的存在形态，所以“世界”建构能为伦理方式的存在形态提供一种潜在形式。印刷媒介的确是一种“个人主义的技术”①，它将人从原初的总体性关系中解放出来，使人非部落化、非集体化，其个人主义的作用远远超过早期的抄本文化。可是，印刷媒介自身又是一个悖论性的存在，“它把个人从传统的群体中解放出来，同时又提供了一个如何把个体凝聚成一股强大力量的模式”②。在语言构型、交往行动和主体构建等多重因素作用下，印刷媒介使传统家庭、民族等血缘世界遭遇爆裂，取而代之的是一个新“世界”：以理性为关系纽带，同时具备扩张性和统一性，本质上却是一个松散的社会结构形式。人们常将印刷媒介与“民族主义”的建构联系在一起。虽然印刷术并非民族主义兴起的唯一原因，但约瑟夫·阿什克罗夫特（Joseph Ashcroft）指

① ［加］罗伯特·洛根：《字母表效应：拼音文字与西方文明》，何道宽译，复旦大学出版社2012年版，第156页。

② ［加］马歇尔·麦克卢汉：《理解媒介：论人的延伸》，何道宽译，译林出版社2011年版，第199页。

出："印刷术为民族感情的形成奠定了基础，在民族主义的兴起中扮演了重要角色。"[①] 乍一看，似乎印刷媒介还延续着原初"家庭—民族"的存在形态。但事实上，两者存在很大差异。"民族主义"中的"民族"已不是原初意义上基于血缘情感的民族，"民族主义"宣称要以"民族国家"作为人类社会的中央政治组织单位。"民族国家"是"一个想象出来的政治意义上的共同体，即它不是许多客观社会现实的集合，而是一种被想象的创造物"[②]。印刷媒介建构的正是这种"想象的共同体""被想象的创造物"。印刷媒介首先以"知识的制度与机制、象征性标志"（吉登斯语）为内容推动现代社会的发展与进步。"社会的理论构想出一个人的群体，他们像在共同体里一样，以和平的方式相互共处地生活和居住在一起。"[③] 进而，印刷媒介更促进了现代民族国家的兴起。在印刷媒介的助力下，社会继续往前推进，不断强化其理性力量，并在持续扩张的过程中，建构自己的统一与集权，现代民族国家就此诞生。如此，"社会—国家"就成为印刷媒介构建"世界"的主要形式，亦即成为印刷媒介下伦理方式的潜在存在形态。

"社会—国家"如何成为印刷媒介下伦理方式的现实存在形态？因为"社会—国家"存在形态符合该伦理方式的道德哲学特征，具体表现为：以个体性为本性；个体性与普遍性的自为同一；以理性为价值特征。黑格尔在《法哲学原理》中已揭示了"社会"与"国家"的伦理特性："社会"和"国家"被看作两种"伦理实体"，是对自然的家庭伦理实体的否定和否定之否定。家庭是直接的或自然的伦理实体和伦理精神，是个体基于血缘情感构建的个体与普遍性实体之间的同一性关系。家庭中夫妻双方的行动和子女的成长，逐渐使原初的家庭实体遭遇瓦解。于是，作为直接的或自然的伦理实体的家庭便向形式的或现象的伦理实体即市民社会（社会的哲学本质）过渡。市民社会是家庭的自然同一性解构之后个体根据"需要的体系"构建的形式的同一性关系，它本质上是"个人利益的

① ［美］林文刚编：《媒介环境学：思想沿革与多维视野》，何道宽译，北京大学出版社2007年版，第291页。

② ［美］本尼迪克特·安德森：《想象的共同体：民族主义的起源与散布》，吴叡人译，上海人民出版社2016年版，第2页。

③ ［德］斐迪南·滕尼斯：《共同体与社会——纯粹社会学的基本概念》，林荣远译，商务印书馆1999年版，第95页。

战场”。市民社会中的否定性因素推动其自身向国家过渡。国家才是那个最完满的伦理实体，是现实的伦理精神。“国家是伦理理念的现实——是作为显示出来的、自知的实体性意志的伦理精神，这种伦理精神思考自身和知道自身，并完成一切它所知道的，而且只是完成它所知道的。”[①] 黑格尔认为伦理实体是由家庭—市民社会—国家诸形态构成的辩证发展体系。因此，社会和国家在黑格尔的道德哲学体系中是相互对立的，国家是对社会的否定、修正与完善。之所以国家要优越于、对立于社会，是因为黑格尔所阐释的国家是理想主义的国家观。“事实上，存在着两种国家观：一是理想主义的国家观；一是现实主义的国家观。理想主义的国家观将国家当作包容了其内一切个人的公共利益和公共意志的实体；现实主义的国家观则对国家的政治本质进行批判。”[②] 理想主义的国家观是一种思辨的国家观，是一种信仰，是一种目标，是“永远有待完成的任务”。“社会—国家”存在形态中的国家更多强调的是现实主义的国家观。它与社会一起，同是印刷媒介下伦理方式的现实存在形态。它是社会的延伸，与社会之间存在一定的延续性和一致性，共同构成“社会—国家”存在形态。但现实主义国家观又离不开理想主义国家观的指导，它最终以理想主义国家观为目标。因而，国家虽在现实性上延续社会，但在理想性上必将超越社会。在这个意义上，“社会—国家”存在形态的道德哲学特性也是在延续的主线中指向超越，这似乎也是原初实体主义记忆的必然旨归。

首先，“社会—国家”存在形态以个体性为本性。口头媒介时代的“家庭—民族”存在形态以血缘情感为基础，注定其天生以个体性与普遍性相统一的实体性为本质规定。但家庭中自在存有否定性的因素：一方面，家庭中的“女人”是家庭的守护神，“男人”则被家庭精神赶到社会共体中去，家庭向民族过渡；另一方面，子女经教育长大成人，从原生家庭中走出，儿子成为一家之主，女儿成为人妻，“家庭自然而然地和本质地通过人格的原则分为多数家庭”[③]，这些家庭“相互见外地对待着”，“多数家庭”的扩大发展成为民族。民族延续着家庭的血缘情感逻辑，但民族的不断演进逐步稀释着家庭的血缘情感基础，最终显示为“伦理的

① ［德］黑格尔：《法哲学原理》，范扬、张企泰译，商务印书馆1961年版，第253页。

② 樊浩：《伦理实体的诸形态及其内在的伦理——道德悖论》，《中国人民大学学报》2006年第6期。

③ ［德］黑格尔：《法哲学原理》，范扬、张企泰译，商务印书馆1961年版，第195页。

丧失”。即使原初的实体基因仍然存在，如今却只能在反思中“假象地映现出来”，“构成了伦理性的东西的现象界，即市民社会”[①]。印刷媒介无疑为家庭向民族，向市民社会的过渡提供了客观条件和前进动力。与家庭和民族的直接同一性不同，市民社会具有两个基本原则：特殊的目的和普遍的形式。市民社会的第一个原则是目的的特殊性。“具体的人作为特殊的人本身就是目的；作为各种需要的整体以及自然必然性与人性的混合体来说，他是市民社会的一个原则。”[②] 市民社会的第二个原则是形式的普遍性。“但是特殊的人在本质上是同另一些这种特殊性相关的，所以每一个特殊的人都是通过他人的中介，同时也无条件地通过普遍性的形式的中介，而肯定自己并得到满足。这一普遍性的形式是市民社会的另一个原则。”[③] 在这里，每个人都以自身及其利益为目的，但他又必须借助于他人及其普遍的形式，才能满足自己。个人与个人利益是市民社会的目的和规定，他人与普遍的形式是市民社会的手段或中介。个体性的个人与个人利益是市民社会的本性。市民社会的个体性本性意味着，市民社会的发展不仅以个体性为出发点，而且只因普遍性是手段或中介，最终的发展也只能回归于个体性。“因为这些目的的特殊性仍然是基本内容。社会状况趋向于需要、手段和享受的无穷尽的殊多化和细致化。”[④] 斐迪南·滕尼斯（Ferdinand Tönnies）用社会学话语也同样揭示了社会的个体性本性：“社会被理解为一大群自然的和人为的个人，他们的意志和领域在无数的结合中处于相互关系之中，而且在无数的结合之中也处于相互结合之中，然而它们仍然是独立的，相互之间对内部没有影响。”[⑤] 国家的最初发展是市民社会逻辑的延续，以个体性为本性，来谋求普遍性的价值。只是较市民社会而言，国家的发展在逐步力求重新把普遍性作为现实目标。因为真正的、完满的理想国家必定要指向普遍性，以普遍性为本性。所以“社会—国家”存在形态虽在总体上以个体性为本性，但已表现出向普遍性回归的意愿。

---

① ［德］黑格尔：《法哲学原理》，范扬、张企泰译，商务印书馆 1961 年版，第 195 页。

② ［德］黑格尔：《法哲学原理》，范扬、张企泰译，商务印书馆 1961 年版，第 197 页。

③ ［德］黑格尔：《法哲学原理》，范扬、张企泰译，商务印书馆 1961 年版，第 197 页。

④ ［德］黑格尔：《法哲学原理》，范扬、张企泰译，商务印书馆 1961 年版，第 208 页。

⑤ ［德］斐迪南·滕尼斯：《共同体与社会——纯粹社会学的基本概念》，林荣远译，商务印书馆 1999 年版，第 108 页。

其次，“社会—国家”存在形态实现了个体性与普遍性之间的自为同一。原初的家庭、民族置身于直接的、自然的伦理世界，在那里，个体性与普遍性自在同一。现今社会和国家，尤其是社会的发展将个体性从自在同一的伦理世界中揪出，个体性成为世界的主宰。这个以个体性为主宰的世界是社会和国家所属于的教化世界。教化世界承担着两项任务。一是唤醒伦理世界中的个体性，使个体从实体状态中走出，完成“由在思维中的实体向现实的过渡”[①]；二是重新建构普遍性，让个体回归于伦理本性，实现“由特定的个体性向本质性的过渡”[②]。教化世界的两项任务先“破”后“立”，本质上是对伦理世界的异化，也就是对自然存在的异化。因此，在教化世界中，个体性与普遍性之间的同一性关系是以异化的形态存在的，它非自然而是人为，它非自在而是自为。具体而言，在市民社会中，个体性向普遍性的回归，普遍性的建立基于三大机制：“成员的需要；保障人身和财产的法律制度；维护他们特殊利益和公共利益的外部秩序。”[③] 根本上，市民社会的普遍性确立首要条件是以“需要的满足”为内容，以“劳动”为形式。个体性最初显现出来的是自然的主观需要。“这种需要通过下列两种手段而达到它的客观性，达到它的满足：通过外在物，在目前阶段这种外在物也同样是别人需要和意志的所有物和产品；通过活动和劳动，这是主观性和客观性的中介。”[④] 前一句话意味着，一个人的需要也是所有人的需要，个体主观需要在“满足”的欲求中，通过他人的中介，而获得了普遍性的升华。后一句话则表明，人的“劳动”是使需要得到满足的必要手段，也是主观需要上升为普遍需要的必要中介。总之，市民社会的个体通过扬弃自然的主观需要，与他人彼此配合，相互联系，在满足的过程中获得普遍性。这是一种反思中的自为同一建构。早期的国家也可看作对共同生活需要的满足，也继承着市民社会的自为性。但是“社会—国家”的自为同一也必将在国家的日益完善中实现超越，从自为走向自在自为。

最后，“社会—国家”存在形态以理性为价值特征。理性具有三重价值规定：个体性之间的博弈、妥协与求和；关于道德知识的“契约”建

---

① ［德］黑格尔：《精神现象学》下卷，贺麟、王玖兴译，商务印书馆1979年版，第48页。

② ［德］黑格尔：《精神现象学》下卷，贺麟、王玖兴译，商务印书馆1979年版，第48页。

③ ［德］黑格尔：《法哲学原理》，范扬、张企泰译，商务印书馆1961年版，第174页。

④ ［德］黑格尔：《法哲学原理》，范扬、张企泰译，商务印书馆1961年版，第204页。

构；出于且归于自然。“社会—国家”存在形态与之相符合。第一，它是个体性之间的博弈结果。前已论证，“社会—国家”存在形态以个体性为本性，个体性是出发点，也是最终归宿，而普遍性只是中介和手段。普遍性在“社会—国家”存在形态中是一种基于自为的方式，由“需要的体系”建构的形式普遍性，本质上是个体性之间相互博弈的结果，而非个体性与普遍性之间的辩证统一。第二，它是一种“知”的“契约”建构。形式普遍性不仅要处于人们的反思之中，而且要以普遍性的形式为定在，让其成为“被普遍承认的、被认识的和被希求的东西”，从而指导人们的现实行动。黑格尔将这种定在称为法律及其相关的手续和仪式。其实这些定在根本上是一种获得个体承认的契约的制定。它们具有两重特性：“被知道”和“普遍有效”。① 这两重特性决定了它仅仅是一种“知”，或许可以有效指导“行”，但不能直接成为“行”。第三，它出于自然又归于自然。“社会—国家”存在形态出于自然，因为它以个人尤其是个人的利益为出发点，而这种“趋乐避苦、自我保护”的利己本能根源于人的自然动物本性。“社会—国家”存在形态又归于自然，因为普遍性在它那是中介和手段，这种形式的普遍性归根结底是“法权状态”的“个人利益的战场”，个人利益是它的目的和真理。所以，“社会—国家”存在形态是以理性为价值特征。当然，从理想主义看来，“社会—国家”存在形态发展的最高目标，或者说国家发展的最高目标，是将理性的价值重新回归于精神，实现文明的超越。

第三节　精神世界与生活世界分离

印刷媒介的信息方式影响伦理方式，主要包含两层意蕴：伦理方式的道德哲学形态和伦理方式的文明意义。第一层意蕴是，印刷媒介的语言构型、交往行动、主体构建、世界构建使伦理方式发生了个体主义的形态转向：从“实体性出发”转向“原子式思考”。个体主义的伦理方式缔结了“个体性”与“普遍性”之间的自为同一，“理性”是其价值特征，“社会—国家”是其存在形态。伦理方式的个体主义转向将内在地影响精神世界和生活世界的状态以及两者之间的关系，进而改变人类世界文明的结

① ［德］黑格尔：《法哲学原理》，范扬、张企泰译，商务印书馆1961年版，第218页。

构与生态。这是信息方式影响伦理方式的第二层意蕴，也是伦理方式自身蕴含的文明意义。总的来说，文明世界原初的自然合一状态在这里被彻底打破，文明世界分裂为两个世界：彼岸的精神世界与此岸的生活世界。

人类的历史进程已经昭示着精神世界与生活世界的分离。以口头媒介为主导的原初社会是一个将现实生活、形上追求和终极关怀融为一体的世界，精神世界也是生活世界，生活世界也是精神世界。这个混沌的原初文明世界宣扬神圣普遍性的统摄地位，在指导个体生命价值升华和维护社会秩序整体稳定的同时，也催生了西方社会的专制强权和神学权威，以及中国封建社会的纲常和家庭威权。印刷媒介的诞生推动了社会文明的进步，西方爆发了文艺复兴、宗教改革和启蒙运动，中国引发了近代启蒙思潮，它们都意图指导人们摆脱各自社会的普遍性霸权，重新在现实情境中认识人的价值。从此，生活世界成为人们探索的主要对象。它从原初文明世界中分离出来，不再与精神世界具有直接同一的关系。从伦理方式与精神世界、生活世界的逻辑关联中，我们可更深入地洞察到上述分离。文明世界的生活世界方面与伦理方式的定在相关，伦理方式的定在就是它的存在形态。印刷媒介时代的个体主义伦理方式以“社会—国家”为存在形态，这关乎文明世界的生活世界方面。文明世界的精神世界方面则与伦理方式的概念相关，伦理方式的概念在它的价值特征中显现。印刷媒介时代的个体主义伦理方式以理性为价值特征，而理性是精神的异化和现实化。于是，当精神异化和现实化为理性时，精神世界就向生活世界“低头”，精神世界本身退隐到世界的彼岸。因此，在个体主义伦理方式下，生活世界成为文明世界的活跃因素而被凸显。

这种相互分离的生活世界与精神世界呈现出一种“乐观的紧张”。一方面，生活世界与精神世界的关系是紧张的，因为它们的直接同一性已经断裂，生活世界在此岸，关注人的现实性，而精神世界在彼岸，关注人的超越性。另一方面，生活世界与精神世界的关系又是乐观的，因为精神世界中的实体记忆与文明基因根深蒂固，它是生活世界孜孜以求、翘首以盼的家园与归宿。这种“乐观的紧张”，因“乐观”而蕴含着巨大的文明价值，但又因“紧张”而隐藏着深刻的文明风险。

一　生活世界的伦理建构

个体主义伦理方式的文明价值在“生活世界的伦理建构—道德自

由—社会至善—合理的社会制度与个体的基本权利”的逻辑链中得以充分彰显。

在原初的实体主义伦理方式下，文明世界是精神世界和生活世界的自然合一，精神世界的伦理信念直接内化于生活世界之中。当伦理方式经历了个体主义的转向，生活世界从自然合一的文明世界中获得独立性，生活世界与精神世界相分离。虽然相互分离，但精神世界仍然是生活世界的启明灯，为生活世界提供价值指导和文化支撑。精神世界中的普遍性诉求始终是生活世界的努力方向与文化归宿。这是生活世界与精神世界相分离的乐观方面。但又因为相互分离，使伦理信念跟随精神世界退隐到彼岸，生活世界中回到普遍性的努力只可能是一种人为的伦理建构，而不是一种神圣的伦理信念。总而言之，个体主义伦理方式实现的是受精神世界指引的生活世界的伦理建构。

个体主义伦理方式释放了生活世界中个体的能力与价值。生活世界的伦理建构正是立足于个体的道德自由来构建普遍性。道德自由本质上就是意志自由。人生来就是一个悖论性的存在，一方面人要在交往行动中生活，另一方面人又是一个意志自由的存在。只是在原初的实体主义伦理方式下，个体的意志自由被遮蔽，个体主义伦理方式重新恢复了意志自由的应有地位。但光靠意志自由无法建构合理的普遍性，因为意志自由可能沦为感性欲望的傀儡，被感性欲望所掌控。意志自由需要个体理性能力的“出场”。它不但需要理性，而且必须以理性为前提和条件。意志自由与理性的相互统一才能构建出普遍性。康德的伦理思想是基于个体道德自由构建普遍性的最佳例证。康德把意志自由与理性的这种同一称作“实践理性”，把据此构建出的这种普遍性称作“道德法则”“普遍法则”“绝对命令”。康德根据普遍立法、人是目的、意志自律三条道德律令完成了义务伦理的构建。“按照通过你的意志可能成为普遍法则的准则去行为。”[①]“不论做什么，总应该做到使你的意志所遵循的准则永远同时能够成为一条普遍的立法原理。”[②]“你须要这样行为，做到无论是你自己或别的什么人，你始终把人当目的，总不把他当作工具。”[③]“个个有理性者的

① ［德］康德：《道德形而上学探本》，唐钺译，商务印书馆1957年版，第35页。
② ［德］康德：《实践理性批判》，关文运译，商务印书馆1960年版，第30页。
③ ［德］康德：《道德形而上学探本》，唐钺译，商务印书馆1957年版，第43页。

意志都是颁定普遍规律的意志。”① 凭借意志自由和理性的耦合，从个体性中缔结出每个人的普遍性，普遍性成为最终的目标与本质。因而，生活世界的伦理构建与精神世界的伦理信念不同，不是指向个体至善，而是指向社会至善。印刷媒介的普及，推动着西方乃至世界迈入以平等、正义、自由为基本价值的现代文明的门槛。现代文明追求的便是这样一种向外探索的社会至善模式，旨在通过建构至善的社会来最大程度地满足个体发展需要。

个体主义伦理方式是一种生活世界的伦理建构。生活世界的伦理建构遵循着“伦理建构—道德自由—社会至善”的文明模式。个体主义伦理方式的文明意义正蕴含于其内。从这条普遍性的缔结路径来看，个体主义伦理方式的首要文明意义是，它能为社会制度提供恰当的伦理合理性辩护，进而有利于维护合理的社会秩序。社会秩序的建立是人类追求普遍本质的根本需求。只有在社会秩序中，人才能够扬弃自己的自然本性，约束自己的自然欲望，与他人和睦相处，和谐共生。但社会秩序不能够单纯靠强制力来维系，否则将会侵害生活于其中的个体的自身价值。所以，一个能够保障个体价值、具有合理性的社会秩序至关重要。个体主义伦理方式的文明意义正在于对合理社会秩序的维系，这是其社会至善路径的必然指向。个体主义伦理方式以个人尤其是个人利益为出发点，借助个体的理性力量，在个体之间的利益冲突中寻求一定的平衡。它本质上基于个体理性力量的契约缔结和制度设计。这种契约关系“强调的是互利，但这种互利不是道义上的互惠，而是通过制度设计，在一定程度上进行的平等权利利益交换”②。个体主义伦理方式认为，通过组织起社会中的个人，能够赋予社会制度以伦理合理性，建构合乎伦理的社会制度，从而实现了社会与个人的价值统一。而秩序与制度又密不可分，“制度构成了社会秩序存续的框架和环境，一定的制度决定着一定的社会秩序，没有制度，社会秩序也就无从谈起”③。社会制度愈合乎伦理，愈有利于维系社会秩序的合理性。个体主义伦理方式具有的这层文明意义在西方近现代文明成果中得以充分显现。它为现代西方社会的经济政治制度设计提供了深厚的伦理支

① ［德］康德：《道德形而上学探本》，唐钺译，商务印书馆 1957 年版，第 45 页。

② 高兆明：《伦理学理论与方法》，人民出版社 2005 年版，第 386 页。

③ 鲍宗豪、赵晓红：《现代性视域下的中国社会秩序重建》，《社会科学》2014 年第 5 期。

撑。个体主义伦理方式保障了市场经济中的“合意”和“共同意志”，保障了交易活动中合作行为的生成和完成，维护了市场经济制度的合理运行。个体主义伦理方式对社会经济制度的伦理辩护继而延伸至社会政治领域。它成为国家起源的合理根据，成为现代政治权威的合法基础，成为西方国家政治制度建立的伦理价值基础。合乎伦理的社会经济制度和社会政治制度共同创造了西方由自由资本主义市场、有限政府构成的民主、平等、自由的社会秩序。

个体主义伦理方式的社会至善路径以建构合乎伦理的社会制度为中介，实现了合理社会秩序的维护。但个体主义伦理方式的根本目的和根本利益不是社会至善，而是个人尤其是个人的利益，社会至善只是通往个人和个人利益的手段与中介。因此，个体主义伦理方式更深刻的文明意义在于作为个体的人本身，通过合理社会秩序的建构，它最终有利于保护和实现个体的自由、利益等基本权利。人之为人的基本规定就在于承认人的个体内在价值。在口头媒介时代，实体主义伦理方式的个体至善模式有助于超越个体的自然状态，从而实现个体生命的整体意义与个体生活的总体价值。但这种类生命意义和类生活价值是抽象的和有限的，甚至可能走向侵害个体的反面。因为实体主义伦理方式建立在对社会承认的基础之上，回归社会、维护社会才是它的终极目标，个体在此只是手段与工具。它极有可能导致人性压抑、人权剥夺和个体利益藐视。在社会高于个体的逻辑中，人将可能丧失必要的个体价值，现实化表现为对个体基本权利的侵害。也正是对实体主义伦理方式的反思与批判，个体主义伦理方式将立场和出发点回归于人本身，如密尔（John Stuart Mill）所说“个人是最高的主宰者”，如康德所讲“人是目的”。它重新确立了人的主体性价值地位，认可现实中活生生的个人才是一切价值的创造者和一切价值的终极依据，从根本上实现了对个体价值及其积极性与创造性的伦理辩护。这就意味着个体主义伦理方式不仅将个体的基本权利作为建构合理社会秩序的出发点，而且也将个体基本权利的维护与实现作为合理社会秩序发展的最终目标。在保护和实现个体的基本权利方面，个体主义伦理方式的历史作用毋庸赘言。西方近代的文艺复兴、宗教改革、启蒙运动以及中国近代的启蒙思潮都是在为这方面做出努力与抗争。西方将人从专制强权与神学权威中解放出来，中国将人从封建专制与家庭威权中解放出来。尽管中西方的对象有所差异，但都实现了人的解放，重新确立了人的自立与自决性，开启了保护与实现个体利益、自由与权利的现代化大门。

二　个体性的权力扩张

印刷媒介催生了个体主义伦理方式，个体主义伦理方式创造的是一个精神世界与生活世界相分离的文明世界。在这个文明世界中，受原初精神世界的普遍性指引，人们在生活世界中开启了一场以个体、个体性为立场和目标的伦理建构，它确实为社会秩序的合理化与个体价值的现实化创造了思想基础与价值前提。这是个体主义伦理方式蕴含着的巨大文明价值。但是，精神世界与生活世界毕竟产生了分离，精神世界及其普遍性的退隐有可能强化生活世界中的个体性，因而让个体主义伦理方式又陷入文明风险之中。这场文明风险即生活世界中个体性的权力扩张，即个体性超越了其本应具有的合理的权力地位，乃至成为万事万物的价值尺度与价值根据。

生活世界中，个体性的权力扩张将会直接导致个体欲望的极度膨胀，从而造就不道德的个体，使个体最终丧失生命整体意义与生活总体价值。个体主义伦理方式秉承以个体性为本性的向外探索的社会至善模式。它肯定个体的内在价值，要求在维护个体价值的基础上，凭借个体的理性能力构建出社会的普遍性。这有助于保护和实现个体自身的利益、自由等基本权利。与此同时，它似乎也能够在一定程度上培育出一种“个体美德”。这种“个体美德”是“基于个人理性基础之上的个人自制及其道德能力”[①]：社会中的个体自觉地依靠自身的理性能力缔结出每个人的普遍性。但是，在个体性权力扩张的背景下，“个体美德”将遭遇一大难题——每个人的普遍性难以缔结。当个体性权力得到极大扩张时，个体的理性能力便不再可靠。扩张的个体性权力可能造成个体感性欲望的极度膨胀。高高在上的权力地位容易使个体产生自豪感甚至是自负感，误以为自己是唯我独尊的世界主宰者。这种高姿态激发了个体内在的动物性的感性欲望，从而使个体与个体之间的交往成为“激情的冲突”。更糟糕的是，个体感性欲望的极度膨胀还有可能支配和操纵个体的理性能力。极端感性欲望消磨了理性能力的价值本性，并将理性能力的工具属性提高到统治地位。基于理性能力的普遍性建构无法完成，反而沦为一场没有硝烟的“算计的战

---

① 高兆明：《伦理学理论与方法》，人民出版社2005年版，第358页。

争”。这种隐性的争斗比“激情的冲突”具有更大的危害性。因此，受到个体性权力扩张的影响，“个体美德”将无法养成。事实上，个体主义伦理方式培育的“个体美德”，其本身就缺乏一定的合理性和现实性。如果“个体美德”仅仅是依据理性力量，从个体性中缔结出普遍性，那么普遍性只是外在于个体性的他物存在。普遍性出自个体性，但普遍性不直接是个体的普遍性。这涉及对普遍性的承认问题。“个体美德”就是缺少承认普遍性的环节，只是假想对普遍性的缔结就是对普遍性的承认。而“德”本质上不仅要缔结普遍性，而且要内在的承认普遍性。“一个人做了这样或那样一件合乎伦理的事，还不能就说他是有德的；只有当这种行为方式成为性格中的固定要素时，他才是有德的。德毋宁应该说是一种伦理上的造诣。”[①]“个体美德”，一方面在个体性权力扩张下难以缔结其中的普遍性，另一方面其本身又缺乏对普遍性的承认环节，所以不可能成为真正“道德的人”。而成为“道德的人”即分享并内化普遍性，是个体生命整体意义和生活总体价值的最高确证。个体的“不道德”，或确切而言，“无伦理的道德”，必将使个体自身丧失生命的整体意义与生活的总体价值。

如今，我们正在切身体会到，个体性权力扩张下个体生命意义与生活价值的逐渐流失。市场经济的发展现状及其后果是一大现实例证。市场经济释放并扩张了人类的个体性，但中西方社会又都呈现着一个冷冰冰的事实：个体的经济能力提升了，个体的生活水平提高了，人们的幸福感却明显地下降了，孤独感、无助感、空虚感充斥着人们的内心生活，抑郁症逐渐成为一种流行病。我们渐渐地理解了这样的论断：当尼采宣布“上帝死了”之时，当五四运动号召“打到孔家店”之际，“个体自由了，甚至绝对自由了，然而，自由的曙光只是在地平线上投上美丽一瞥，人们猛然发现已经深深坠入失依的无归宿、无家园的阴霾之中”[②]。我们也渐渐地理解了“上帝之死”之后的“尼采之疯”，因为一旦宣布上帝死了，尼采就颠覆了自己的生命本真与生活本真，必然陷入失语、失心、失根的境地。失掉生命的整体意义与生活的总体价值，人注定沦为一个漂泊不定的“流浪者”或“观光客”。

---

① ［德］黑格尔：《法哲学原理》，范扬、张企泰译，商务印书馆1961年版，第170页。

② 樊浩：《“后伦理时代”的来临》，《道德与文明》2013年第6期。

除了个体生命意义与生活价值的丧失，个体性权力的扩张还会进一步造成社会的碎片化，瓦解社会秩序的稳定性。这是个体主义伦理方式无法逃脱的内在悖论，如同实体主义伦理方式容易陷入对个体基本权利的侵害一般。个体主义伦理方式遵循向外探求的社会至善模式，能够基于个体理性能力建构出合理的社会秩序。但个体主义伦理方式既然以个体性为立场和出发点，那么社会、普遍性在这里就只可能是一种工具和手段。个人，尤其是个人利益始终是合理社会秩序追求的终极目标和终极任务。而人的利益诉求本身是其动物性的直接体现，矛盾和冲突是它的本性特性。一旦个体性权力超越其限度，动物性的逐利本性将得到极大膨胀，个体的理性能力也将遭到感性欲望的异化。届时，人类社会被具有“分立的、绝对的、僵硬的严格性和顽固的单点性”① 的个人所占据，人类社会将不仅仅是“个人利益的战场”，甚至陷入“一切人反对一切人”的战争境地。相较于原始社会动物式的逐利模式，这必将是一场更加残暴、更加冷酷、更加血腥的斗争，因为此时此刻人类觉醒了的个体意识、理性能力、主观能动也加入其中，成为斗争的“主力”。在这样的社会中，稳定性必将消散殆尽，甚至社会本身也遭到解构。值得庆幸的是，人类社会的发展远未恶化到上述悲观之境，或者乐观地说永远不可能恶化到此境地。但是不得不承认“不确定性、风险、危险和谬误的生活”确实正在替代有着“包容一切的、整体的和最终的共识”的生活。“我们的时代是一个强烈地感受到了道德模糊性的时代，这个时代给我们提供了以前从未享受过的选择自由，同时也把我们抛入了一种以前从未如此令人烦恼的不确定状态。”②这种“不确定状态”向社会秩序的稳定性吹响了挑战的号角。

黑格尔将“教化”任务分为两个步骤：第一步，使个体性从实体性中觉醒；第二步，重新建构普遍性，让个体性重新回归普遍本质。猛一看，实体主义伦理方式向个体主义伦理方式的变革，已经完成了这两个步骤。个体主义伦理方式解构了原初伦理实体，让个体在混沌的实体中挺拔出来，继而基于个体及其理性能力重新建构出每个人的普遍性。但个体主义伦理方式的“教化”并不彻底，正因为此，个体主义伦理方式才会再

---

①［德］黑格尔：《精神现象学》下卷，贺麟、王玖兴译，商务印书馆1979年版，第135页。

②［英］齐格蒙特·鲍曼：《后现代伦理学》，张成岗译，江苏人民出版社2003年版，第24页。

次陷入个体性权力扩张的风险之中。事实上，“教化”的第二步骤应当而且必须分为两个层次：“世俗性的教化”和“精神性的教化”。个体主义伦理方式仅仅实现了“世俗性的教化”，甚至由于立场的差异，永远不可能达到“精神性的教化”。“世俗性的教化”始终无法摆脱原子式的“法权状态”，所以难以逃脱个体性的权力扩张。要想得到超越，必然要重新回到精神的怀抱，回到实体主义的怀抱，使个体主义伦理方式经受“精神”的洗礼。这就涉及实体主义伦理方式如何与个体主义伦理方式相互结合、相互合作的问题，这是道德哲学领域困扰已久的理论困境与实践难题。而著名的“黑格尔之咒”则暗示着“从实体性出发”与“原子式思考”两相对立的无解性。

但现如今，我们遇到的更为棘手、更为现实的问题是，我们的时代已经从以口头媒介为主导的时代、以印刷媒介为主导的时代过渡到了以网络媒介为主导的时代。网络媒介的诞生与发展正在创造或者说已经创造了一个新的社会语境。人们置身在这个未知的全新境地中，是否要建构伦理？如何来建构伦理？是以实体主义伦理方式或个体主义伦理方式，还是以一种新的伦理方式？这些都是有待探究，也是必须探究的前沿性课题。

第五章　网络媒介与传统伦理方式的困境

口头媒介和印刷媒介分别孕育并实践了两种伦理方式——实体主义伦理方式与个体主义伦理方式。两种伦理方式分别解释了不同媒介时代伦理建构的不同模式，进而解释了不同媒介时代文明世界的不同状态。实体主义伦理方式是一种最为原初却也是最为神圣的伦理方式。它以实体性、普遍性为立场，建构出的是“个体性”与“普遍性”的自在同一，在这过程中，“精神”是其价值特征，“家庭—民族”是其存在形态，最终创造了精神世界与生活世界直接合一的文明状态。个体主义伦理方式是对实体主义伦理方式的反思，它成功地将个体从混沌的实体状态中挺拔出来，确立并确证了个体的价值地位。在以个体性为立场的伦理方式下，“个体性”与“普遍性”达到自为同一，“理性”成为其价值特征，“社会—国家”成为其存在形态，生活世界与精神世界分离开来。两大伦理方式各自有着自身的文明意义，引导人们在不同的价值层面上安身立命；同时它们也潜藏着相应的文明风险，引发了不同价值层面上的文化困惑。事实上，两大伦理方式之间始终有着不可调和的文化矛盾：普遍性或实体性与个体性之间的冲突；精神与理性之间的冲突；自在同一与自为同一之间的冲突；精神世界与生活世界之间的冲突。从而构成了“黑格尔之咒”的全部内容：“在考察伦理时永远只有两种观点可能：或者从实体性出发，或者原子式地进行探讨，即以单个的人为基础而逐渐提高。后一种观点是没有精神的，因为它只能做到集合并列，但是精神不是单一的东西，而是单一物和普遍物的统一。”①

在经历了漫长的口头媒介时代和印刷媒介时代之后，一场以网络媒介为主导的传播革命正席卷而来，它带来了一系列更为突出、更为深刻的文

① ［德］黑格尔：《法哲学原理》，范扬、张企泰译，商务印书馆1961年版，第173页。

明变迁。面对此，人们又再一次陷入了“如何在一起”的伦理之思。黑格尔预言，“永远只有两种”伦理方式。那么，这是否意味着以网络媒介为主导的时代可以在其中二选一，甚至只能在其中二选一？或实体主义伦理方式，抑或个体主义伦理方式？事实上，网络媒介与传统伦理方式的关系不容乐观，确切而言，网络媒介会一定程度上解构两大传统伦理方式的功效。而网络媒介下的人们又不得不“在一起”，不得不以伦理的方式“在一起”。伦理方式始终是人们无法舍弃、不能舍弃的文化任务与价值目标。“伦理解构”与“伦理诉求”之间的悖论将人们抛向了一个既迷茫又憧憬的两难境地。

第一节　互联网及其空间隐喻

之所以以网络媒介为主导的传播革命能够造成更为突出、更为深刻的文明变迁，这是因为，与同样作为媒介逻辑的传统媒介相比，具有包容性、渗透性、迭代性的网络媒介更能发挥出媒介环境的营造及其对广阔社会语境的建构作用。网络媒介自身正在不断地更新与迭代中，现今网络媒介主要以互联网的形态呈现，而互联网已然有着超乎想象的语境建构能力——空间隐喻能力。

一　网络媒介的现时形态：互联网

互联网的诞生与发展，与三个关键词密切相关：控制革命、信息社会与计算机。控制革命实现了人类控制思维的转向，它推动了信息社会的出现。在信息社会的时代语境中，以计算机为核心的信息技术成为社会信息化不断深入的动力源泉，更为重要的是，作为技术先导的计算机为互联网的诞生创造了契机。

美国传播学者詹姆斯·贝尼格（James Beniger）在其专著《控制革命：信息社会的技术与经济起源》中最先确立了信息处理与传播及其技术在基本生命过程、在社会存在与社会控制中的重要性：“为了抵抗‘熵’，每一有生命的系统都必须通过加工处理物质和能源，来维持其组织；对于加工处理物质和能源的过程来说，控制是必不可少的，而信息处理和按程序/计划设定的决策，是对于物质和能源加工处理过程的控制赖以实现的手段。"[①] 在工业革命以前，整个社会的物质经济运转速率还是"人力的"速度，即便使用风力、水力等外力帮助，其控制仍然处于人脑的信息处理能力范围之内，社会得以良序发展。工业革命的技术提升，给社会造成了强大冲击力，一夜之间，社会运转速率呈几何式增长。到了19世纪中叶，整个社会的信息加工处理，在数量和速率方面都已不断超过系统控制的现有能力。控制危机由此产生，甚至酿成了各行各业，如铁路系统、加工业、消费品市场等领域的惨痛教训。为了提高社会系统控制物质经济运转过程的能力，使之跟上物质和能源的加工处理速率和数量，缓解乃至解决工业社会中的控制危机，采集、存储、处理和传播信息的技术及其经济形式出现了一连串的理念与技术创新。这些迅速的变革创新推动了所谓信息社会的最终出现。

信息社会最显著的特征正是控制权的转变，它由工业革命之前的人力控制，转向工业革命之后的信息技术控制；由基于人际关系的面对面互动控制，转向基于新的运输和远程通信基础设施、新大众传媒系统的传播控制。信息社会不断强调信息处理和交互传播在社会控制中的重要性，使信息领域在国民经济中逐渐占据了举足轻重的地位。20 世纪 50 年代晚期，经济学家弗里兹·马克卢普（Fritz Machlup）最先测量出 1985 年信息领域在美国国民生产总值中的比例（29%），同时估计从 1947 年到 1958 年，信息领域的综合增长率是国民生产总值增长率的两倍。[②]

除了对国民经济的贡献，信息社会最重要的社会意义在于，它在短时间内促使信息技术的不断革新与汇聚。从 20 世纪 40 年代以电子学为基础的信息技术，发展至 20 世纪 70 年代以微电子学、计算机与电信为基础的信息技术，仅仅用了短短的 30 年时间。如今，大众传媒、远程通信和计算机不断汇聚，整合成在最宏观层面上的控制设施。

其中，信息社会里程碑式的技术创造，当数 20 世纪最伟大的发明——计算机。遵循摩尔定律，计算机的信息处理能力每 18 个月翻一番，使整个信息社会的系统控制能力迈上一个新的台阶。然而，世界上第一台计算机的发明完全是出于军事上的考虑。"二战"期间，为了迅速计算大

---

① 张咏华：《媒介分析领域的重要理论成果——贝尼格的"控制革命"论评析》上，《新闻大学》2000 年第 3 期。

② 参见［加］戴维·克劳利、保罗·海尔编《传播的历史：技术、文化与社会》，董璐等译，北京大学出版社 2011 年版。

炮射击表，美国国防部资助宾夕法尼亚大学摩尔工程学院投身于创新研究，最终耗时 3 年，于 1946 年成功建成第一台电子数字积分计算机（ENIAC）。这台计算机虽然体积大、造价高、使用困难，但却划时代地开启了人类信息技术的新篇章。时隔 1 年，世界上至少有 9 台计算机先后在美国和英国的实验室中被组建起来，例如数学家约翰·冯·诺依曼（John von Neumann）的第一台能够平行处理的数字计算机、数学家阿兰·图灵（Alan Turing）的第一台有存储程序的计算机、工程师杰伊·弗雷斯特（Jay Forrester）的第一台能实时操作、立即分析变化的计算机，等等。此时，第一台电子数字积分计算机的发明者——约翰·毛克利（John Mauchly）和 J. 普鲁斯普·埃克特（John Presper Eckert）两位工程师开始意识到，不能再单纯建造计算机，也要开始搭建计算机网络，“使一系列相互关联的计算机能够组合起来，以适应潜在消费者个性化的、特别的需求”[①]。这一思维转变，潜藏着互联网的早期雏形。

同计算机一样，互联网的最初搭建也是美国国防部基于军事需求的技术尝试。20 世纪 50 年代晚期，苏联发射的第一颗人造卫星斯普尼克（Sputnik）警醒了美国的高科技军事机构。作为世界上最有创造力的研究机构之一，美国国防部先进研究计划局（The US Defense Department's advanced Research Projects Agency，ARPA）出于冷战的压力，不甘落后，投入大量的科技创新之中，以及时应对苏联的技术突破。其中一项发明，就是发展 1960—1964 年由兰德公司的保罗·巴兰提出的“不易被核弹攻击摧毁的通信系统”。“以封包交换通信技术（packet-switching communication technology）为基础，这个系统使网络可以独立于指挥与控制中心而运作，所以信息单位会沿着网络寻找自己的路径，而在网络上的任何一点重新组合成有意义的信息。”[②] 在美国国防部先进研究计划局的推动下，第一个电脑网络在 1969 年正式上线。作为一个试验性网络，当时被取名为“高级研究技术署计算机网”（ARPANET，奥普网络）。

最初的 ARPANET 只是被视为一种共享数据的有效方法，其目的是在计算机之间建立数据联系，达成计算机之间的数据交换。为实现更好的数

---

① ［加］戴维·克劳利、保罗·海尔编：《传播的历史：技术、文化与社会》，董璐等译，北京大学出版社 2011 年版，第 411 页。

② ［美］曼纽尔·卡斯特：《网络社会的崛起》，夏铸九等译，社会科学文献出版社 2001 年版，第 54 页。

据沟通与对话，美国国防部先进研究技术局带领相关大学和研究机构进一步设计了互联网的基本架构。1980 年，主机到主机（host-to-host）的传输控制协定（TCP），以及网络之间的协定（IP），即 TCP/IP 协定应运而生，成为美国电脑通信的标准，随后逐渐推广至世界各地，成为普遍采用的模式。技术上的进步让互联网技术日益完善，计算机、服务器、传输设备在特定协议框架内互通有无。在理念与技术互为推进的过程中，人们意识到互联网对于人与人交往潜在的深远意义，例如先后开发出电子邮件（E-mail）、电子公告栏系统（BBS）、多用户网络游戏（MUD）、新闻组（Usenet）等，作为人与人之间全新的在线交流方式。互联网成功地从计算机与计算机之间的联通，拓展至人与人之间的联通。

然而，即便互联网取得了上述众多的突破与进步，它仍多局限于实验室、军用网络、科研网络、教育网络等专门领域。互联网最终走向普通大众，得益于互联网的全面私有化和个人电脑的普及。无论是 20 世纪 60 年代的 ARPANET，还是 20 世纪 80 年代的 ARPA-INTERNET 和 NSFNET，它们都受政府运作的限制，或由美国国防部资助设立，或由国家科学基金会控制。“商业压力、私人企业网络的成长，以及非营利，以合作为目的的网络”①，最终导致由政府运作的网络逐渐失去市场，从而在 20 世纪 90 年代末开启互联网全面的私有化历程。一旦私有化之后，在市场经济“无形的手”的助推下，互联网的发展如弩箭离弦，蒸蒸日上。同时，20 世纪 80 年代个人电脑在美国普通大众中的率先普及也为互联网技术的发展与开拓创造了客观条件。于是，快速增长的互联网，从美国军事、科研领域，逐步扩散至美国普通大众，乃至全球其他许多地方。互联网迎来了它的全新形态——万维网（World Wide Web，WWW）。

1990 年日内瓦的欧洲核子研究中心（Center European pour Recherche Nucleaire，CERN）参考 20 世纪 70 年代的“骇客文化”，完成了这一创举。万维网改变了人们对互联网的基本认知。“网络不再被看作是搜索工具或是单纯在人与人之间传递信息，而是承担着作为娱乐媒体、商店橱窗、将某个个人展示给世界的工具等新角色。”② 这个巨大的全球性传播

① ［美］曼纽尔·卡斯特：《网络社会的崛起》，夏铸九等译，社会科学文献出版社 2001 年版，第 54 页。

② ［加］戴维·克劳利、保罗·海尔编：《传播的历史：技术、文化与社会》，董璐等译，北京大学出版社 2011 年版，第 422 页。

系统重新依靠信息而非地址来组建网站的内容，通过提供便捷的搜索系统，来定位目标信息。万维网的搭建，离不开三项最基本的技术突破。其一是“超文件标记语言”（hypertext markup language，HTML）的设计，使不同电脑得以在共享格式下调整其特有的语言；其二是“超文件传输协定”（hypertext transfer protocol，HTTP）的设定，用来引导网络浏览器和网络服务器之间的沟通；其三是“通用资源识别码”（uniform resource locator，URL）的创造，将应用协定的信息与掌握信息的电脑位址结合起来。HTML、HTTP、URL 互相“协作”，共同促成了一个一般的界面。首批界面首先由全世界主要的科学研究中心建立，但是个人网络浏览器的发明却在意料之外。为了打发无聊的时间，马克·安德森（Marc Andreessen）为个人电脑设计出了“马赛克”（Mosaic）网络浏览器。之后，安德森又与硅谷企业家吉姆·克拉克（Jim Clark）相结识，共同创立了一家名为“网景”（Netscape）的公司，制作了第一个可靠的互联网浏览器，并推向大众市场。“日益成熟的浏览器界面设计，外加迅速普及的计算机和通信技术，使全世界各个角落都被迅速囊括到互联网的语境之中，真正实现了一个包罗万象的国际数字交流网状系统（INTERnational NETwork of digital communication）。”①

如今，互联网的发展速度和拓展广度是有目共睹的。在全世界范围内，互联网普及率在 2022 年年中已达到总人口数的 69%；作为互联网时代的创新先锋，北美地区的普及率已达到总人口数的 93.4%；相对欠发达的非洲地区，也正在以前所未有的速度迅猛递增，达到总人口数的 46.8%。② 具体而言，以中国为例，中国互联网络信息中心（CNNIC）发布的第 50 次《中国互联网络发展状况统计报告》显示，截至 2022 年 6 月，中国网民规模达到 10.51 亿，普及率达到 74.4%，超过全球平均水平 5.4 个百分点，超过亚洲平均水平 7 个百分点；较 2021 年 12 月新增网民 1919 万。③

---

① Luciano Floridi, *Philosophy and Computing: an Introduction*, London: Routledge, 1999, p. 61.

② 参见“World Internet Users and 2023 Population Stats”，http://www.internetworldstats.com/stats.htm。

③ 参见 CNNIC《中国互联网络发展状况统计报告》，http://www.cnnic.net.cn/n4/2022/0914/c88-10226.html，2023 年 1 月 6 日。

更值得一提的是，计算机等技术的迭代革新使各类新型互联网形式不断涌现，逐步加深了网络对社会和个人的影响深度。例如，随着计算机和网络摆脱连线的束缚，移动设备的运用和无线 Wi-Fi 的推广使传统互联网向移动互联网过渡，在线场域随处可及。人们沉浸在这些界面背后的在线场域中，自由遨游。在线场域已然成为人们的第二生存空间，与现实场域交织在一起。并且，从现有的发展趋势来看，网络媒介的发展也并非止步于互联网，它正雄心壮志地为未来社会生活擘画着一个全新智能图景。在不远的未来，当网络媒介真正融入人们的日常生活，乃至融入人自身时，它将由计算机与计算机之间、人与人之间的“互联网”，走向人与物、物与物之间的“物联网”，乃至走向无时不在、无处不在、无所不能的“泛在网”。

在想象未来世界之前，让我们先来冷静审视下现今网络媒介的主流形态——互联网，及其业已构建出的社会语境与其文化意义。

二　互联网的空间隐喻

作为网络媒介的现时形态，互联网已经有着超乎想象的语境建构能力，其对社会语境的建构首先并主要体现在与其相伴而生的空间隐喻中。

新事物的发展，总伴随着一系列生动有趣的隐喻。“按照传统的观念，隐喻是通过把人们不熟悉的东西与熟知的形象联系起来，以加深人们的理解。”① 因而，当我们面对一门新技术时，很自然地会将其与类似的技术或事物进行比较。这些隐喻的作用不在于揭示出事物的客观存在性，而是创造出一种认知结构，从而影响人们关于事物的观点与信念。

互联网，作为一门新生代的媒介传播与信息通信技术，更是有着众多的隐喻解说。这些隐喻都在用生动形象的语言，阐释目前互联网的发展状况与现实意义。例如，格里高利·格罗莫夫（Gregory Gromov）认为互联网不仅是计算机科学概念，也是生物学概念。互联网是一群单机之间的技术连接，信息的流动借助连接从单机扩展到机群，如同一个由众多细胞相互连接构成的“生物系统”。另一个比较著名的隐喻是“信息高速公路”。互联网如同一个纵横交错覆盖全世界的高速公路网，公路上的汽车如同信

① Paul C. Adams, “Cyberspace and Virtual Places”, *The Geographical Review*, Vol. 87, No. 2, April 1997, pp. 154 - 169.

息的载体，日夜穿梭，传递信息。然而，这几个隐喻多侧重于单纯的技术角度，无法准确形容目前互联网可能对社会、对人及其生活产生的影响与作用，更无法形象描摹互联网营造出的社会语境。

人与技术的关系已从早先的工具模式，进阶为现今的文化模式。在工具模式阶段，技术只是被看作人类满足自身需求、实现目的的方式与手段；到了文化模式阶段，技术回归于人的日常生活之中，技术与社会、与人共在。技术对社会语境的建构意义正是技术文化模式的关键性表现之一。相较而言，互联网的空间隐喻更能展现当前互联网的社会语境建构作用，显现当前互联网发展的文化意义。

早期的空间隐喻认为，互联网构建出了一个有别于现实世界的空间结构，这个空间结构是人们生存、生产和生活的第二社会语境。互联网的空间隐喻首先由加拿大小说家威廉·吉布森（William Gibson）在其 1984 年的科幻小说 *Neuromancer* 中提出，他将互联网创造的新世界形象地称为“网络空间”（cyberspace），随后“网络空间”便成为当今信息时代的图腾象征，吸引了众多文学家、学者对其进行新构想、新解读。吉布森自己在小说中曾细腻描绘：“网络空间，是每个国家每天都有数十亿合法的使用者和学习数学概念的孩子们可以体验到的一种交感幻想……它是人类社会系统中每台电脑数据库中数据的形象再现。不可思议的复杂。光线游弋在非空间的心灵、数据簇丛之中。如同城市中的璀璨灯光，慢慢退隐而去。”① 同时期的科幻小说家尼尔·斯蒂芬森（Neal Stephenson）用“变体”（metaverse）来形容网络空间，并重新强调空间中被吉布森忽略的身体。但这些身体并非真实的身体，仅是真实身体的“化身”（avatar），是程序构建出来的在线人格（online personality）。通过这些“化身”，即便相距万里，人们也能够在“变体”中自由交往。在当时看来，这些科幻小说中的概念似乎显得过于疯狂。但随着计算机与互联网技术的发展与进步，幻想越发成为现实。人们开始重新对待它们，并从更为科学的角度进行描绘和阐释。迈克尔·本尼迪克特（Michael Benedikt）认为，网络空间是“一个新的宇宙，一个由世界上众多计算机和通讯线路创造和支持

① William Gibson, *Neuromancer*, New York: Ace, 1984, p. 51.

的平行宇宙"[①]；麦克尔·海姆（Michael Heim）从较为深刻的本体论角度，明确了网络空间的定义，它是"数字信息与人类知觉的结合部，文明的'基质'"，"表示一种再现的或人工的世界，一个由我们的系统所产生的信息学和我们反馈到系统中的信息所构成的世界"[②]；约翰·佩里·巴洛（John Perry Barlow）和斯通（A. R. Stone）两人均关注网络空间的社会交往意义；巴洛称新空间"制造出能够提供互通经验的环境"[③]，斯通则认为新空间形成了"一种人际互动的模式"[④]；霍华德·莱茵戈德（Howard Rheingold）的观点更侧重于网络空间的内容与功用，在网络空间中，"文字、人际关系、数据财富和权力都能得到显现"[⑤]。虽然人们对网络空间的具体认知纷繁多样，莫衷一是，但这一提法本身已深入人心，它深刻揭示出互联网对社会语境的建构作用。互联网之所以能够创造出新的空间结构，进而营造出新的社会语境，归根结底在于互联网符合空间隐喻的适用性。

首先，空间隐喻的适用性与互联网营造的幻想感和涉入感有关。"空间"这一范畴是历史性的，大致可以分为三种历史表述：一是古典的实在论阶段，亚里士多德将空间理解为物体运动的场所，是世界的客观形势；二是近代认识论阶段，参照笛卡尔与牛顿的绝对时空框架，康德将空间阐释为人类感知的主观形式；三是现代语言论阶段，爱因斯坦将空间定义为物质在不同参考系中表现出的相对属性，马丁·海德格尔（Martin Heidegger）的现象学存在论则把空间还原为此在（人）生存境遇的不断揭示，即"在之中"的关系。[⑥] 在互联网的空间性与海德格尔的空间概念之间，存在着某种同构性和相似性。海德格尔以现象学的还原方法和解释学方法，在其基础存在论范围内探讨空间问题："此在本质上不是现成存在，它的空间性不可能意味着摆在'世界空间'中的一个地点上；但也

---

① Michael Benedikt, "Introduction", in Michael Benedikt, eds. *Cyberspace: First Steps*, Cambridge: The MIT Press, 1991, p. 1.

② Michael Heim, *The Metaphysics of Virtual Reality*, Oxford: Oxford University, 1993, p. 149.

③ ［美］约翰·布洛克曼：《未来英雄》，汪仲等译，海南出版社1998年版，第10页。

④ A. R. Stone, "Will the Real Body Please Stand Up? Boundary Stories about Virtual Culture", in Michael Benedikt, eds. *Cyberspace: First Steps*, Cambridge: The MIT Press, 1991, pp. 81–118.

⑤ Howard Rheingold, *The Virtual Community: Home steading on the Electronic Frontier*, New Jersey: Addison-Wesley, 1994.

⑥ 参见孙海峰《网络空间的三重内涵》，《国际新闻界》2006年第12期。

不意味着在一个位置上上手存在。”[①] 此在的空间性只有基于此在存在的构建才是可能的。所以，与自然科学不同，在海德格尔这，此在先于空间而存在。此在先将自己原初性地涉入世界之中，通过对此在经验的认知，空间才能被真正理解。如此一来，物理空间的实际存在在海德格尔的理论框架便不再重要。只要有“涉入”，就会有空间的形成。显然，互联网世界的涉入感与海德格尔的空间观不谋而合。理查德·科因（Richard Coyne）表示，“所谓我们存在于数字世界中，就原初、本体的角度而言，也是指我们涉入、投入其中的实体活动的程度，而不是指我们客观地置身于其中”[②]。互联网带来的涉入感主要基于其自身营造出的幻想感，它似乎有一种无形的力量，将人们不断吸纳到它的领地之中。这种幻想感一方面如同吉布森所描绘的迷思般的“交感幻想”，神秘莫测。它超越平凡的现实世界，让人们心生向往。另一方面则又与人们的日常生活体验密切相关。在这个“交感幻想”下，人们脱离现实身份的束缚，能够比现实世界更为接近日常生活的原初经验，这也成为人们积极涉入的理由之一。言而总之，互联网正是通过幻想感的营造，使人们不断地涉入与投入，从而为构建一个新的生存空间创造机会与条件。

其次，空间隐喻的适用性还与互联网建构出的社会交往新模式相关。在现实生活中，按照实用化认识论，位置、距离、方向是空间建构的最基本要素，它们构成了空间的内在关联性。人类的交往在特定的空间中展开，同时也在主动建构着新的空间。例如，当两个人在咖啡厅（特定的物理空间）约见，双方都有自己的固定位置，也保持着一定的物理距离，在面对面的交流过程中，你来我往，相互之间的位置关系形成方向，从而构成了一个存在内在关联的空间（建构的交往空间）。互联网以物理网络为交通线路，以服务器为枢纽，以比特为载体，以电脑为终端，链接了全世界几十亿个设备，汇聚了全世界几十亿用户。早期的互联网旨在实现计算机与计算机之间的数据传输，但随着技术的社会化，互联网已经由计算机与计算机之间的联通，升华为计算机背后人与人之间的社会交往。我们似乎也可以基于实用化认识论来把握网络交往与空间建构之间的关系，网

---

① ［德］海德格尔：《存在与时间》修订第2版，陈嘉映、王庆节译，熊伟校，陈嘉映修订，商务印书馆2017年版，第150页。

② Richard Coyne, *Technoromanticism: Digital Narrative, Holism, and the Romance of the Real*, Cambridge: The MIT Press, 1999, p. 148.

络交往同样包含着相似的空间建构要素：用户上网所处的“位置”、网络用户之间的“距离”以及网络用户位置关系形成的“方向”。但显然，这些要素在互联网背景中更为复杂，界定的标准究竟是以现实世界的上网行为为准，还是以互联网世界的网上冲浪为准，还是两者皆要考量，难以定夺。倘若立足于互联网世界，那么这些要素显然只存在于想象和意念之中，无法获得现实的确证。因为正如尼葛洛庞帝所说的：“数字化的生活将越来越不需要依赖特定的时间和地点，现在甚至连传送‘地点’都开始有了实现的可能。……由于工作和生活可以是在一个或多个地点，于是‘地址’的概念也就有了崭新的涵义。”① 即便如此，互联网中的社会交往模式并没有消解它自身的空间性。“所有空间的传统隐喻——远近、上下、大小、内外——在网络这里都必须重写，也就是被联系和结合的概念所取代。”② 换言之，互联网世界中抽象的“被联系和结合的概念”代替现实世界中具体的“位置、距离、方向”，将网络交往构建成互联网的空间性。所谓的“被联系和结合的概念”也就是指涉互联网世界中个体与个体之间的联系和结合。这种联系和结合在内容上主要基于个体的感性经验的交互，在形式上则是电子符号的保存与发送。前所提及的互联网营造的幻想感和涉入感先将不同的个体吸纳进来，随即发生的个体之间的交往建构起双方之间的关联性，关联性从而成为个体之间某种“共在”的表达方式，互联网的空间性就存在于相互交往的关联性之中。

早期科学家、小说家、理论家提出的空间隐喻已经表明互联网在社会语境建构方面的巨大潜能。但他们笔下的“网络空间”还多半指一种区别于现实语境的第二社会语境，例如把它称为“交感幻象”、“平行宇宙”、“人工的世界”和“由信息构成的世界”。一方面是因为当时网络媒介发展水平相对而言比较有限，另一方面也是因为人们特意强调其与现存事物的差异性。随着网络媒介发展的不断加快，以及网络媒介理论研究的不断深入，人们渐渐发现，互联网的空间隐喻正朝着更为复杂的情境延伸，互联网对社会语境的建构作用也超越了早期视域。互联网所建构的社会语境不再是一个狭义的“网络空间”，一个区别于现实语境的第二社会

① ［美］尼古拉·尼葛洛庞帝：《数字化生存》，胡泳、范海燕译，海南出版社 1997 年版，第 194—195 页。

② 胡泳：《另类空间：网络胡话之一》，海洋出版社 1999 年版，第 56 页。

语境，它本身已与现实语境相互联系、相互交织、相互渗透；在更深远的意义上，该社会语境正在侵入并变革着人们的现实语境，甚至成为人们所身处的“现实语境”。例如，曼纽尔·卡斯特（Manuel Castells）就把这种互联网构建的复杂社会语境称作“网络社会”。可以说，“网络社会”的隐喻本质上也是对互联网空间隐喻的继承与发展，但它把网络看作重新整合中的社会结构，远比早期的空间隐喻更具现实性和解释力。

第二节　互联网的信息方式

互联网正在为我们建构着社会语境，这种持续变化中的社会语境在总体上又呈现出何种特性？“互联网是如此根本地改变了人们从现代社会和此前漫长的年代中习得的认识与经验。时间与空间，肉体与精神，主体与客体，人类与机器——随着网络化的计算机的应用与实践，它们都在各自相互激烈地转换”①，借用克劳的观点，波斯特如是总结。具体而言，波斯特基于信息方式的理论框架，详细阐释了互联网下的社会语境特征：互联网的信息方式提供了一种“新的语言经验”，它们在相当程度上改变了传统信息方式下的交往模式，并重新结构着它们所构成的主体、世界乃至文明。

这种“新的语言经验”，主要呈现出数字化、弱逻辑化、符号化和表意随意化的语言构型特征。首先，相比于印刷媒介的白纸黑字，互联网的语言构型具有典型的非物质性，它被编制并展现为抽象的数字化形态。比特，是它的最小数字单位。比特不同于原子，它没有颜色、没有重量，它仅是计算机二进制转化和处理后的 0 和 1 的字符串。虽然电话交谈、无线电广播或电视画面早已实现了信息播放的数字化，但这种旁白式的信息方式仅是单方面的参与，正是互联网的出现才将交流双方都纳入了数字化的语境之中。更为重要的是，互联网模糊了信息类型之间的区别，越来越多的信息都被数字化了，数字、词语、图片、声音等都实现了全方位数字化储存、加工与传播。在数字化不断推进的过程中，甚至诞生了一种新形态的比特数据——“关于比特的比特”，它们“会告诉你关于其他比特的事情”。这些比特数据进一步组建为超文本语言。网络空间是一种完美的用

① ［美］马克·波斯特：《互联网怎么了?》，易容译，河南大学出版社 2010 年版，第 5 页。

于存取超文本的计算机环境。超文本的语言结构体现出互联网语言构型的第二大特征，即弱逻辑化。书面、印刷文字的线性编码遵循着一步一步的因果逻辑环节，而具有交互性的超文本则打乱了人类思维的现有逻辑轨迹，它“培育了一种由直觉和联想的跳跃所激励的学问”[①]。因为超文本的语言设计，预先设定并描绘了一系列可以在屏幕上点击就能实现的选择与命令。用户不再用一行行、一页页的线性方式阅读，而是以直觉和联想的方法将信息串联起来。他们可根据自己的兴趣点，将光标置于任何一处，从一部分轻松跳到另一部分，就可以方便调出预先设定的其他文本内容。正是在这个意义上，卡斯特把电脑中介沟通语言形容为一种“口语性”的新形式：“即时互动里非正式、结构散漫的书写，一种同步进行的谈话模式。”[②] 互联网语言构型的第三大特征是符号化。在互联网之前，不管是口语媒介还是印刷媒介，都有着一定的符号化倾向。但这种符号化倾向往往并不彻底，符号的“所指”大多是现实事物，因而符号的“能指”仅是关于现实事物的直接和直观陈述。互联网的语境使“所指”日益脱离实际存在的世界和直接陈述的世界，扩大了语言的“自指”层面。语言成为一种纯粹符号体系，从传统逻辑转变为现代“布尔逻辑”。依鲍德里亚的话语来说，这是一个“超现实”的“仿像”时代，是一个能够不断自我复制、看上去很真实的符号世界。当符号“摆脱”了现实世界中客观物质对象的束缚，其对自身的建构、复制与重复就很难成为一个稳定的系统，它会随着语境、时间、交流双方的变化产生变化，此刻的意义可能会在任何时刻重新被构建。这种“游戏的心态”造就了互联网语言表意的随意化特征。

互联网“新的语言经验”为人们的交往行动注入了新活力，它建立了一个“集制作者/销售者/消费者于一体的系统”，实现了“双向的去中心化的交流”。[③] 新的交往模式超越了传统时空因素，“有限性”一词即将退出历史舞台。因此，Katsh 形象地把互联网比作“空间机器”和“时间机器”：“空间机器”创造一个全新的空间，奇妙的关系和活动都能发生

---

① ［美］迈克尔·海姆：《从界面到网络空间——虚拟实在的形而上学》，金吾伦、刘钢译，上海科技教育出版社 2000 年版，第 29 页。

② ［美］曼纽尔·卡斯特：《网络社会的崛起》，夏铸九等译，社会科学文献出版社 2001 年版，第 449 页。

③ 参见［美］马克·波斯特《第二媒介时代》，范静哗译，南京大学出版社 2001 年版。

于此，从而使人们摆脱物质距离的禁锢；同时它又是一个“时间机器”，营造了一个全新的时间环境，使我们的交往模式不同于以往。[1] 互联网让交往行动的空间因素增添了“流动”（卡斯特用语）性，它一方面消除了人们活动的物理与地理限制，另一方面又将人们的活动更为自由地凝聚起来。这种空间关系的重组主要得益于互联网的数字化语言构型。依托于二进制的比特数据，人们实现了在互联网世界中的自在畅游。身体隐匿于比特数据之后。身体的物理位置已不是人们行动的约束，即便身体缺场人们也同样能分享到共同的信息。远隔天涯的人们只需轻轻一点鼠标，通过电脑显示屏，就能进行实时视频通话。同样，只需每人一台电脑客户端，互联网就能让身处现实中面对面的人们进入不同的空间语境。但现实世界中物理与地理限制的解构并没有消解互联网的汇聚能力。人与人之间在多样的内容单位与页面之间重新确立起了新的动态关联力量。这种关联力量不同于基于血缘、地缘、业缘的实质联系，翟振明把它界定为“次因果联系”或“数码联系”，是一种“以保存和发送符号性的意义为目的”的“电子关联性”。[2] “电子关联”主要根据人们共同的爱好、经验、命运等，重组交往关系，重新聚集社会中散落的单子，形成了诸如聊天室、即时信息、新闻组等虚拟社区。按照卡斯特对网络社会结构考察的第二步，“流动的空间”借由混乱时间的相继次序使事件同时并存，进而会消解时间使其成为“无时间之时间”，具体呈现为“永恒的瞬间”（既是永恒的又是瞬间的）。这将在互联网交往行动的时间因素中再次得到印证。称其为“永恒”，是因为非物质性的比特数据能让数字化文本比纸张文本更持久，它进一步发展了印刷媒介的这些特征，但又比它走得更远。人们对这一特性加以利用，建立了如电子邮件、信息门户等互联网延时交往模式。但事实上，它们又不具有任何持久性。正是比特数据的非物质性让原本的固定话语转移到了无定性的语域。同样，互联网符号对语言自指层面的强调，也加剧了表意方式的随意化。人们总是抱着游戏的态度，对各种能指做出不同的所指尝试。再者，超文本结构易于导致文本的多重作者性，在某些文本的内容交流中，读者可以轻易实现随意拼接或更改。除此之外，

---

① 参见 Stuart Biegel, *Beyond our Control? Confronting the Limits of our Legal System in the Age of Cyberspace*, Cambridge: The MIT Press, 2001。

② 参见翟振明《有无之间：虚拟实在的哲学探险》，孔红艳译，北京大学出版社 2007 年版。

光速传播的比特数据还实现了另一种纯粹的瞬时性交往模式——全球性即时联系，使文化客体的即时性接收、转换和再传播成为可能，在全球范围内复兴，乃至强化了口头媒介的出口即逝性。

流动的空间、永恒/瞬间的时间带来了一种持续的不稳定感，“主体被建构成为散漫的、破碎的、多样的，而不是支撑着一个稳定的、核心的形象”①。“精神与身体的关系、人与人的关系、人与自然的关系都在进行翻天覆地的再构型”②，“新主体”不再居于口头媒介下的总体性关系之中，也不再居于印刷媒介下的主客体分立之列，它在与自身、与他人、与社会、与自然、与世界的关系中“飘忽不定”。在口头媒介时代，内在自我与外在身体、身份总保持着同一性。印刷媒介启蒙了内在自我，凸显了心灵世界的力量，从而培育出一个理性的个体意识。但即便主客二元对立，内在自我与外在身体、身份仍有着一定的对应关系。互联网使内在自我与外在身体、身份基本上分离开来。在网络空间中冲浪，物质身体已不是人们行动的束缚。身体被“寄存”在显示屏之外，借助比特数据，人与人之间即能实现无障碍交流。互联网也提供了塑造在线身份的机会。人们通过用户名和密码建立自己的ID，以在各色各样的网站上成为成员，获得一席之地。因不受现实生活身份的压力，人们往往能更自由地赋予自身多样化、多重化形象，真实地表现自我。因而，在互联网语境中，物质身体、在线身份与内在自我很难再处于同一性或者主客对应的关系之中。甚至连内在自我本身，也呈现去中心化和分散化趋势。新的时空结构使交往模式有了多重可能，随即引发信息的洪流。海量的信息传播重新构建了我们很多人的思考和记忆方式。我们的大脑正在慢慢改变，注意力丧失，理解力退化，甚至大脑中的“本我”也被改造。内在自我的能力已无法匹及印刷时代的理性自律个体，在网络交往中不断消散。这些不稳定的新主体会进一步影响着主体与他人、社会、自然乃至世界之间的关系构建。以电脑书写为例，它一定程度上颠覆了印刷时期主体与他人之间的差异性。通过超文本的编写结构，电脑书写使读者成为作者，甚至“引入了集体作者的诸种新的可能”。人人都能作为中心化主体的作者，最终解构了主体本身。扩大到整个在线交往领域，主体的去稳定化使我们像单子一

① ［美］马克·波斯特：《互联网怎么了?》，易容译，河南大学出版社2010年版，第15页。

② ［美］马克·波斯特：《互联网怎么了?》，易容译，河南大学出版社2010年版，第15页。

样存活与游荡。有趣的是，在线场域又有一种神奇的引力，让单子们追从自己的兴趣和需求聚集起来，形成“志同道合”的社会关系网络，只是这种社会关系忽略了人类直接的相互依存，因而降低了相遇质量。所以，即便互联网为主体提供了聚合机会，“飘忽不定”的主体早“已不再居于绝对时/空的某一点，不再享有物质世界中某个固定的制高点，再不能从这一制高点对诸多可能选择进行理性的推算”[①]。人类与自然、与世界之间的界限愈加模糊，“新主体”因为位置的不确定性，难以像印刷时代的理性个体一样客观审视外界的自然与世界。未来，“人类与机器之间的共生合成体”[②] ——“电子人”（Cyborg）的诞生，更会将主体去稳定化的议题推向风口浪尖。

新的语言构型、交往行动以及主体构建发展出一个与众不同的新“世界”。首先，借着比特数据在全球范围内光速流动，数字化成为建构“世界”的新纽带。一旦接入网络，不同个体就被吸纳进互联网构成的巨大场域之中。人与人之间在数字化场域中确立起一种电子关联性。数字化代替情感和理性的作用，成为人与人互通有无、共同协作的重要纽带。一个不同于现实世界的虚拟世界在电子关联性中诞生。其次，流动性的空间结构与永恒/瞬间的时间结构一方面使世界的边界日益扩大，另一方面又使世界凝聚得日益紧密。如果说“家庭化世界”和“社会化世界”分别确立了基于情感和理性的领地边界，那么数字化的信息形式则绕过了现有的边界限制，实现了跨越民族、跨越国界的即时沟通。在互联网持续不断的使用过程中，民族和国家的角色将会发生戏剧性的转变，未来将越来越没有民族国家发展的空间，根本不需要经历一场混乱，它们已经消失无踪。波斯特把这种现象称作互联网的“超国家文化”[③]。新世界的“超国家”性不仅体现在对现有民族国家的去边界化，更体现在其对“世界”格局的重组和汇聚之上。互联网依靠数字化纽带，跨越空间与时间的界限，将全球重新联系起来，建构起麦克卢汉所谓的“地球村”。不同国家，甚至是敌对国家的人们都可以在“地球村”中紧密相连。在“地球

---

① ［美］马克·波斯特：《信息方式——后结构主义与社会语境》，范静哗译，商务印书馆2000年版，第25页。

② ［美］马克·波斯特：《信息方式——后结构主义与社会语境》，范静哗译，商务印书馆2000年版，第11页。

③ ［美］马克·波斯特：《互联网怎么了?》，易容译，河南大学出版社2010年版，第110页。

村”内部，根据不同的兴趣、价值和利益，又进一步细分为不同主题、不同形式的虚拟社群。最后，去中心化、分散化、多元化的主体构型致使新“世界”具有相当程度上的脆弱性。归根结底，去稳定化的主体只是一个个“飘忽不定”的单子存在。无论是“地球村”，还是“虚拟社群”，它们“存在于网络状的电子结构中，人与人之间的距离仅仅在敲击键盘、点击鼠标之间”，因而“网上的沟通逻辑是‘互联’，而非原生”①。无法在去稳定化的主体之间建立起实质的亲密联系。人与人之间的“电子关联性”会随着个人的兴趣爱好与参与态度的变化而变化。人们在众多虚拟社群中穿梭、游弋，虚拟社群随时有着被解构或重构的危险。

现在互联网的文明生态似乎呈现出这般景象：一切都在去稳定化。语言、交往、主体、世界都在新的数字情境中不断地解构、重构。一方面，互联网的数字化文化解放了人们的天性束缚，解除了人们的地域限制，个人主义再次抬头。但与早前印刷媒介时期的个体意识觉醒不同，此刻的个人是碎片化、多元化、去中心化的。不受限制的个人接触，打破了个人与个人之间情感主义的伦理性礼节和理性主义的制度性常规，因而有着沦为极端个人主义的威胁。另一方面，在解放与自由的背后，互联网又潜在地培育出权力的种种新形式。在将全球散落单子汇聚成“地球村”“虚拟社群”的过程中，一个对大众进行复杂操纵的“超级全景监狱”② 正在建立。它不断监视着人们的日常生活，不断调试着人们的规范与规约。然而，去中心化的互联网文化本身又极大地挑战着新权力的合法性和合理性。互联网徘徊在“破”与“立”之间，裹挟着数字化、全球化、虚拟化等诸多因素，“提出一种超越现代的社会形式这个问题，提出了后现代社会的可能性这个问题”③。

第三节　传统伦理方式的困境

依据信息方式理论的阐释，互联网建构着的社会语境在总体上被复原出

① ［美］马克·波斯特：《互联网怎么了？》，易容译，河南大学出版社 2010 年版，第 120 页。

② ［美］马克·波斯特：《信息方式——后结构主义与社会语境》，范静哗译，商务印书馆 2000 年版，第 133 页。

③ ［美］马克·波斯特：《第二媒介时代》，范静哗译，南京大学出版社 2001 年版，第 85 页。

如下图景：数字化、弱逻辑化、符号化和表意随意化的语言构型；超越时空因素、表现为流动的空间和永恒/瞬间的时间的交往行动；在与自身、他人、社会、自然和世界关系中“飘忽不定”的“主体”；以数字化为纽带、既扩大又紧密、具有脆弱性的“世界”；去稳定化的文明生态。互联网一定程度上变革了口头媒介和印刷媒介现有的信息方式特征，造就了一个新颖又未知的社会语境。在这个社会语境中，两大传统伦理方式注定将遭遇到解构危机，伦理的困境将进一步引发一系列的道德难题。但互联网的虚拟实在本性、人的本质及其真理皆表明，人们在根本上还是要以伦理的方式“在一起”，以此在互联网建构着的社会语境中重新获得安身立命之本。

一　传统伦理方式的解构危机

“信息方式—伦理方式”表明，信息方式与伦理方式处于连带关系中，信息方式的变革将引发伦理方式的变迁。它能深刻揭示出不同媒介环境中伦理构建的可能性。据此，以纵向的历时视角考察，当互联网的兴盛替代了原初口头媒介与印刷媒介在社会中的主导地位时，口头媒介孕育的实体主义伦理方式与印刷媒介萌生的个体主义伦理方式也必将遭到一定程度的颠覆与解构。

其实，对于互联网而言，两大传统伦理方式还是能够发挥一定程度的功效。因为，互联网本身是一种多媒介化形式。“通过‘超文本’和‘后设语言’的形构，历史上首度将人类沟通的书写、口语和视听模态整合到一个系统里。”[①] 数字化的编码语言似乎同时实现了对口头媒介和印刷媒介的复兴。例如，电脑会议刺激了一种同步谈话新模式，电子邮件回到了印刷的心智。因此，在多元立体化的媒介形式中，口头媒介与印刷媒介背景下的传统伦理方式也具有一定的效用性。互联网的即时通信功能作为对口头媒介的延伸，与实体主义伦理方式相关。它有利于维系家庭情感、巩固家庭伦理实体，这对于漂泊他乡的家庭成员来说显得尤为重要。互联网的电子书写功能作为对印刷媒介的延伸，则与个体主义伦理方式相关。它有助于激发网民的理性决议能力，使更多的大众加入社会民主协商的过程之中，从而推动社会制度、社会规则、社会契约的完善与健全。然而，

① ［美］曼纽尔·卡斯特：《网络社会的崛起》，夏铸九等译，社会科学文献出版社2001年版，第406页。

正如口头特性与印刷特性并不是互联网的主流特性一样，这些潜在的传统效用也只占据了微不足道的部分。在互联网建构的社会语境中，互联网更多是诱发了传统伦理方式的价值解构，因而削减了传统伦理方式的有效性。

在“信息方式—伦理方式”的诠释框架下，口头媒介与印刷媒介分别孕育了两种传统伦理方式。口头媒介下的实体主义伦理方式以实体性、普遍性为立场，建构出“个体性”与“普遍性”的自在同一。“精神”是它的价值特征，“家庭—民族”是它的存在形态。它最终创造出精神世界与生活世界直接合一的文明状态。与之相比，印刷媒介下的个体主义伦理方式则以个体性为立场，建构出“个体性”与“普遍性”的自为同一。“理性”是它的价值特征，“社会—国家”是它的存在形态。它最终创造出精神世界与生活世界相分离的文明状态。

两大传统伦理方式的差别主要根源于各自独特的意义结构及其价值特征，以及“个体性”与“普遍性”的存在性状与其相互之间的权力关系，这正是信息方式作用于伦理方式的两大关键点。对实体主义伦理方式而言，口头媒介的语言构型以情感化为特征，待“情感”区分出“情欲”之“情”和“情感”之“情”之后，“情感”之“情”经过两次价值递进（“血缘情感—伦理情感”和“情感—爱—精神”），最终升华为“精神”的意义结构和价值特征。口头媒介的语言构型又进一步通过交往行动建构着“主体”乃至“世界”，“主体”与“世界”关乎“个体性”与“普遍性”的存在性状以及两者之间的结构性权力。“主体”被建构为一种关系自我，它不仅与自身，还与他人、与集体、与自然处在原初的同一性关系之中。它是以普遍性为依附的个体。以普遍性为依附是“个体性”的存在性状。“世界”则被建构成一种以情感为纽带，具有特定位置，小型规模的结构形式。它以家庭为逻辑起点，向外拓展为氏族、部落、村庄等。它呈现出纯粹的统一性和普遍性，这构成“普遍性”的存在性状。在“个体性”与“普遍性”的相互博弈中，“普遍性”优先于“个体性”存在，因而确定了伦理方式的“普遍性”（准确地说，“实体性”）立场。作为对实体主义伦理方式的反思与反叛，个体主义伦理方式提供了一个与众不同的文化路径。印刷媒介的理性化语言构型直接为伦理方式确立了“理性”的意义结构和价值特征，“理性”是“精神”的异化和现实化。在印刷媒介下，“主体”被建构成“理性的自律自我”，它从与自身、他人、社会以及自然的原初总体性关系中解放出来。它是从实体性中挺拔出来的个体，这对应于“个体性”的存在性状。而“世界”则以理性为关系纽带，兼具扩张性和同一性，本质上又是一个松散的社会结构形式。它现实显现为“市民社会—政治国家”体系。它只是一种形式的普遍性，这也就是印刷媒介下“普遍性”的存在性状。于是，“个体性”与“普遍性”的地位发生了错位与颠倒：“个体性”从“实体性”（个体性与普遍性的原初统一）中挺拔，从而优于“实体性”“普遍性”而存在。“个体性”替代“实体性”与“普遍性”成为伦理方式的立场。伦理方式的意义结构与价值特征是基于“精神”抑或“理性”，伦理方式的立场是出于“普遍性”抑或“个体性”，最终决定了伦理方式具有相应的同一形式、存在形态以及文明意义。

在互联网建构的社会语境中，无论是实体主义伦理方式还是个体主义伦理方式，传统伦理方式的有效性前提在于维持上述原有的意义结构与价值特征，以及原有的“个体性”和“普遍性”存在性状与其相互之间的权力关系。但是，与之相反，互联网的信息方式让这个文化理想有着随时破灭的可能。

第一，互联网的语言构型难以提供一个精神或理性的意义结构，反而有可能导致精神的祛魅以及工具理性泛滥下的个体理性缺失。互联网的语言构型在本质上是一种抽象的数字化形态，除此之外还呈现出弱逻辑化、符号化和表意随意化的特征。数字化的语言构型不仅稀释了精神的情感源头，而且数字理性的不断崛起有着过分夸大人类理性能力之嫌，反而将人们引入无理性的境地。数字化的语言构型是依托于机器的能够还原为比特的理性化的科学语言。通过显示器和键盘，它分离了话语、书写和主体，使主体与它传递的符号，以及主体与主体之间的关系渐渐疏远，精神的情感内核遭到无情的解构。当然，或许有人会反驳，正是因为语言构型的数字化，人们才能借此在互联网中毫无拘束地表达自己内心的情感诉求。这种观点并没有深刻领悟到数字化语言构型对情感因素的真正意义。互联网确实为“情感的自由宣泄”创造了一大契机，但这种包裹着数字化外衣的情感流露，更多是情感的“伪装”抑或是情感的“暴力”。这种情感大多不是具有普遍性的“情感”之“情”，而是张扬个体性的“情欲”之“情”，是伦理建构所要扬弃的对象，因此无法真正填补情感与精神的缺失。即便如此，这个理性化的科学语言也并没有顺势将意义结构引向理性一方。从数字化语言的技术层面看，互联网是人类理性能力高度释放下的产物。但是，对人类理性能力的过度强调，尤其对工具理性的过分推崇，可能使理性走向它自身的反面，引发合理性危机。身处互联网中，个体被互联网构建的工具理性王国所操纵、所异化，个体的理性能力得到消解。

第二，互联网的主体构建难以提供一个关系自我或理性的自律自我，反而有可能使个体沦为碎片化、多元化和分散化。这一点在互联网信息方式的主体构建中已得到充分阐发：在互联网的信息方式作用下，流动的空间、永恒/瞬间的时间带来了一种持续的不稳定感，“新主体”不再居于口头媒介下的总体性关系之中，也不再居于印刷媒介下的主客体分立之列，它在与自身、与他人、与社会、与自然、与世界的关系中“飘忽不定”。如何将这些碎片化、多元化和分散化的个体重新凝聚为普遍存在，或者说如何使这些碎片化、多元化和分散化的个体重新回归至普遍存在，确实是一个艰深的文化难题。

第三，互联网的世界构建难以缔结一个实质普遍或形式普遍的存在，反而只可能建构出一个虚拟的、离散的普遍形式。互联网将世界建构成以数字化为纽带的“超国家”形式，一方面跨越了民族与国家的界限，另一方面又将全球重新联系起来，组建起一个“地球村”和众多虚拟社群。“超国家”形式既打破了以情感为纽带的实质普遍的伦理实体，例如家庭、氏族和民族；也颠覆了以理性为纽带的形式普遍的伦理实体，例如市民社会和现代国家。而之后组建起来的“地球村”和虚拟社群因以数字化为纽带，天生携带着虚拟实在本性。加之个体形态的去中心化、分散化与多元化，新的普遍形式似乎只是由一个个“飘忽不定”的单子存在构成。形、神同散的普遍形式或许已经消解了普遍性的本意。

如此，互联网的信息方式就解构了两大传统伦理方式的意义结构，以及“个体性”与“普遍性”存在性状与其相互之间的权力关系，最终致使传统伦理方式在互联网建构的社会语境中逐渐式微。伦理的建构遭遇困境。实体主义伦理方式的式微会进一步引发精神世界的祛魅，这有损于社会秩序的整体稳定，有损于个体生命和生活的价值升华；个体主义伦理方式的式微则会进一步加剧精神世界与生活世界的分立，并将生活世界引向一个更为个体化的深渊，这有损于社会秩序的合理维护，有损于个体权利的保护落实。更危险的是，实体主义伦理方式又是神圣的伦理根源所在，倘若实体主义伦理方式发生式微，那么伦理建构便将陷入无“根”、无“源”的漂泊境地。这便是互联网下文明世界的伦理困境。

二　伦理困境下的道德难题

道德本性上是一种伦理的造诣。只有基于伦理，道德才有“法”可依。传统伦理方式的式微造成的互联网语境中的伦理困境，必然使道德成为无源之水，无本之木，随即造成道德机制的弱化乃至丧失。不仅社会层面的道德规范呈现出相对主义，乃至虚无主义，而且个体层面的道德责任意识也逐渐淡漠甚至缺失，出现知与行的脱节和背离。由此，人们的互联网实践将极易引发诸多道德难题。我们在日常互联网实践中遭遇到的道德难题比比皆是，集中发生在互联网信息文化内容、互联网信息利益关系与互联网信息安全机制三大领域。

与互联网信息文化内容相关的道德难题主要包括两大议题：网络隐私（Internet Privacy）与言论自由（Freedom of Expression）。

网络隐私。个人的隐私感主要源自印刷媒介对私人空间的构筑。早期的“隐私”是指个体免于遭受生命及其所有权的身体性干涉，随着个体自由概念的不断深化，对身体的保护逐渐向心理的保护拓展，这使“隐私”日益变得抽象而难以捉摸。循着这条路径，媒介技术的发展进一步将最初的接触隐私、决策隐私发展成为如今的信息隐私。虽然隐私概念在外延上包容性越来越强，但并没有改变“不受干扰”的本质内核。“不受干扰”既包含了限制他人接近的消极方面，也包含了个体控制自身的积极方面。与前两者隐私不同，“信息隐私”带来的巨大意义是将隐私上升为个体的一种权利，称为“隐私权”。“隐私权”的提出先针对的是印刷媒介的“黄色新闻”浪潮。萨缪尔·沃伦（Samuel D. Warran）和路易斯·布兰戴斯（Louis Brandies）批判这些以隐私、丑闻为内容的“黄色新闻”对个体隐私的侵犯，尤其是对名人私生活的侵扰已达到了“不可原谅”的程度。

近代自由主义哲学曾为隐私权实现了良好的伦理辩护。自由主义的核心内容是个人主义，个人主义明确划分了公共领域和私人领域的界限，强调对人格尊严、个体自由和个人价值的尊重，从而确立起个人的主体性地位。互联网时代新的信息方式显然正在颠覆传统自由主义的伦理辩护。新的信息收集、传播与交换技术模糊了公共领域与私人领域的旧有划分：

"新技术可收集到大量的个人信息；新技术使个人信息以前所未有的速度传播与交换；新技术延长了个人信息的保存时间；新技术拓展了可获取与可交换的信息类别；新技术凭借无尽的手段操纵收集到的个人信息；新技术可通过数据挖掘来反映人们的行为特征。"① 这些在前互联网时代都是不可想象的。在技术进步的推动下，信息在互联网时代高速流动，公共领域向私人领域渗透，私人领域向公共领域流转，隐私似乎成了一个伪命题。网络购物、在线搜索、社交网络、电子监控等给个人的隐私泄露提供了无数的"机会"。在数字化全景监狱中，您的兴趣、偏好、意图、行动，乃至至关重要的个人信息都将无处安放。

言论自由。言论自由与上述的隐私权问题本身密切相关。一方面，言论自由与隐私权的伦理合法性都来源于近代自由主义伦理；另一方面，言论自由与隐私权之间又相互影响，相互限制，过度的言论自由将损害个体的隐私权，而隐私权的维护则明确了言论自由的限度。言论自由理念潜在于古希腊自由论辩的思潮之中，但直到文艺复兴、启蒙运动、资产阶级革命时期，才正式规模性地展开为争取言论自由、出版和新闻自由的斗争。言论自由斗争集中火力批判威权主义统治对平民言论的限制与压迫，主张人生具有表达自由的权利，它是人类个性解放、人类社会文明发展的必然前提。然而，在没有限制的条件下，随着言论自由理念在实践领域的不断强化，其自身也开始面临着伦理困境，例如掀起了那股席卷全美，乃至蔓延全球的"黄色新闻"浪潮。最终，言论自由理论不得不自我修正，借助个体的理性能力，从自由至上的自由主义，转向自由与责任并重的社会责任理论。社会责任理论要求发言者或第三方实施适当的内容控制与审查，以避免损伤他人的应有权利，其中个体的隐私权就是重要的权衡因素之一。

显然，"内容控制和审查与互联网的最初设计是背道而驰的"②。互联网将数字化比特信息不受限制地从一个地方传输到另一个地方，实现了"双向去中心化的交流"，打破了时间与空间的界限，拓展了领土的边界与范围。"网络这种独特的架构完全符合广泛而生机勃勃的自由言

① Herman T. Tavani, *Ethics & Technology: Controversies, Questions, and Strategies for Ethical Computing*, Hoboken: John Wiley & Sons, Inc., 2012, p. 133.

② ［美］理查德·A. 斯皮内洛：《铁笼，还是乌托邦：网络空间的道德与法律》，李伦等译，北京大学出版社2007年版，第49页。

论权概念”①，它的全球性、分散性、自由性、开放性、交互性、信息巨量性为言论自由创造了更多的现实条件，为人们发表个人观点提供了更多的便利之处。可是，自由与开放的互联网精神天生与内容控制和审查相互排斥，这就加剧了管制信息内容的难度。加之网络空间中实践主体道德责任感的缺失，更容易引发一系列具体的道德问题，较为典型的如色情的或憎恨的言论、虚拟恐吓、垃圾邮件等。不当的言论自由将进一步侵犯个体的隐私权和名誉权，损害个体的心理健康，甚至危害个体的人身安全。青少年、女性等弱势群体常常是“无节制”言论自由的潜在受害者。

与互联网信息利益关系相关的道德难题主要包括知识产权（Intellectual Property）与数字鸿沟（Digital Divide）。

知识产权。伴随着印刷媒介的兴起、发展与普及，人们的主体意识和理性能力不断提升。诗歌、小说、音乐、发明和产品配方等知识产品大量问世，与有形的物质产品相同，它们对社会的进步与发展也产生了巨大的影响力。为了获得应有的荣誉感和经济利益，人们逐渐意识到持有并保护自己智力成果的重要性，因而呼吁将产权的理念由物质产品向知识产品延伸。在发达国家，现有的知识产权似乎已得到了基本的法律保护和道德辩护。例如，有专门的版权法、专利法、商标法来规范知识在个体之间的生产、交易与消费；同时，洛克的劳动价值理论、黑格尔的人格理论与边沁的功利主义都为知识产权保护提供了恰当的道德辩护②。

但是，知识产品的特殊属性本身提升了这类产权界定和分类的难度。一方面，它不具有排他性，作为一种非竞争性产品，许多人能同时使用；另一方面，它又具有易复制性，虽然开发和创造可能是耗时和昂贵的，但复制过程却轻而易举。互联网的出现强化了这两大属性，更让知识产权保护在现实实践中困难重重。自由与开放的互联网精神不仅宣扬自由的表达，更主张自由的交流。共享文化是网络空间内在的和核心的价值之一。在共享文化的理念下，一个观念植根于网民的心中，“互联网上的信息都是免费的、无偿的、可以随意地获得的”③，人们不应当限制电子信息的

---

① ［美］理查德·A. 斯皮内洛：《铁笼，还是乌托邦：网络空间的道德与法律》，李伦等译，北京大学出版社2007年版，第50页。

② 参见［美］理查德·A. 斯皮内洛《铁笼，还是乌托邦：网络空间的道德与法律》，李伦等译，北京大学出版社2007年版。

③ 杨礼富：《网络社会的伦理问题探究》，吉林人民出版社2008年版，第19页。

自由进出。同时，计算机技术与网络技术的设计与架构更为知识产品的复制与拷贝创造了“得天独厚”的条件，只要轻轻一点鼠标或键盘快捷键，数字化知识产品唾手可得，滋生了对作者“数字化权”、软件版权、域名权、超文本链接权的侵犯。

数字鸿沟。如果说知识产权纠纷是关涉个体之间信息利益关系与秩序的道德问题，那么对数字鸿沟问题的探讨则将视角拓展到更为广阔的群体之间。

“鸿沟”预示着事物间存在着明显的界限，是“不平等”的象征。在前信息时代，人们常常探讨的是经济与社会的“鸿沟”。约翰·罗尔斯（John Bordley Rawls）的正义论从伦理学角度较为典型地为经济与社会制度的不平等提供了良好的诠释框架。他认为，正义是社会制度的首要价值。“公平的正义”要求“所有的社会基本善—自由和机会、收入和财富及自尊的基础—都应被平等地分配，除非对一些或所有社会基本善的一种不平等分配有利于最不利者”。具体体现为两大原则：自由平等原则，机会均等和差别原则。

随着计算机与互联网的盛行，这种不平等逐渐延展至信息领域。起初，人们对互联网总抱着一种幻想：互联网打破时空界限，能在世界范围内实现平等对话、互通有无。然而现实是，自由与开放的宣言背后隐藏着新形式的不平等——“数字鸿沟”。皮帕·诺里斯（Pippa Norris）将一些人获得了现代信息技术，而一些人却还没有获得信息技术的这种情况称为数字鸿沟，这种现象不仅存在于发达的工业国家和欠发达的非工业国家之间，还存在于一个社会中不同地区间、穷人与富人间、男性与女性间。①换言之，数字鸿沟可细分为两个类别：国家之间的数字鸿沟与国家内部的数字鸿沟。“处于这一鸿沟的不幸的一边，就意味着他们很少有机会参与到我们的以信息为基础的新经济当中，也很少有机会参与到在线的教育、培训、购物、娱乐和交往当中。”② 数字鸿沟有可能成为各个国家之间以及各个国家内部不同群体之间发展不平衡的新根源，因而成为导致社会正义缺失的又一大诱因。

---

① 参见 Pippa Norris, *Digital Divide: Civic Engagement, Information Poverty, and the Internet Worldwide*, Cambridge: Cambridge University Press, 2001。

② 曹荣湘选编：《解读数字鸿沟——技术殖民与社会分化》，上海三联书店2003年版，第2页。

许多学者尝试从罗尔斯正义论中解读数字鸿沟，并谋求解决问题的出路。但这里存在着几大难题。首先是正义理论的适用性问题。一方面，在罗尔斯所处的时代，信息技术尚处于起步阶段，他并没有预示到信息时代可能出现的不平等现象，因而理论未涉及信息正义问题。另一方面，互联网本身正在削弱基于理性构建社会正义的能力。其次，数字鸿沟并非简单的信息分配，它是众多因素混合的结果，如技术水平、经济基础、意识形态、政治利益等，这更加剧了该道德困境的复杂性。

与互联网信息安全机制相关的道德难题主要包括黑客（Hacking）和病毒（Virus），以及国家安全层面的网络恐怖主义（Cyberterrorism）和信息战（Information Warefare）等。任何侵犯内容都有可能从低程度的网络安全（Cybersecurity）问题恶化为高程度的网络犯罪（Cybercrime）问题。

黑客。“黑客”一词有着悠久的历史，但是直到20世纪才第一次与计算机联系起来。它最初是一个褒义词，用以形容技术十分高超的计算机狂热者。这批计算机狂热者坚持，计算机系统本质上是有漏洞的，因而需要不断完善。秉持着这种正义理念，他们全身心投身到探索并修补系统漏洞的“伟大事业”中，且共同恪守着黑客的三条职业伦理准则：“信息必须是免费的；黑客能为社会提供有用且重要的服务；网络空间中的活动本质上是虚拟的因而不会损害现实生活中人们的利益。”① 然而，少数怀着不良企图的人，利用非正当手段入侵他人的计算机系统，通过攻击网站、破解密码、网络监听、拒绝服务攻击、DDos攻击等手段，窥探甚至破坏重要数据，引起了人们对电子入侵合法性的极大反思。如今“黑客”已用来专门批判那些利用自己的技术优势来攻击网络或未经许可非法访问他人系统及其文件的人。计算机与网络技术的日益进步无形中加深了黑客攻击的隐患，强化了黑客的破坏力，他们由基本的技术破坏和数据入侵，发展为利用网络技术从事经济或政治犯罪活动，给社会发展的方方面面带来了恶劣的后果。

病毒。另一种电子入侵的方式是“无孔不入”的病毒。早期的计算机病毒是利用计算机软硬件所固有的脆弱性，编制出来具有特殊功能的程序，因与生物学意义上的病毒同样具有传染和破坏性而被冠以其名。随着

① Herman T. Tavani, *Ethics & Technology*: *Controversies*, *Questions*, *and Strategies for Ethical Computing*, Hoboken: John Wiley & Sons, Inc., 2012, p. 184.

互联网的发展与普及，网络病毒已经成为计算机病毒的主要形式。现有的网络病毒可大致分为以下类别：隐藏在另外一个主程序或文件中的能够自我复制的程序病毒；能够独立运行的，从一台计算机传播到另一台计算机的蠕虫病毒；把破坏性信息嵌入程序中的特洛伊木马病毒等。“网络病毒除了具有程序性、传染性、寄生性、隐蔽性、破坏性、可触发性、潜伏性等计算机病毒的共性之外，还呈现出一些不同的特点，如传播速度快、打击面宽、扩散广、传播的形式复杂多样、持久性场、衍生性强、复合性、破坏性更大等等。”[①] 因而，一旦网络空间沾染上病毒，它将以迅雷不及掩耳之势迅速蔓延，致使整个互联网陷于瘫痪，严重的将直接侵害广大网民的信息安全乃至财产和人身安全。

当上述黑客和病毒入侵的对象由个人扩展至整个社会或国家时，便将引发国家安全层面的网络恐怖主义和信息战。人类的恐怖活动由来已久，与传统的恐怖主义相异，网络恐怖主义是“恐怖主义和网络空间的融合”。当今社会计算机技术和网络技术的飞速发展为人们带来便捷、丰富的新生活的同时，也为恐怖分子超越国家界限实施恐怖活动提供了可乘之机。这些网络恐怖活动多由非国家集团或秘密组织策划与实施，他们一方面利用互联网等信息技术进行联络、蛊惑人心与筹集经费，另一方面则通过制造出来的“黑客”病毒对计算机网络系统进行大规模的侵袭，或凭借非法手段监听或窃取计算机网络系统中的高级机密数据，借此恐吓或胁迫当权政府和社会群体。结合着现代信息高科技的独特特性，新型恐怖主义将更具有破坏性和杀伤力，它会在短时间内造成重大影响，威胁社会、国家甚至全球安全。如果上述网络信息技术的较量由代表国家层面的单位主导，听命于国家军事高层的指挥，并有其政治上的目的，那么它便是一场国家与国家之间的信息战。信息战有可能成为未来战争的新形式，成为国家间冲突和对抗的主要形式。正如杰姆斯·H. 摩尔所宣称，如今的战场日益信息化，当信息在战争中越来越举足轻重时，信息的重要性已然势不可当，未来的战争将与信息和网络技术密切相关，而甚少需要人们直接投入战斗。可以预见，当信息成为重要资源和财富，网络空间成为重要活动和实践领域时，信息战将成为国家安全的主要威胁。

无论是黑客、病毒还是国家安全层面的网络恐怖主义和信息战，这些

---

① 杨礼富：《网络社会的伦理问题探究》，吉林人民出版社2008年版，第25页。

行为的产生主要还是与互联网的开放架构和自由理念不无关系。计算机网络系统本身存在着技术上和设计上的“漏洞”和“缺陷”，因而具有一定程度的脆弱性，容易成为他人的攻击对象。另外，互联网的自由理念也为不良行为的入侵提供了文化借口。

三 网络伦理方式的追求与探索

摆在我们面前的伦理道德前景不容乐观，但这些伦理困境和道德难题正是从消极的意义上迫使我们在互联网语境中重新追求和探索一种网络伦理方式，以此弥补新语境中价值规约的缺失。更为重要的是，从积极的意义上讲，即便身处互联网语境，伦理方式始终是人们无法割舍、不能放弃的文化任务与价值目标。这取决于互联网独特的虚拟实在本性，更取决于人的本质及其真理。

虚拟实在，与其说它是一种特征，毋宁说它首先是一种理念和一项技术。虚拟实在作为一种创新理念可远溯至19世纪，当时全景绘画的视觉幻想和立体照片的三维视觉效果让人们第一次切身感受到“身临其境”的感觉。20世纪早期，爱德华·林克（Edward Link）发明的Link Trainer飞行模拟器首次将这种幻想体验付诸技术与商业实践，并在美国的军事领域中大放异彩。随后，以摄影师莫顿·海里格（Morton Heilig）为代表，人们开始将该技术应用到娱乐领域，尤其是电影行业。1987年，可视化变成实验室（VPL）创始人杰伦·拉尼尔（Jaron Lanier）正式将该技术冠以“虚拟实在（virtual reality）”之名。我国著名计算机专家汪成为教授为“虚拟实在”提供了一种技术性定义：“在计算机软硬件及各种传感器（如高性能计算机、图形图像生成系统，以及特质服装、特质手套、特别眼镜等）的支持下生成一个逼真的、三维的、具有一定的视、听、触、嗅等感知能力的环境，使用户在这些硬件设备的支持下，能以简捷、自然的方法与这一由计算机所生成的‘虚拟’的世界中对象进行交互作用。它是现代高性能计算机系统、人工智能、计算机图形学、人机接口、立体影像、立体声响、测量控制、模拟仿真等技术综合集成的成果。目的是建立起一个更为和谐的人工环境。”①

按照上述界定，真正意义上的虚拟实在应建构出一种完全沉浸、完全

① ［美］迈克尔·海姆：《从界面到网络空间——虚拟实在的形而上学》，金吾伦、刘钢译，上海科技教育出版社2000年版，译者前言。

互动的虚拟环境，它能成功模拟整个人类的感知系统，人们全身心沉浸在此，如同我们生活在这个“现实”的世界里。这样的虚拟现实系统往往需要一整套技术支撑方能实现，如3D呈现技术、数据手套或数据服装和头戴式可视设备等。威廉·R. 谢尔曼（William R. Sherman）和阿伦·克雷格（Alan B. Craig）将这种虚拟实在归纳为四大构成元素：虚拟世界、沉浸感、感知反馈和交互性。[①] 布尔代亚（G. Burdea）和迈克尔·海姆（Michael Heim）都曾提出过相似的结论，前者总结为三要素：沉浸性（immersion）、交互性（interaction）和构想性（imagination）[②]；后者归纳为三个“I”特征：沉浸感（immersive）、互动性（interactivity）和信息强度（information intensity）[③]。沉浸性与交互性是虚拟实在两大最为关键的要素。在这种完全虚拟的架空语境中，伦理方式或许会成为多余的东西，但这一点其实也值得进一步商榷。何况，互联网，或者说目前现有技术水平，都未能达到此种绝对标准。将互联网称作“编织虚拟实在的巨大电子网”[④]，只是认可互联网具有一种广义上的虚拟实在特性。从沉浸性上说，互联网数字化整合了文本、声音、图像、视频、动画等多种信息形式，使上网者的感官系统，尤其是视觉和听觉浸入网络空间中。就交互性而言，上网者和计算机之间实现了人机互动，形成了一个无休止的反馈回路，并且随着上网人数的增多，这种人机互动进一步扩展为上网者与上网者之间的人际互动。但显然，互联网无法达到完全意义上的沉浸，因为我们不可能全身心都投入技术构建的交互场景中，我们的身体仍处于现实世界，我们的感知系统仍受到现实世界的影响和支配。即便是在互联网创造的虚拟世界——第二人生（Second Life）中，每个用户能以虚拟化身（avatar）的形象示人与交互，像在现实世界中一样生存与生活，但仍然无法达到听觉、视觉、嗅觉、味觉等全感官的沉浸，虚拟世界仅存在于人们的部分幻想之中。

所以，互联网是一种虚拟实在，但只是一种不完全意义上的虚拟实

---

① 参见 William R. Sherman and Alan B. Craig, *Understanding Virtual Reality: Interface, Application, and Design*, San Francisco: Morgan Kaufmann, 2003。

② 参见汪成为等《灵境（虚拟现实）技术的理论、实现及应用》，清华大学出版社、广西科学技术出版社1996年版。

③ 参见张怡等《虚拟认识论》，学林出版社2003年版。

④ ［美］迈克尔·海姆：《从界面到网络空间——虚拟实在的形而上学》，金吾伦、刘钢译，上海科技教育出版社2000年版，第139页。

在。互联网的虚拟实在特性并没有完全割裂与现实之间的联系，相反，我们在互联网的虚拟实在情境中的体验和实践也是切身的、真实的。正因为此，曼纽尔·卡斯特把它称作“真实虚拟文化”。一方面，“称它为虚拟是因为它是在电子的基础上建立起来的，这是一种通讯的虚拟过程”；另一方面，“说它是真实是因为我们基础的真实，在这个物质基础之上，我们生活，创建我们的表示系统，进行我们的工作，与其他人连接起来，检索信息，形成我们的观点，采取政治行动以及培养我们的梦想。这个虚拟就是我们的真实”。[①] 因而，当我们置身于互联网构建的社会语境中时，“现实的人”并未“离场”，“现实的人”仍然是行动者、参与者，甚至是主导者。

一旦作为“现实的人”，就始终无法逃脱对人的本质及其真理的追求。人的本质及其真理是人之为人的根本所在，丧失了人的本质及其真理，便丧失了人的存在的最后根据。那么，人的本质及其真理是什么？在第一章中，我们已经获得了充分论证。哲学思辨和历史追溯皆表明，伦理是人的本质及其真理。因此，如何建构伦理，如何达到伦理，如何通过伦理使个体性上升为普遍性，仍然是，也必须是新社会语境中“现实的人”所要探寻的根本问题。在互联网构建的社会语境中，只有以伦理的方式“在一起”，人才能追寻到安身立命之本，人才能成为真正意义上完整的“人”。

面对传统伦理方式的失落，同时又受到人的本质及其真理的驱使，在“伦理解构”与“伦理诉求”的悖论之间，人们开始了一场网络伦理方式的探索之旅。

---

① ［美］曼纽尔·卡斯特：《网络星河：对互联网、商业和社会的反思》，郑波、武炜译，社会科学文献出版社 2007 年版，第 219 页。

第六章　网络伦理方式的可能性及其限度*

传统伦理方式在互联网构建的社会语境中遭受到一定程度的解构危机，进而诱发了新语境中形形色色的道德难题；与此同时，互联网独特的虚拟实在本性，以及人的本质与真理又表明，即便在这个新语境中，探求伦理的意义，谋求个体性向普遍性的复归，追求“我们在一起”的理想状态，始终是人们无法规避的、孜孜以求的神圣任务。从此，一场关于“网络伦理方式”的探索之旅随即拉开序幕。

确切而言，与其说网络伦理方式是应对解构危机的人为探索，毋宁说它首先是人类文明发展的自然追求，是潜意识状态中的自发探索、自我修正与自然构建。这种顺势而为的自然努力，深受人的本质及其真理的神圣力驱动。互联网凭借网络交往将碎片化、多元化和分散化的个体重新凝聚到一起，生成经验层面的网络社群，乃至构筑成价值层面的网络共同体，使“我”聚合成“我们”，使个体性上升至普遍性，为网络伦理方式提供了一定的可能性。但事实上，这种“我”至“我们”，个体性至普遍性的发展路径，本身深陷于伦理有限性之中，终将酿成一系列的文明后果。网络伦理方式的合理性有待进一步的求证与建构。

第一节　网络交往、网络社群与网络共同体

互联网天然地带来了伦理构建的新契机与新可能，这种新契机与新可能植根于互联网的交往本性之中。互联网的信息方式本质上是一种交往方

* 此章部分内容曾以《互联网交往的伦理悖论》为题，发表于《东南大学学报》（哲学社会科学版）2019 年第 3 期，并收录于笔者参与合著的《现代伦理学理论形态》（中国社会科学出版社 2021 年版）一书中。

式的重组。网络交往蕴含着巨大的公共性潜质。网络交往的公共性潜质能够催生经验层面的网络社群，乃至缔结出具有一定价值意义的网络共同体。这为个体性向普遍性的复归，为伦理的构建创造了新机遇。

一　作为交往方式的信息方式

"信息方式"是波斯特提出的一种解读媒介的新方法，它揭示了媒介的两层内涵。第一层内涵是媒介背后的哲学逻辑。媒介以其特有的语言构型及其结构性权力促使其在交往行动中构建着主体、世界乃至整个人类文明。这是媒介的本质所在。第二层内涵是媒介的历史建构意义，即对第一层内涵的延伸与拓展。不同媒介的不同哲学逻辑建构出人类文明发展的不同历史社会语境。根据波斯特的信息方式理论，互联网具备数字化、弱逻辑化、符号化和表意随意化的语言构型特征，在超越时空因素、表现为流动的空间和永恒/瞬间的时间的交往行动中，构建出在与自身、他人、社会、自然和世界关系中"飘忽不定"的"主体"，构筑起以数字化为纽带、既扩大又紧密、具有脆弱性的"世界"，总体上营造出一种去稳定化的文明生态结构。

以上是对互联网信息方式的全局复原，但究其根本而言，互联网的信息方式本质上是一种交往方式的重组。一方面，就理论性而言，任何信息方式，其结构性权力主要根源于交往方式之中。语言构型是信息方式的逻辑起点。静态的语言构型凭借结构性权力的发挥而获得现实性。这种结构性权力离不开人与人之间的交往行动，正是人与人之间的交往行动释放了语言构型的结构性权力，继而建构着"主体""世界"，乃至整个人类文明。另一方面，就现实性而言，互联网最为深入、最为彻底地变革了以往的交往方式。此观点并不否认口头媒介与印刷媒介对交往方式的变革作用。但是，"在前网络时代，人际关系是一种比较简单的线性、平面或面对面关系"，"网络普及以后，我们的交往形式被无限拓展了，不再被线性、平面或面对面人际关系所束缚，人际关系的亲缘性、地域性被彻底打破"。[①] 换言之，互联网成就了交往方式的大变革，人类交往从此进一步摆脱了时空因素、物质身体、现实身份等多重限制，新的交往模式推动了

---

① 陶侃：《我们都是网中人——网络文化与人的发展》，北京交通大学出版社 2013 年版，第 18 页。

社会、经济、政治、文化等多领域的飞速发展与进步，为人们的生活和生产带来了前所未有的便捷性。因此，交往方式的重组是互联网信息方式的核心特征。对交往方式的深度剖析，是深刻理解互联网信息方式的关键环节。也正是在这种交往方式中，内蕴着伦理构建的新契机与新可能。

信息方式的诠释框架早已揭示，互联网生成的是一种双向的、去中心化的交往方式，它打破了传统时空因素的有限性，显现为流动的空间性与永恒/瞬间的时间性。我们将这种新的交往方式简称为“网络交往”。具体而言，这种别具一格的网络交往方式现实地表征为多种网络交往模式。前者是后者的抽象，而后者是前者的显现。根据不同的交往形态，网络交往模式可区分为“一对一”“一对多”“多对多”等类型。这种区分主要取决于传播过程中传播者和接收者双方的参与人数。根据不同的交往时间，网络交往模式又可区分为同步交往与异步交往两大类型。同步交往是指“实时发生的，即交往双方必须同时在线，参与者同时互相交往或者只有很短的延误”；异步交往是指“不是实时发生的，即交往双方不必同时在线，信息的发出和收到之间具有真实的延误”①。基于对交往形态与交往时间的交叉研究，网络交往模式可进一步细分为四种类别：其一，“一对一”“一对多”的异步交往，如电子邮件；其二，“多对多”的异步交往，如新闻讨论组、电子公告板；其三，“一对一”“一对多”“多对多”的同步交往，如在线游戏、在线聊天；其四，“一对一”“一对多”“多对一”的异步交往，信息接收者在网络上寻找信息的活动，如网页浏览和远程通信等。② 网络交往模式的最大成就便是让不同交往形态与不同交往时间的自由组合成为可能，从而使单向性、等级性、平面性的交往向交互性、平等性、立体性的交往转变，最终塑造出一个双向的、去中心化的交往方式。

诚然，互联网的发展速度超乎想象。1965 年 Intel 联合创始人戈登·摩尔（Gordon Moore）提出的摩尔定律就已表示：“当价格不变时，集成电路上可容纳的元器件的数目，约每隔 18—24 个月便会增加一倍，性能也将提升一倍。”中国工业和信息化部电信研究院发布的2013 版移动互联

① 陈秋珠：《赛博空间的人际交往——大学生网络交往与心理健康关系的研究》，博士学位论文，吉林大学，2006 年，第 27 页。

② 参见常晋芳《网络哲学引论——网络时代人类存在方式的变革》，博士学位论文，中共中央党校，2002 年。

网白皮书更声明，移动互联网发展速度已经远远超越摩尔定律，迭代周期从18个月缩减到6个月，并且还将以这个速度发展3—5年。互联网的迅猛发展必将加速网络交往模式的更迭出新。近年来，不断涌现的微博、微信、直播等交往形式便是最佳例证。未来，网络交往模式将呈现何种新形式，我们确实难以预料。但无论如何，这些新型的网络交往模式都将继承并且加深网络交往方式的主导特征——双向的、去中心化的交往方式。

二　网络交往的公共性潜质

互联网的信息方式本质上是一种交往方式的重组。网络交往以双向、去中心化为特征，在时空因素上具体表现为流动的空间性与永恒/瞬间的时间性。这种双向、去中心化的交往方式蕴含着一种巨大的公共性潜质，从而能够不断地聚集起散落在互联网中的原子式个体，使“在一起”成为可能。

公共性本身是一个内涵复杂且形态多样的概念范畴。它不仅在政治研究领域内使用，而且也被广泛运用于经济、社会、文化等各个领域。有学者总结了现有公共性研究的几大维度：“或定义为个体的公共性权利和共同体的公共权力；或定义为公共组织、公共权力、公共事务、公共物品、公共服务、公共利益等事物所具有的公共性（非私有性）、共享性（非排他性）和共同性（非差异性）；或提出公共性的几个层次：是一个社会范畴，它根植于人的社会本性；是一个历史范畴，它在人类社会发展的历史进程中获得其实质内容和表现形式；是一个政治范畴，主要表现为公共权力的内容及其合法性的主要来源；是一个文化范畴，文化体系决定着公共性的内容和形式。”[①] 在此基础上，又进一步凝练出一个总体性解释：“公共性概念在哲学上源于个性与共性的关系，现实层面源于个人与群体（私与公）的关系，指主体与主体间、主体与客体间存在的共有性、共享性和共同性。”[②] 纵然，在不同的研究维度中，公共性表现出不同的内涵，显现为各异的形态，但归根结底，“共有性、共享性和共同性”才是公共性的根本意义所在，借此与私人性相区别、相对立。更深刻的意义是，公

---

① 常晋芳：《从“私民”到“公民”：网络空间主体的公共性转向》，《山东社会科学》2013年第7期。

② 常晋芳：《从“私民”到“公民”：网络空间主体的公共性转向》，《山东社会科学》2013年第7期。

共性不仅应当是一种关于“共有性、共享性和共同性”的属性判断，更应当是一种影响和建构公共生活的功能判断。正如公共性理论开拓者德国哲学家汉娜·阿伦特（Hannah Arendt）形象地比喻：“共同生活在世界上，这在本质上，意味着一个物质世界处于共同拥有它的人群之中，就像一张桌子放在那些坐在它周围的人群之中一样。这一世界就像一件中间物品，在把人类联系起来的同时，又将其分隔开来。作为一个共有的世界，公共领域可以说把我们聚在一起，又防止我们彼此竞争。”① 公共性即意味着使人类个体与他人和谐共在，使人类诸个体汇聚成一个“公”之存在。因此，在这个意义上说，公共性与实现“我们在一起”的伦理目标密切相关，至少是朝着这个伦理目标前进。

网络交往正是蕴含着一种强大的公共性潜质，网络交往的公共性潜质能潜在地推动“我”向“我们”的转变与过渡。要想理解网络交往中包含的公共性潜质，就离不开对公共性的批判性认识。阿伦特最先详尽地提出了公共性理论，并且也敏锐地揭示了言语交往与公共性之间的必然联系。为了反思和批判政治现代性，阿伦特回溯到古希腊城邦政治生活，以古代城邦生活图景为参照勾画出一种古典公共性的基本特质。在古希腊城邦时期，公共领域与私人领域相互对立，泾渭分明。而只有在公共领域中，人才具有本真性和现实性。因而，阿伦特认同亚里士多德的论断，人本质上是趋向城邦的动物，也是政治的动物。那么，这种公共领域、公共性又如何实现？基于社会三分理论，阿伦特进一步论证了言语与行动在开创和塑造公共领域方面的巨大作用，从而明晰了言语交往与公共性之间的关联性。社会三分理论认为，人最基本的活动包括劳动、工作和行为三类。劳动与工作只与私人领域或私人性相关，它要么用于满足人作为自然人生存的需要，要么用于满足人作为社会人生存的需要。而行动则不同，行动归根结底是一种言语的形式，“所谓行动就是在恰当的时刻找到恰当的言辞”，“只有单纯的暴力才是无言的”②。言语的发动至少包含着参与双方的谈论与说服、合作与沟通，因而必然指向群体性和公共性。“复数的人，即至今在这个世界中生活、迁徙和行动的人的经历之所以有意义，

① ［美］汉娜·阿伦特：《人的条件》，竺乾威等译，上海人民出版社1999年版，第39页。

② ［美］汉娜·阿伦特：《公共领域与私人领域》，刘锋译，载汪晖、陈燕谷主编《文化与公共性》，生活·读书·新知三联书店2005年版，第60页。

这只是因为他们能相互交谈，并使彼此和他们自己有意义。”[①] 言语是保证和实现公共性的基本方式。虽然点明了言语交往与公共性之间的关系，但阿伦特并没有继续观照作为现代性重要表征的大众媒介，没有继续考察大众媒介与公共性之间的现实联系。

在现代社会，大众媒介的兴起赋予语言以一种新的显著性，构造了一种新的交往系统和交流体系。哈贝马斯认识到这一点，因而立足于阿伦特的理论，进一步考证了大众媒介对公共性的建构作用。他甚至把公共性或公共领域视为一种“由大众媒体编造和传播的整合文化”[②]。哈贝马斯将他的研究限定在一个特定的社会历史阶段，即从 18 世纪至 20 世纪英、法、德三国的资本主义历史语境。这段时间正是西方大众媒介萌芽兴起和茁壮成长的关键时期。哈贝马斯发现，虽然大众媒介延伸了早期言语交往方式，但其公共性功能却随着大众媒介的自身发展而呈现出前后相异的两大阶段。作为早期的大众媒介，18 世纪的报刊是“公共领域最典型的机制”，“从纯粹发布消息的机制变成公共舆论的载体和主导”。[③] 正是在阅读日报、周刊或月刊的读者中，形成了一个富有弹性的交往网络。报刊成为工具，为公众提供了一个相互交往、相互交流的公共平台或公共论坛。它和面对面属性的咖啡馆、沙龙聚会一起共同促进了公共性在文学领域和政治领域的发展与进步。但是，哈贝马斯认为晚期资本主义时期大众媒介的革新则逐渐消解了公共性价值。他主要指广播、电视和电影等大众媒介大肆出现所产生的影响。“与付印的信息相比，新媒体所传播的内容，实际上限制了接收者的反应。这些节目将作为听众和观众的公众罗织于自己的魔力之下，而同时，却又剥夺了公众‘成熟’所必需的距离，也就是，剥夺了言论和反驳的机会。阅读公众的批判逐渐让位于消费者‘交换彼此趣味和爱好’。甚至于有关消费品的交谈，即‘有关品味认识的测验’，也成了消费行为本身的一部分。”[④] 新的大众媒介造就了交往活动的单向性和公众的被动性，进而导致了私人商业利益和国家政治权力的泛滥与入

---

① ［美］汉娜·阿伦特：《人的条件》，竺乾威等译，上海人民出版社 1999 年版，第 4 页。

② ［德］哈贝马斯：《公共领域的结构转型》，曹卫东等译，上海学林出版社 1999 年版，第 46 页。

③ ［德］哈贝马斯：《公共领域的结构转型》，曹卫东等译，上海学林出版社 1999 年版，第 221 页。

④ ［德］哈贝马斯：《公共领域的结构转型》，曹卫东等译，上海学林出版社 1999 年版，第 196 页。

侵，最终塑造出来的仅仅是公共性的假象。

与哈贝马斯的悲观主义论调不同，约翰·B. 汤普森（John B. Thompson）则在修正公共性概念的过程中，以更宽容的态度认可了大众媒介对公共性的积极意义。他认为大众媒介并不完全是单向性的，而是以一种“不在场”的形式实现了交往互动。因而，大众媒介并不是消解而是重构出一种不同于传统的去空间化和非对话性的新公共性。

由此观之，虽然阿伦特、哈贝马斯、汤普森的研究视角、对象、方法和结论有所差异，但从中可以发现一个公共项：交往是建构公共性的基本方式。从狭义上说，阿伦特和哈贝马斯认为只有那种面对面的、口头的双向交往才能构筑起真正的公共性；从广义上谈，汤普森认为不仅是面对面的口头交往，大众媒介中的交往也具有公共性的功能，只是这种公共性不同于传统，日渐呈现出一种去空间化和非对话性的新特征。

阿伦特、哈贝马斯、汤普森基本上都没有考虑到互联网这个最新的大众媒介，因此利用任何一个理论来直接分析互联网都存在着一定的局限性。但是立足于他们的公共项，就不仅能深刻反思公共性，而且能实现对现有理论的超越，更能恰当地认知网络交往的公共性潜质。交往是建构公共性的基本方式，网络交往的公共性潜质就根源于其强大的交往能力之中。前已论述，网络交往在总体上呈现出双向的、去中心化的特征。双向的、去中心化的交往对于公共性的构建大有裨益。网络交往的双向性在一定程度上复原了面对面口头交往的优势，从而有助于构建阿伦特、哈贝马斯意义上的真正的公共性。以广播、电视为代表的大众媒介具有单向的、自上而下的特征，无法实现互动交流。大众媒介负责向公众推送信息而非与公众交流，“对于大多数人来说，表达自己的观念、想法和意见是做不到的，公众也很难有机会找到其他人讨论”①。因此，哈贝马斯对这类大众媒介持有悲观主义的态度：大众媒介引发了公共性的转型，建构的只是一种自上而下的伪公共性，实际上操纵了公众。阿伦特将理想的公共性回归到古希腊城邦生活中，哈贝马斯认可的资产阶级公共性也带有古希腊城邦生活的印记。而在一个共享的空间中面对面交流是古希腊城邦生活的鲜明特征。两人都认为，只有基于面对面的口头交往，才能有机会实现人与

① ［美］谢尔·霍兹：《网上公共关系》，吴白雪、杨楠译，复旦大学出版社2001年版，第17页。

人之间的自由互动和平等交流，从而构筑真正的、理想的公共性。与传统的大众媒介不同，“网络交往可以是自上而下的，也可以是自下而上的，可以是水平的，也可以是垂直的”，“它是一个动态、双向的过程”。[①] 网络交往打破了传统大众媒介的单向性传播，彻底改变了传播者和接收者之间的关系。任何用户在互联网中都既是信息的接收者，同时也是信息的传播者，可以实现信息交流的实时互动。互联网在一定程度上延伸了人类的言语表达能力，部分再现了面对面口头交往的传播特性，因而有可能提供一个建构真正公共性的有效平台。

与此同时，网络交往的去中心化特征又将进一步超越面对面的口头交往，进而超越传统的公共性，向汤普森意义上的新公共性发展。虽然网络交往复原了面对面的口头交往的特征，给真正的、理想的公共性构建创造了条件，但网络交往毕竟是一种全新的交往形式，具有更多超越性的方面。网络交往的超越之处集中表征为它的去中心化特征。网络交往的去中心化，既是现实领域的去中心化，也是虚拟领域的去中心化，更是现实与虚拟之间的相互交织。这种去中心化特质将赋予传统的面对面交往全新的意义。相较于传统，全新意义上的“面对面的口头交往”突破了时空界限，延伸至更为广阔的人群，延伸至更为宽广的地理区域，乃至延伸至更为弹性的时间节点。在这个无限开放的时空情景中，阿伦特和哈贝马斯所论及的公共性源头即“面对面的口头交往”，开始释放出无穷无尽的潜能，因而在更广义的意义上造就出超越传统的“新公共性”。

总之，网络交往的公共性潜质一方面源于传统，另一方面又远远超乎传统的力量。这种巨大的公共性潜能，在潜移默化中将散落各地的碎片化、分散化、多元化的个体汇集到一起，集结至公共生活之中，为实现互联网下的“我们在一起”创造条件、奠定基础。

三　网络社群及其两种存在形态

网络交往有着强大的公共性潜质，能够不断凝聚起碎片化、分散化和多元化的个体。可以说，网络交往与“在一起”有着一种天生的缘分。强大的公共性潜质让人们的凝聚成本大大降低，凝聚的速度也大大加快。

---

① Cf. Zixue Tai, *The Internet in China: Cyberspace and Civil Society*, New York: Routledges, 2006, p. 188.

加拿大的电脑科学家西巴·帕克特（Seb Paquet）曾经提出过一个非常有前瞻性的论断，称作“简单得可笑的群体构建”。互联网的价值绝大多数来自它作为群体构建的工具的作用，这一观察常常被称为里德定律（Reed's law），它以戴维·里德（David Reid）的名字命名，内容为：“随着联网人数的增长，旨在创建群体的网络的价值呈指数级增加。”[①] 互联网的迅猛发展正在验证着上述观点，这种强大的汇聚力量最先表现为经验层面网络社群的席卷而来。

谈及社群或社会群体，人们都不陌生。它是社会学的基本概念之一。美国社会学家戴维·波普诺（David Popenoe）认为，社群是“由两个或两个以上的具有共同认同和团结感的人所组成的人的集合，群体内的成员相互作用和影响，共享着特定的目标和期望”[②]。另一位美国社会学家伊恩·罗伯逊（Ian Robertson）表示：“群体是以彼此行为的共同要求为基础，并以一种有规则的方式相互发生作用的人们所组成的集体。”[③] 社群是现实生活中人们共同存在、共同生活的主要方式。根据不同的规模大小、亲密程度、结构形式，现实生活中的社群可分为很多种类，小到家庭，大至社会组织，乃至国家。当互联网的发展为人们提供了新的交往方式、交往环境和交往空间时候，网络社群便由此产生。网络社群“包含在整个互联网社会之中，可以是现实社群的延伸，甚至是现实社会正式组织的延伸，也可以是完全基于网络而形成，不需要现实社会中的人际交往作为基础”[④]。

美国学者霍华德·莱茵戈德通过参与“全球电子链接”（Whole Earth Lectronic Link，WELL），最先发现了网络交往将会建构出一种全新的社群形态——网络社群。他在其经典之作 *The Virtual Community: Homesteading on the Electronic Frontier* 中表示：“网络社群是一种社会集合（social aggregation），它产生于如下情景：数量足够的人们长时间参与公共讨论，充分投入情感，并在网络空间中构成一个由人际关系组成的网。”[⑤] 其中，网

---

① 胡泳：《网络社群的崛起》，《南风窗》2009 年第 22 期。

② ［英］戴维·波普诺：《社会学》，李强等译，中国人民大学出版社 1999 年版，第 173 页。

③ ［美］伊恩·罗伯逊：《现代西方社会学》，赵明华等译，河南人民出版社 1988 年版，第 213 页。

④ 周健、徐成华：《网络社群的社会组织特征》，《中国广播电视学刊》2011 年第 1 期。

⑤ Howard Rheingold, *The Virtual Community: Home steading on the Electronic Frontier*, New Jersey: Addison-Wesley, 1994, p. 6.

络空间、公共讨论和人际关系是莱茵戈德认可的网络社群的构成三要素。网络社群的建构开始于网络社会的引导或者网民个体的在线搜索，这主要依托于互联网的超链接功能。凭借超链接功能，个体就感兴趣的事情或与之相关的事情，和他人交换信息、分享经验、交流讨论，从而建立起某种程度上的共同性。在逐渐拓展和深入的交往互动中，成员数量不断增多，一定规模的网络社群得以建立。基于不同的分类标准，网络社群可分为不同种类。例如，不同的交互模式生成不同的网络社群：代表异步互动网络社群的电子邮件、电子布告栏、新闻讨论组和代表同步互动网络社群的网络聊天系统、多人地下游戏城、联机电动玩具。这些网络社群均具有类似的社群特征。它们一方面继承了传统社群的相关属性，另一方面又在互联网的嵌入中有所超越，呈现出开放性、虚拟性、扁平化、自主性、成员异质性、边界模糊性等特征。莱茵戈德关于网络社群的观点一经提出，相关研究便紧随而上，出现了尼葛洛庞帝的《数字化生存》、曼纽尔·卡斯特的《网络社会的崛起》、凯斯·桑斯坦（Cass R. Sunstein）的《网络共和国：网络社会中的民主问题》等。

事实上，这个诞生于20世纪90年代末的观点早已滞后于当前互联网技术的发展。巴里·威尔曼（Barry Wellman）指出，新的ICT媒介出现后，社会结构由原先建立在传统社区紧密结合的小框框（little boxes）转变成“全球在地化”（glocalized）的社会结构，进而朝向“网络个人主义”方向发展。[①] 卡斯特也表示：“网络社会的建立基础是从社区或紧密社会结构转向‘以自我为中心’（me-centered）的网络；前者基于分享彼此价值和真正兴趣，而后者则是个体化的社会形态——其间，人们的定位在于如何最大化个人所得。”[②] “随着互联网技术的发展，传统的BBS等虚拟社区的影响有所减弱，而由SNS、即时通信、博客等应用构建的新兴社区的影响正在上升，这些新的应用也促进了人们的社会网络的形成与拓展。”[③] 莱茵戈德谈到的网络社群仅仅是网络社群的一种形态，即以BBS

---

① 参见翟本瑞《从社区、虚拟社区到社交网络：社会理论的变迁》，《兰州大学学报》（社会科学版）2012年第5期。

② ［英］尼古拉斯·盖恩、戴维·比尔：《新媒介：关键概念》，刘君、周竞男译，复旦大学出版社2015年版，第24—25页。

③ 彭兰：《从社区到社会网络——一种互联网研究视野与方法的拓展》，《国际新闻界》2009年第5期。

为代表的虚拟社区，现今网络社群正在向一种新形态——“社会网络”——迁移。“社会网络和群体一样也由一群人构成，但包含更多的内容：群体中人与人之间连接而成的一个特定组合。”① 社会网络不仅强调多个社会行动者，而且更强调社会行动者之间的关系。在网络交往之前，日常生活中也存在现实的社会网络。因而，并非互联网创造了社会网络，只是互联网的发展提供了推动社会网络显现、发展、持续乃至增强的技术基础。总之，传统的虚拟社区和新兴的社会网络共同构成了目前网络社群的两种存在形态，并且后者正日益占据主流位置。

虽然虚拟社区和社会网络都是互联网“群体构建”的具体呈现，但是两者仍然存在较大差异。彭兰教授曾在《从社区到社会网络——一种互联网研究视野与方法的拓展》一文中总结了虚拟社区与社会网络的不同之处：传统的虚拟社区是一种“圈”式结构，而新兴的社会网络则是一种“链”式结构。② 具体而言，两者的差别主要表现在以下几个方面。从社群的全局视角看，首先两大社群的边界互不相同。传统虚拟社区的一个显著特征是有一个明显的边界，如画地为牢的“圈”一样与外界区隔开来。技术形式上的准入机制与内容主题上的共同焦点一起决定了虚拟社区的边界所在。社会网络则没有一条明确的界限。例如微博、微信等社交媒体，它们具有相当程度上的开放性，只要你能不断寻找到与他人的联系，并且他人也如此，那么整个社会网络便能无穷无尽地向外延展。两大社群边界性的差异主要由不同的社群结构所决定。很显然，虚拟社区的社群结构以群体为中心，成员群体共同的关注话题、共同的行为标志、共同的礼仪准则是建构并维系整个社群的焦点要素。所有成员的交往互动都紧紧围绕这些共同要素展开。相较于此，社会网络是以一个个个体为中心的群体集合。人们之间的互动并不需要共同的话题、行为和礼仪，凭借“标签”“好友”“关注”等功能，即可建立起成员与成员之间强大的关系链条，最终这些关系链条编织出复杂的关系网络。因而，不同于虚拟社区相对稳定的边界结构，社会网络总是处于动态变化之中。从广义上讲，整个世界都被囊括在一张变动不居的社会网络之中；从狭义上讲，世界又

① ［美］尼古拉斯·克里斯塔基斯、詹姆斯·富勒：《大连接：社会网络是如何形成的以及对人类现实行为的影响》，简学译，中国人民大学出版社 2013 年版，第 18 页。

② 参见彭兰《从社区到社会网络——一种互联网研究视野与方法的拓展》，《国际新闻界》2009 年第 5 期。

是由大大小小的社会网络构成，不同的条件造就了不同的关系节点，从而形成了不同规模的社会网络。相对稳定与相对动态正是虚拟社区与社会网络在社群视角的第三个差别。

社群边界、结构、形态的差别也进一步导致了社群成员在交互、身份、意识层面的差异。当网民进入一个虚拟社区，就特定的话题参与讨论时，网民是作为一个集体进行交往，遵循集体行动的逻辑。虚拟社区中的集体交往引发了虚拟社区身份的类化过程。这种身份建构比现实世界更具有吸引力，因为它满足了人们在现实世界中难以获得的心理需求。网民的社群身份一旦确立，那就意味着网民把自己看作社群的一员，不仅与其他社群成员具有共同特征，而且更与其他社群成员分享同一种价值观，最终形成了对社群的群体意识和归属感。社会网络则呈现出一种别样景象。由于社会网络是基于个体以及个体与个体之间的关系链条而缔结起来，所以集体交往并不多见，更多的是一对对个体之间的个别交往。在模糊的边界和动态的结构中，社群身份与群体意识也较难以形成。

虚拟社区与社会网络在诸多方面都相差甚远，之所以仍将它们都归类于网络社群，也正说明了两者之间存有相同之处。这个相同之处，不仅指涉它们的群体构建力量，而且更关乎两大社群的核心维系点——“意识、行为以及利益等因素”①。只是维系点的作用点和作用力已经发生了一定程度上的改变。在虚拟社区中，“意识、行为以及利益等因素”是所有社群成员所共有的，而在社会网络中它的作用点已经被转移到个别成员与个别成员之间；在虚拟社区中，“意识、行为以及利益等因素”的作用力是相对稳定和强烈的，而在社会网络中它的作用力呈现变动性和多样性。但无论是虚拟社区还是社会网络，它们都是网络社群的现实呈现形式，是互联网语境中“在一起”的具体经验表现。

四　从网络社群到网络共同体

网络交往的公共性潜质催生了经验层面的网络社群，经验层面的网络社群显现为两种存在形态——虚拟社区与社会网络。虚拟社区与社会网络虽有所差异，但异中取同，它们均是互联网“群体构建”以及网络交往

---

① 彭兰：《从社区到社会网络——一种互联网研究视野与方法的拓展》，《国际新闻界》2009 年第 5 期。

公共性潜质的现实表征。当经验层面的网络社群上升为价值层面时，网络共同体就诞生了。也只有当经验层面的网络社群上升至价值层面的网络共同体时，互联网的“群体构建”才能更接近于我们心中向往的“伦理建构”，网络交往的“公共性”才能更接近于我们心中憧憬的“伦理性”。当然，之后我们可以看到，接近并非意味着直接等同。

这里有必要先对三对概念进行辨析。第一组是网络社群与网络共同体。在现有研究中，人们常将网络社群简单等同于网络共同体，把社群和共同体都归结于英文单词“community”。但实际上，网络社群与网络共同体有所不同，这里，我们也将区别对待。网络社群是网络共同体的前提，网络共同体是网络群体的升华。如果说网络社群是经验论的、形而下学的，那么网络共同体则是价值论的、形而上学的。正如最早提及“共同体”的亚里士多德所言，善是共同体的目的，共同体必须包含善的价值。只有蕴含了善的价值，网络社群才能上升为网络共同体，因而网络社群只是网络共同体的潜在形态。第二组是“群体构建”与“伦理构建”。“群体构建”与“伦理构建”均指向普遍性建构。“群体构建”是指在经验层面、形下层面将个别的个体组织起来，形成群体；“伦理构建”是指在价值层面、形上层面超越个别性而构建出普遍性意义。“群体构建”是一种社会科学话语，常在社会学中使用；“伦理构建”是一种人文科学话语，是伦理学的主要议题。第三组是“公共性”与“伦理性”。与“群体构建”和“伦理构建”的异同一致，“公共性”和“伦理性”虽都是与普遍性、总体性相关，但“公共性”关乎经验层面、形下层面，常用于社会学、政治学等社会科学领域，而“伦理性”则关乎价值层面、形上层面，常用于伦理学等人文科学领域。总之，我们前述的网络社群还只完成了“群体构建”，指向一种“公共性”，它是经验的、形而下的；当网络社群向共同体过渡生成网络共同体时，网络社群中的价值意义得到显现，“群体构建”就朝“伦理构建”的方向发展，“公共性”就向“伦理性”的方向进阶，于是网络共同体就潜藏着某种伦理的意义。

网络社群并不直接等同于网络共同体，但事实上网络共同体又自然内生于网络社群之中。正因为此，我们才将“网络交往—网络社群—网络共同体”看作网络伦理方式的一段自发探索、自我修正与自然构建的历练过程。网络社群自然地向网络共同体升华，主要根源于网络社群内在的核心维系点——“意识、行为以及利益等因素”。共同的“意识、行为以及利益等因素”将凝聚成共同的价值诉求。不管是虚拟社区还是社会网络，它们都在一定程度上靠着共同的“意识、行为以及利益等因素”加以维系，也因而必然指向一种共同的内在价值，这是它们作为社群的共同之处。“意识、行为以及利益等因素”在虚拟社区的作用较为显著。虚拟社区的确切边界就是依据共同的“意识、行为以及利益等因素”来划定的。在虚拟社区中活动的人们讨论着共同的话题，遵循着共同的意识，实践着共同的行为，追求着共同的利益。这些共同、共通之处，是虚拟社区建立、维持和发展的必然前提和基本内容。当网络社群发展至社会网络阶段时，事情就变得复杂起来。直觉告诉我们，这种松散的“链”式结构不再局限于有限的边界之内，共同的“意识、行为以及利益等因素”看似已经不再可能。但真实的情况是，“意识、行为以及利益等因素”依然是其内在的维系点，只是它的作用点与作用力发生了一些变化。它作用于个别成员与个别成员之间，且呈现变动性和多样性。彭兰教授一再强调：“通过这种关系链条的‘接力’，一个社区中所有成员的共同意识或行为仍然有可能在某些时候被激活。2008 年通过即时通信网络所产生的‘红心运动’正是这样一个典型例子。尽管身处 MSN 或 QQ 网络上的人们在平时似乎都没有共同的社区的意识，但在特定的触发条件下，人们表现出来的却是共同的意识与行为，表现出很强的群体效应。这也是可以将这种关系网络视为社区的一个原因。”[①] 因此，虽然相较于封闭的虚拟社区，社会网络呈现出松散的样态，但在一定意义上，“意识、行为以及利益等因素”仍然是其发挥社群作用的重要支点，于是社会网络也内在地蕴含着一种被成员承认的共同价值。

以“价值”为中介，经验层面的网络社群顺其自然地升华为价值层面的网络共同体。那么，这一过程具体又是如何实现呢？——“共同价值的共同分享”。这其中包含了两大不可分割的环节：第一个环节是价值的凝聚；第二个环节是个体的认同。任何共同体的建构都离不开价值的凝聚和个体的认同。共同体建构的基础首先在于凝聚起来的价值共识。虽然共同体的概念在历史沿革中出现了多样化的阐释，但是无论是古代希腊哲学，还是现代社会学，抑或是当代社群主义，它们均认可这一点。古希腊

---

① 彭兰：《从社区到社会网络——一种互联网研究视野与方法的拓展》，《国际新闻界》2009 年第 5 期。

哲学的代表亚里士多德称共同体以善的价值为目的；现代社会学的代表滕尼斯将共同的、有约束力的思想信念作为共同体自己的意志；社群主义的代表迈克尔·桑德尔（Michael J. Sandel）把共同体描述为“共享意义”的群体。这些“善的价值”、“思想信念”和“共享意义”，无一例外都是价值共识的具体表征，它们为共同体的建构提供了不可或缺的凝聚力和向心力。但光靠共同体自身价值的凝聚力和向心力又是不够的，“任何一种社群共同体都需要来自共同体成员发自内心的热爱和认同，否则，就会出现所谓‘合法化危机’”[①]。个体的认同是共同体建构不可或缺的第二个环节。假设人们生活于群体之中，遵循群体的生活方式，遵守群体的制度约束，但内心上却与群体“同床异梦”“离心离德”，从根本上而言，这些人并非属于群体的一员，这样的群体也不是真正的共同体。基于对个体认同的考量，滕尼斯才将未具备成熟语言能力的儿童排除出共同体之外，因为他们缺乏认同的能力。阿拉斯戴尔·麦金泰尔（Alasdair MacIntyre）才去指责“违法行为”“有缺陷的品格”，因为他们不仅不能认同共同的价值，反而对共同价值造成侵犯。“违法行为破坏了那些使得对共同利益的共同追求成为可能的各种联系；有缺陷的品格也会使有的人易于犯罪，同时，也使他不能对获得共同利益作出什么贡献。而没有共同利益，共同体的公共生活就没有意义。”[②] 只有让共同体中的成员认同、分享其共同价值，共同体才具有合法性和现实性。

滕尼斯曾在《共同体与社会》中总结了共同体的三大类别：血缘共同体、地缘共同体和精神共同体。相较于如今出现的网络共同体，这些共同体可谓共同体的传统形态。在共同体的建构过程中，它们分享着一个共同特点，即价值的凝聚先于且外在于个体的认同。在血缘共同体中，以爱为内容的血缘亲近构成了共同体的价值；在地缘共同体中，以土地占有为基础的邻近关系组成了共同体的价值；在精神共同体中，“被视为神圣的场所或被崇拜的神”充当着共同体的价值。个体的认同意味着个体在已有的血缘共同体、地缘共同体、精神共同体中寻求并接受自己的身份、地位与阶层。这是一个被动的心理认知过程，通过获得共同体的认可，来满

---

① 袁祖社：《社群共同体之“公共善”何以具有优先性——“实用主义”政治伦理信念的正当性辨析》，《厦门大学学报》（哲学社会科学版）2011 年第 4 期。

② ［美］阿拉斯戴尔·麦金泰尔：《德性之后》，龚群等译，中国社会科学出版社 1995 年版，第 191—192 页。

足自己的社会归属感。卡斯特认为，在网络共同体中，个体的认同已经被赋予了与传统不同的意义，“认同必须区别于传统上社会学家所说的角色和角色设定”①。“伴随着技术革命、资本主义转型、国家主义让位，我们在过去的25年里经历了集体认同强烈表达的漫天烽火。这些集体认同为了捍卫文化的特殊性，为了保证人们对自己的生活和环境加以控制，而对全球化和世界主义提出了挑战。”② 卡斯特就将网络的认同力量描述为“集体的认同”或“社会的认同”，而不是“个人的认同”。新的认同方式下，“人们已经不再仅仅被动地注意自己在社会生活中属于哪一层面、处于何种位置，而是对社会的存在状况、资源配置和发展态势提出自己的评价与要求，这是一种主动的建构性认同”③。在个体自主自觉能力觉醒的基础之上，个体主动看待、评价感兴趣的周遭事物，并与他人在网络交往中交流与沟通，最终形成某种价值共识，结成网络共同体。在网络共同体中，共同价值的凝聚过程即个体分享、认同共同价值的过程。价值凝聚与个体认同之间的关系产生了新的变化。

经历了价值凝聚与个体认同，网络社群上升为网络共同体，价值的意义得以显现。被赋予价值的网络共同体不仅在经验层面实现了“我们”的汇合，更在价值层面也达成了“我们”的汇合。总之，网络共同体造就了个体性向普遍性的价值提升，因而在一定意义上潜藏着伦理的意义。

至此，“网络交往—网络社群—网络共同体”便为网络伦理方式提供了一种可能性。

第二节　网络共同体的伦理有限性

人们凭借网络交往，结成网络社群，达成网络共同体，在这过程中，个体性与普遍性之间确实生成了一定的价值关联，能为网络伦理方式的建立创造条件。但“网络交往—网络社群—网络共同体”能否孕育出一种合理化的网络伦理方式，这还有待进一步求证。

---

① ［美］曼纽尔·卡斯特：《认同的力量》，夏铸九等译，社会科学文献出版社2003年版，第5页。

② ［美］曼纽尔·卡斯特：《认同的力量》，夏铸九等译，社会科学文献出版社2003年版，第2页。

③ 刘少杰：《网络化时代的社会结构变迁》，《学术月刊》2012年第10期。

伦理方式是“个体”与“伦理实体”之间“伦理同一性”的建构方式，宽而言之，其逻辑路径是建构个体性与普遍性之间的价值关联，使个体性上升为普遍性。人类最原初、最神圣、最根本的伦理方式诞生于口头媒介时期的实体主义伦理方式，它以普遍性、实体性为立场，以“精神”为本质特征，以“家庭—民族”为伦理存在形态，建立了个体性与普遍性的自在同一，创造了精神世界与生活世界直接合一的文明状态。印刷媒介见证了个体主义伦理方式的萌生，个体主义伦理方式使人们从实体主义伦理方式中启蒙，重新确立了个体的主体地位。个体性与普遍性达到自为同一，精神异化为理性，“社会—国家”成为其存在形态，生活世界与精神世界逐渐分离。虽然，混沌时期的实体主义伦理方式也存在着一些自身弊病和内在悖论，并且它注定衍生出与之对抗的个体主义伦理方式，但无论如何实体主义伦理方式都是伦理方式最为神圣的根源、最为本质的形态，为伦理方式提供了合理性和合法性源泉。

“网络交往—网络社群—网络共同体”对个体性与普遍性的价值联结已得到确证，但我们仍未得知，这种联结关系到底呈现何种属性，换言之，潜在的网络伦理方式是否具有一定的合理性。这与网络伦理方式的出发点、价值特征和存在形态都密切相关。网络伦理方式潜在的存在形态就是网络共同体。因而，该问题又将进一步转换为网络共同体是否符合伦理合理性，即网络共同体是不是一种以普遍性、实体性为本质立场的精神的存在形态，是不是一种伦理实体。

一　共同体、共体与伦理实体

共同体并不等同于伦理实体，但有时人们却倾向于将共同体与伦理实体画上等号，其实，与伦理实体相类似的并非共同体，而是共体。之所以将其定性为“相类似”，这表明共体与伦理实体既有相互统一之处，也有相互区别之地。依据黑格尔的道德哲学资源，共体与伦理实体的相互统一，首先主要在于共体即实体，实体即共体，共体或实体是存在于诸个体之上的公共本质、普遍本质，是“单一物”与“普遍物”的“同一体”、“统一体”。[①] 其次，这种公共本质、普遍本质是超验的，“只有在精神中

① 参见樊浩《伦理道德，为何“精神”?》，《哲学分析》2016 年第 2 期。

存在，也只能在精神中所把握”[①]。因此，共体和实体背后都潜藏着精神的诉求，但精神的诉求在这里还只是一种将然和应然的状态，还未发生，有待完成。这一点就反映出共体与伦理实体的细微差别。如果说精神在共体这儿是将然和应然状态，那么精神在伦理实体那儿则是已然和实然状态。伦理与精神相互统一，在伦理实体中，实体已经凭借精神的力量意识到并达到了它的公共本质、普遍本质。伦理实体即透过精神所达到的公共本质、普遍本质。所以，共体和伦理实体都是只能通过精神的方式把握的公共本质、普遍本质，只是精神潜在于共体，却显现于伦理实体。

与共体、伦理实体相比，共同体这个概念似乎显得模糊许多。我们不能简单将共同体与共体、伦理实体相等同，也不能简单将共同体与共体、伦理实体相对立。“共同体”最先发端于古希腊哲学，近代发展为一个与“社会”相对的社会学概念，之后被当代社群主义借用来批判自由主义理论。在理论演变过程之中，共同体与共体、伦理实体之间的关系也同样发生着微妙的变化。亚里士多德在《政治学》中阐释道：“由于所有的共同体旨在追求某种善，因而，所有共同体中最崇高、最有权威、并且包含了一切其他共同体的共同体，所追求的一定是至善。这种共同体就是所谓的城邦或政治共同体。”[②] 在亚里士多德看来，任何一个共同体都是以善为目的。男人和女人组成了最小的共同体，主人和奴隶也组成了共同体，两大共同体组成“家庭”共同体，“家庭”进而扩展为“村落”；为了满足生活需求和发展需要，“村落”组建为“城邦”。城邦正是最完满的共同体，它包含一切其他共同体，它的善是至善。这种以善为目的的共同体，尤其是以至善为目的城邦共同体与共体、伦理实体有着天然的联系，或者说，它本是一种共体、一种伦理实体。因为，善抑或至善本质上是一种普遍性、一种公共本质或一种普遍本质。其根本任务旨在实现个体性与普遍性的辩证统一。在古希腊时期，与其说是个体性与普遍性的辩证统一，毋宁说是个体性与普遍性的自在同一。而个体性与普遍性的相互统一，又离不开精神的力量。无论如何，普遍性以及个体性与普遍性相统一内在于古希腊时期的共同体概念中，因而这时候的共同体与共体、伦理实体是相一

---

① 樊浩：《伦理感、道德感与“实践道德精神”的培育》，《教育研究》2006 年第 6 期。

② ［古希腊］亚里士多德：《政治学》，颜一、秦典华译，中国人民大学出版社 2003 年版，第 1 页。

致的。

现代学术意义上的“共同体”概念则由德国社会学家滕尼斯开创。滕尼斯或多或少受到亚里士多德观点的启发，他开宗明义将共同体看作“一切亲密的、秘密的、单纯的共同生活”[①]。共同体因而与社会区分开来：“关系本身即结合，或者被理解为现实的和有机的生命——这就是共同体的本质，或者被理解为思想的和机械的形态——这就是社会的概念”；“共同体是持久的和真正的共同生活，社会只不过是一种暂时的和表面的共同生活”；“共同体本身应该被理解为一种生机勃勃的有机体，而社会应该被理解为一种机械的聚合和人工制品”；“在共同体里，尽管有种种的分离，仍然保持着结合；在社会里，尽管有种种的结合，仍然保持着分离”。[②] 在与社会相区分的意义上，滕尼斯共同体理论的出发点是一种原始的、天然的共同体，其中，共同体关系不会因为经验上的分离而分离。滕尼斯将这种共同体归结为血缘共同体，他认为血缘共同体是最原始、最天然的共同体，在此基础上能进一步发展为和分离为地缘共同体、精神共同体。滕尼斯笔下的共同体与共体、伦理实体也有着一定的相似性。这些共同体，尤其是血缘共同体，一方面立足于原始的、天然的公共本质与普遍本质，另一方面又旨在实现个体与共同体的相互统一而具有精神意义。滕尼斯不仅吸收了古希腊共同体理论，而且也在学理上进行了扩展，使共同体有着比古希腊时期更为广阔的外延。滕尼斯总结出共同体构建的“默认一致”原理：共同体的建构基于共同体自己的意志，即“共同的、有约束力的思想信念”[③]。这种思想信念“是把人作为一个整体的成员团结在一起的特殊的社会力量和同情”[④]。“默认一致是建立在相互间密切的认识之上的，只要这种认识是受到一个人直接参与另一个人的生活即同甘共苦的倾向所制约，并反过来又促进这种倾向。因此，结构和经验的相似性越大，或者本性、性格、思想越是具有相同的性质或相互协调，

---

① ［德］斐迪南·滕尼斯：《共同体与社会——纯粹社会学的基本概念》，林荣远译，商务印书馆1999年版，第52页。

② ［德］斐迪南·滕尼斯：《共同体与社会——纯粹社会学的基本概念》，林荣远译，商务印书馆1999年版，第52、54、95页。

③ ［德］斐迪南·滕尼斯：《共同体与社会——纯粹社会学的基本概念》，林荣远译，商务印书馆1999年版，第71页。

④ ［德］斐迪南·滕尼斯：《共同体与社会——纯粹社会学的基本概念》，林荣远译，商务印书馆1999年版，第71—72页。

默认一致的可然率就越高。"[①] 也就是说，在滕尼斯看来，个体与个体之间的同情、同感是建构和维系共同体的关键纽带和根本力量。基于"默认一致"，以习俗、信仰、语言、兴趣等为基础组成的人类群体也开始被囊括到共同体概念之中。但这些共同体显然与昔日的共体、伦理实体相去甚远，它们有些不再关乎人的公共本质、普遍本质，有些仅仅是个体之间情感博弈的"集合并列"，并未以精神的方式达成个体性与普遍性的辩证统一。

当代社群主义基本上继承了古希腊亚里士多德和近代滕尼斯等人关于共同体的思想。桑德尔认为，共同体是由共享自我理解的参与者构成，存在三种类型的共同体：工具型共同体、感情型共同体和构成型共同体；麦金泰尔表示，共同体有着共同的计划或目的，并且能带来为成员共同享有的利益；查尔斯·泰勒（Charles Taylor）回到黑格尔的共同体观念，强调共同体与"实体"、"本质"、"终极目的"之间的联系；迈克尔·沃尔泽（Michael Walser）反思共同体的成员资格在于"共同善的共同分享"。尽管这些思想家的共同体观念千差万别，但作为社群主义，它们都有着同样的背景特点：它们都是在自由主义的背景中兴盛起来的，其主要目的是批评或批判自由主义。在自由主义的原子世界中，个体从原初的统一体中觉醒过来，个体的地位与权利得到重新确证，个体成为世界的主宰。社群主义批判自由主义对个体的夸大和对共同体的藐视，主张个体的目的不可能单独实现，必须在与他人追求共同体的理想中达成，要求再次确立起原初共同体的价值主导地位。虽然怀抱着美好的愿景，然而，在批判中，社群主义又意识到原初的"共同体不可能，所以不得不退而求其次，承认一般意义上的共同体"，"社群主义所说的一般意义上的共同体如人们所处的家庭、大学、社区、教会、社团等都不过是自由个人的联合体"。[②] 这种"弱意义上的共同体"只是"自由个人的联合体"，已经非原初的共同体，因而便不再直接是共体、伦理实体。

历经了古希腊哲学、近代社会学、当代社群主义三个时期，共同体虽起初与共体、伦理实体相关，但如今它们之间的距离越发遥远。时至今

---

① ［德］斐迪南·滕尼斯：《共同体与社会——纯粹社会学的基本概念》，林荣远译，商务印书馆1999年版，第72页。

② 王立：《共同体之辨》，《人文杂志》2013年第9期。

日，共同体的呈现方式更多依赖于外在的“同”，而无涉于内在的公共本质、普遍本质，更缺少精神的力量。作为当代原子世界中共同体的一员，我们所谓的网络共同体也不可避免地将陷入此种境地：它不是一种以公共性、普遍性为本质立场的精神的存在形态，即不是一种原初的、神圣的伦理实体。

二　“个体主义”“无精神”的网络共同体

在大的时代背景下，网络共同体与其他弱共同体一样，因缺乏公共本质、普遍本质，缺少精神的方式，而不可能直接是共体、伦理实体，从而不具有我们所希冀的伦理合理性。就网络共同体自身而言，无论是理想情境中的网络共同体还是现实情境中的网络共同体，它们本身也呈现出“个体主义”“无精神”的特质，因而将再一次佐证上述推论。

任何共同体的建构都包含价值凝聚和个体认同两大环节。与传统共同体不同，网络共同体的缔结是一个价值凝聚和个体认同相互合一的过程。在网络共同体中，个体认同摇身一变成为一种“主动的建构性认同”。共同价值并不外在于个体之外，而生成于个体自主、自觉寻求认同的过程之中，个体建立认同的过程即共同价值凝聚的过程。因而，自主、自觉的个体在网络共同体的缔结中充当着举足轻重的角色。网络共同体如何构建很大程度上取决于个体的思维模式与行为方式。

一种是理想情境中的网络共同体，它基于主体间的交往理性而建立。鲜有学者直接论及网络共同体的理想模式，但很多学者认为互联网中自主、自觉的个体有助于推动哈贝马斯意义上的“公共领域”复兴，对网络公共领域的建构充满希望。哈贝马斯的“公共领域”，“意指我们的社会生活的一个领域，在这个领域中，像公共意见这样的事物能够形成。公共领域原则上向所有公民开放。公共领域的一部分由对话构成，在这些对话中，作为个人的人们来到一起，形成了公众”①。也就是说，公共领域是自由讨论、理性商谈公共事务并最终达成一致意见的公共空间。“互联网是一个自由而开放、匿名而平等的‘话语民主’空间，借助网络平台表达意见的机会和可能大大增加，这样就为构建平等参与和自由讨论的理

① ［德］哈贝马斯：《公共领域》，汪晖译，载汪晖、陈燕谷主编《文化与公共性》，生活·读书·新知三联书店2005年版，第125页。

想公共领域模式提供了契机。"[①] 其实，哈贝马斯"公共领域"的背后本就蕴含着共同体的诉求：共同体是公共领域的价值根源，只有建立在以价值共识为目的的共同体之上，公共领域才方能实现。推演之，对网络公共领域的畅想就是在追求一种理想情境中的网络共同体。参照哈贝马斯的交往行动理论和商谈伦理思想，这种网络共同体要以话语的共识为根本任务。哈贝马斯认为，"话语的共识必须满足下列条件：每一个有语言和行为能力的主体在自觉地放弃权力和暴力使用的前提下，自由、平等地参与话语的论证，并且，在此过程中，人人都必须怀着追求真理、服从真理的动机和愿望。不但如此，通过话语共识建立起来的规则，还必须为所有人遵守，每个人都必须对这种规则的实行所带来的后果承担责任"[②]。换言之，"话语的共识"要基于主体间的交往理性而建立，以交互主体间的相互理解和相互协调为基本机制，以达到交互主体认同的价值共识为最终目标。在那些支持者看来，开放、互动、匿名、无边界的互联网无疑能够提供一个平等、自由、民主的"理想的言语情境"，借此释放出网民们交往理性的无限能力，从而有助于生成一个理想情境中的网络共同体。

作为理想网络共同体的建构基础，交往理性虽生发于对西方理性主义的批判，但仍然秉承着启蒙理性的精神，因而理想网络共同体归根结底还是遵循着理性个体主义的原则。哈贝马斯将交往理性的提出建立在对西方理性主义，尤其工具理性的批判之上。西方理性主义大致可分为工具理性和价值理性二元论，长期以来，工具理性主导着西方文明的发展与进步。哈贝马斯认为，一方面工具理性确实能在短期内推动工业文明的快速进程，但另一方面过度膨胀的工具理性也导致了人的异化，使人性遭到压抑乃至丧失，最终工具理性走向非理性的道路。正是意识到这一点，哈贝马斯才重新力图推进价值理性与工具理性的协调发展。他"放弃了意识哲学的范式——也就是反映客体并利用客体的主体，转向语言学哲学范式——就是将主体间的理解和交往，以及理性的认知工具性方面，作为更为丰富的交往理性的一部分，放在恰当的位置上"[③]。交往理性成为他的

---

① 刘继荣：《网络公共领域的形成及其可能》，《重庆大学学报》（社会科学版）2012 年第 5 期。

② 章国锋：《哈贝马斯访谈录》，《外国文学评论》2000 年第 1 期。

③ J. Habermas, *Toward A Rational Society*, London: Heinemann, 1971, p. 88，转引自张秀琴《西方马克思主义意识形态理论的当代阐释》，中国传媒大学出版社 2005 年版，第 40 页。

突破口，交往理性强调，在交往关系中，不存在纯粹的客体，每个人都是主体，交互主体在自由、平等、民主的理性商谈中达成价值共识、价值认同。即便如此，交往理性本质上依旧以交互主体的理性能力为前提，倘若离开了个体的理性能力，交往理性也无从谈起。更重要的是，交往理性虽以主体间的价值共识为目标，但事实上个体的理性思考仍然是达成价值共识的首要步骤。只是个体不再仅仅关注自身，而是把他者也纳入其理性思考的过程里，在主体与主体间的对话协商中求得相互理解和协调。因此，理想情境中的网络共同体其实还是遵循着理性个体主义的原则，这一点延续着早期印刷媒介时代伦理方式的个体主义色彩。

现实与梦想终究是两回事。更多学者切身感受到的是网络共同体的现实情境。开放、互动、匿名、无边界的互联网确实能够释放交互主体的理性能力，为相对自由、平等、民主的理性商谈创造条件，但互联网在释放理性能力的同时，在更大程度上释放了个体的感性力量，从而向理性能力发出有力的挑战。一方面，个体的理性力量受到自身感性诉求的影响甚至压制；另一方面，原本希求的自由、平等、民主的对话平台也将遭到感性欲求的破坏。个体的理性能力并不能在网络共同体的构建中得到充分发挥，反而让位于个体心理层面的感性认知和基于感性认知的感性认同。基于交往理性的网络共同体只能是一种理想情境，现实情境中的网络共同体更多依靠了个体之间的感性认同而缔结。倘若说前者是一种理性个体主义，后者便是一种感性个体主义。“所谓感性认同是在人们的感觉、知觉和表象等感性认识过程中形成的认同，是其认同尚未达到概念化、理论化层面，而主要表现为具体的形象的感性认识。”① 当感觉、知觉和表象等感性认识在网民中激起共鸣时，个体之间的感性认同就此产生；当个体之间的感性认同积聚到一定规模，一个共享生活经验，有着共同的利益诉求、集体记忆、价值规范、行为取向的网络共同体就逐渐清晰起来。法国社会学家迪尔凯姆把这种感性认同称作“集体表象”，“集体表象”较好地从社会学层面详尽地解释了感性认同的形成过程和意义作用。他说：“在所有能够产生这种强烈效果的事物中，首先应当属我们的反向状态所造成的表现。实际上，这种表现并不只是一种简单的现实图像，也不是事物映射给我们的死气沉沉的幻影。相反，它是搅起机体和生理现象之波澜

① 刘少杰：《网络化时代的社会结构变迁》，《学术月刊》2012 年第 10 期。

的力量。”① 这里“表现”即“表象”，是一种感性认识。感性表象是人们基于感觉和直觉，对认识对象产生的形象化、直接化的感性认识。因为感性表象直接与具体事物相关，因此能够较为容易地获得其他人具体而形象的理解；也正因为它直接与具体事物发生联系，所以能够对人们的行为产生明确的支配作用。感性表象的特性注定其必然引发个体之间的感性认同，进而生成一种具有强大整合能力的集体表象。在迪尔凯姆眼中，集体表象具有的强大整合能力表现为，它能实现集体成员的有效团结，进而引发狂热的集体兴奋和集体行动。“表象—集体表象—集体团结—集体兴奋—集体行动”形象地说明了现实情境中网络共同体的生成过程和深远意义。总之，现实情境中的网络共同体是基于个体之间的感性认同而缔造的，其本质上乃是一种感性个体主义。

自主、自觉的个体是建构网络共同体的核心力量，它们在理想情境和现实情境中发挥着不同的作用：前者是一种理性个体主义，后者是一种感性个体主义。理性个体主义和感性个体主义能否造就以公共性、普遍性为本质立场的精神的存在形态？也就是说，基于理性个体主义或感性个体主义的网络共同体是不是以公共性、普遍性为本质立场的精神的存在形态，是不是一种伦理实体？理性个体主义也好，感性个体主义也罢，都是“个体主义”的不同呈现形式。个体主义以个体为立场和出发点，强调个体的主体地位，凸显个体的主动能力。公共本质、普遍本质在个体主义这儿就自然隐退为原初记忆和文明基因，异化为一种现实世界的外在物。与此同时，理性和感性也无法有效地提供精神的方式。对理性而言，理性既是原初精神的一个方面，又是原初精神的自我异化和自我实现，因而不同于精神本身。对感性而言，情况稍许复杂。这里的感性不同于具有普遍意义的“情感”，例如“爱”。普遍意义的“情感”追求个体性与普遍性的相互统一，本质上是精神的，因而能转换为精神的力量。与之相比，感性更突出个体性的情欲之感，它首先是个体自身心理层面的知觉与感觉。这种个体性的知觉与感觉难以直接成为精神。如果说理想情境中的理性个体主义因理性是精神的自我异化和自我表现，而与精神还保持一定的关系，那么现实情境中的感性个人主义则与精神之间存在必然的断裂。但前者毕

---

① ［法］埃米尔·涂尔干：《社会分工论》，渠东译，生活·读书·新知三联书店2000年版，第59、24页。

竟是理想，后者才为现实。即便前者的理想情境得以实现，它仍然无法摆脱“个体主义”的根本特性。因此，无论对于理性个体主义还是感性个体主义而言，都难以铸造出以公共性、普遍性为本质立场的精神的存在形态。网络共同体只是一种“个体主义”的、“无精神”的存在，它自诞生起便携带着伦理有限性的基因：虽内含伦理可能性，但却缺乏伦理合理性。

三　网络共同体的伦理悖论

伦理可能性与伦理有限性之间的矛盾与对立正是网络共同体所面对的伦理悖论。一方面，网络共同体推动了个体性向普遍性的价值提升，因而在一定意义上潜藏着伦理的意义；但另一方面，网络共同体又是一个“个体主义”的、“无精神”的伦理存在，因而缺乏伦理合理性。

关于网络共同体的伦理悖论，其实在两百多年前黑格尔就有所预言。虽然在黑格尔所生活的时代，电子媒介远未出现，报刊才是大众媒介的主要形式，但黑格尔对公共舆论展开的伦理批判却与如今网络共同体的伦理悖论息息相关。或许，黑格尔本人也未曾预料，他的观点具有如此强大的解释力，前瞻性地揭示了两百多年后的社会现象。

究其原因，公共舆论与网络共同体本身有着千丝万缕的联系。公共舆论与舆论不同，虽然两者都是个体自主发表言论的集合，但公共舆论被赋予了“公共精神和批判性的含义”①。并且，“舆论是人类自古以来就有的社会现象，公共舆论却是人类近代以来伴随着独立人格、自由身份普遍出现而出现的东西”②。早期的公共舆论出现于一些知识群体中，公共舆论的正式显现得益于大众媒介的兴起和发展。大众媒介是公共舆论最有力的表达工具和传播手段。但在互联网之前，受制于大众媒介的传播效果，公共舆论的作用还是极为有限的。开放、互动、匿名的互联网为公共舆论提供了一个前所未有的拓展平台，公共舆论得到史无前例的迅猛发展。网络共同体成为公共舆论的主要载体，而公共舆论也成为网络共同体的重要内容和现实表征。

---

① 郭玉锦：《网络公共领域中的网络舆论与网络公众舆论》，《北京邮电大学学报》（社会科学版）2010 年第 6 期。

② 高兆明：《心灵秩序与生活秩序——黑格尔〈法哲学原理〉释义》，商务印书馆 2014 年版，第 379 页。

因此，在这个意义上，黑格尔对公共舆论的伦理批判也同样适用于现今的网络共同体，公共舆论的伦理矛盾正是网络共同体伦理悖论的具体显现。理解和反思黑格尔的观点将不仅有助于我们认清公共舆论的伦理矛盾，而且更加有助于我们现实地、清晰地认知网络共同体的伦理悖论。遗憾的是，黑格尔这个前瞻性观点并未得到应有关注，反而人们片面地将其理解为对公共舆论和民主思想的极端轻视，忽视了更为深刻、深远的伦理批判意义。

黑格尔在《法哲学原理》中首先对公共舆论作出了明确界定："个人所享有的形式的主观自由在于，对普遍事务具有他特有的判断、意见和建议，并予以表达。这种自由，集合地表现为我们所称的公共舆论。"① 这一解说也获得了学界普遍的认可。概言之，公共舆论是公民个人自由言论的集合性表达。个人的言论自由是公共舆论的基础和前提。

黑格尔认为，公共舆论虽产生于个人的自由言论之中，但本身蕴含着普遍性意义，即伦理意义。普遍性意义、伦理意义是公共舆论的本质基础。黑格尔主要从公共舆论的伦理内涵和公共舆论的伦理作用两方面来解释公共舆论的伦理意义。关于公共舆论的伦理内涵，他阐释道："公共舆论不仅包含着现实界的真正需要和正确趋向；而且包含着永恒的实体性的正义原则，以及整个国家制度、立法和国家普遍情况的真实内容和结果。这一切都采取常识的形式，这种常识是以成见形态而贯穿在一切人思想中的伦理基础。"② 公共舆论的一个重要呈现形式即常识。常识是成见形态的识见，是指获得大众认可，并得到广泛接受和传承的认识或意见。这就表明了普遍性是常识的关键指向和重要特性。这种普遍性的常识进一步构成了人们思想行为的伦理基础。所以说，公共舆论产生的常识体现了其内在的伦理内涵。而且，以黑格尔的立场，"合乎理性的东西是绝对普遍的东西"③，普遍性即意味着真理和真谛，因而公共舆论的伦理内涵必将指向世界的真理和真谛。据此，黑格尔将公共舆论的伦理内涵划分为三大层面：第一是现象层面的"现实界的真正需要和正确取向"；第二是制度层面的"国家制度、立法和国家普遍情况的真实内容和结果"；第三是形而

① ［德］黑格尔：《法哲学原理》，范扬、张企泰译，商务印书馆 1961 年版，第 331—332 页。
② ［德］黑格尔：《法哲学原理》，范扬、张企泰译，商务印书馆 1961 年版，第 332 页。
③ ［德］黑格尔：《法哲学原理》，范扬、张企泰译，商务印书馆 1961 年版，第 332 页。

上层面的“永恒的实体性的正义原则”。公共舆论在各个层面上创造出它们，让它们以常识的形式出现，并且指向某种真理和真谛。

公共舆论的伦理意义还表现在其具有的伦理作用之上。“开放这种认识的机会具有更普遍的一面，即公共舆论初次达到真实的思想并洞悉国家机器事务的情况和概念，从而初次具有能力来对它们作出更合乎理性的判断。此外，它又因而获悉并学会尊重国家当局和官吏的业务、才能、操行和技能。议事记录的公布使这些才能获得巨大的发展机会和高度荣誉的表现场所同时也是对单个人和群众自恃自负的又一种治疗手段，而且还是对他们的一种——可以说是最重要的一种——教育手段。”① 公共舆论的伦理作用直接体现在它与国家之间的密切关系之中。黑格尔把国家当作最完满的伦理实体，公共舆论的伦理作用在于它能助力于维护乃至推动国家政治生活的完善与进步。具体而言，首先，公共舆论能帮助人们培养理性判断国家事务的能力，提高国家机构和官员的素养，同时公共舆论也为这些才能的施展构筑发展机遇和表现平台。其次，公共舆论又能为生活于国家中的人们提供一种有效的自我治疗手段。人们可通过公共舆论发泄自己的不满，而不至于心生怨恨，采取极端手段，从而有利于国家政治生活的和谐稳定。“在法国，一直显得言论自由要比默不作声危险性少得多，因为后者一种情形，怕的是人们会把对事物的反对意见扼在心头，至于论争则可使他们有一个出口，而得到一方面的满足，何况它又可使事物更容易沿着本身的道路向前推进。”② 最后，公共舆论还在潜移默化中教育、教化了生活在国家中的诸个体。个体参与公共舆论的过程，既是接近于国家的过程，也是回归于普遍性的过程。教育、教化的根本目的正是让个体性复归于普遍性，使个体上升为实体。

公共舆论的伦理内涵和伦理作用充分彰显出公共舆论的伦理意义。虽然伦理意义应当是公共舆论的本质基础，但事实上这种本质基础“在那具体表达中只是隐隐约约地映现着”③。“实体性的东西是不能从公共舆论中找到的；正因为它是实体性的东西，所以只有从它本身和在它本身中来识别。”④ “实体性的东西”在公共舆论这只是一种理想境界，无法直接从

---

① ［德］黑格尔：《法哲学原理》，范扬、张企泰译，商务印书馆 1961 年版，第 331 页。
② ［德］黑格尔：《法哲学原理》，范扬、张企泰译，商务印书馆 1961 年版，第 334 页。
③ ［德］黑格尔：《法哲学原理》，范扬、张企泰译，商务印书馆 1961 年版，第 334 页。
④ ［德］黑格尔：《法哲学原理》，范扬、张企泰译，商务印书馆 1961 年版，第 333 页。

公共舆论的现象中找到的。于是，这里便存在着“实体性的东西”与“具体表达”之间的博弈即普遍性与个体性之间的悖论，这也就是公共舆论内在的伦理矛盾：“绝对的普遍物、实体性的东西和真实的东西，跟它们的对立物即多数人独特的和特殊的意见相联系。因此这种实存是经常存在的自相矛盾，知识成为现象，不论本质的东西和非本质的东西一同直接存在着。”① 黑格尔表示，公共舆论的伦理矛盾是由它的表达方式所决定的。“公共舆论是人民表达他们意志和意见的无机方式。”② “无机方式”是一种基于主观自由的方式，它具有不确定性。即便公共舆论具有发现普遍真理的意图，但一旦被主观自由表达出来，无知、曲解、错误的认识和判断等一切偶然性的意见就掺杂了进来，进而消解了公共舆论的普遍性意图。在这层含义上，黑格尔意识到了公共舆论的偶然性、个别性方面，所以对公共舆论总是抱着消极的态度。“由于在公共舆论中真理和无穷错误直接混杂在一起，所以决不能把它们任何一个看做的确认真的东西。”③ “公共舆论又值得重视，又不值一顾。不值一顾的是它的具体意识和具体表达，值得重视的是在那具体表达中只是隐隐约约地映现着的本质基础。”④ 鉴于公共舆论的个体性弊病，黑格尔才宣告只有“伟大人物”才能甄别泥沙俱下、良莠不齐的公共舆论，挖掘出公共舆论本身存有的真理。很多学者仅仅看到了黑格尔对公共舆论的轻视和对伟大人物的推崇，却忽略了黑格尔批判公共舆论的伦理深度。公共舆论自身携带着伦理的矛盾，它以“实体性的东西”为本质和目标，却又因陷入个体性的“具体表达”之中而消解了回归实体的可能性。

如今，我们正在经历着的网络共同体，一方面是公共舆论蓬勃发展的重要平台，另一方面也自然放大了公共舆论的伦理矛盾，即普遍性的理想境界与个体性的具体表达。网络公共舆论的伦理矛盾最显著的现实例证是网络舆论中的诸多群体极化（group polarization）现象。“群体极化”研究最早可追溯到美国麻省理工学院詹尼斯·斯托纳（Janis Stoner）提出的“冒险转移”（riskyshift），他认为：“如果群体中大多数人倾向于谨慎，那么经过讨论之后的群体意见会更为谨慎；如果群体中大多数人倾向于冒

① ［德］黑格尔：《法哲学原理》，范扬、张企泰译，商务印书馆1961年版，第332页。
② ［德］黑格尔：《法哲学原理》，范扬、张企泰译，商务印书馆1961年版，第332页。
③ ［德］黑格尔：《法哲学原理》，范扬、张企泰译，商务印书馆1961年版，第333页。
④ ［德］黑格尔：《法哲学原理》，范扬、张企泰译，商务印书馆1961年版，第334页。

险，那么经过讨论之后的群体意见会更趋于冒险。”① 法国心理学家塞奇·莫斯科维奇（Serge Moscovici）正式将“群体极化”提高到学理层面，把它看作“一种意见在从多数意见中脱颖而出并逐渐极化的过程”②。芝加哥大学法学教授桑斯坦在《网络共和国：网络社会中的民主问题》中使“群体极化”解说更为流传广泛：“团体成员一开始即有某些偏向，在商议后，人们朝偏向的方向继续移动，最后形成极端的观点。”③ 他更进一步强调互联网激化了群体极化现象的发生，扩散了群体极化现象的影响。总而言之，网络舆论中的群体极化现象是指在互联网平台中，网民对某一议题的倾向性经充分讨论和交流后愈加趋于强烈，最终形成一边倒的极端观点和态度。网络舆论的“爆发”原本指向一种公共目的，反映了网民的某种普遍社会情绪和社会需求，这与公共舆论的普遍性理想境界方面相呼应。但和现实生活中的公共舆论一样，网络舆论也是一种无机的表达方式。更甚者，互联网自身具有的匿名性、开放性等特征，以及网民的从众心理和选择性接触心理，一方面加强了这种无机表达方式的感性化和情绪化程度，另一方面也加强了这种无机表达方式的扩散力和影响力。从而极易让网络舆论中的个体性的具体表达僭越普遍性的理想境界，形成“多数人的暴政”，陷入无理性的极化境地。

2015 年两大网络群体极化事件给我们留下了深刻印象，一则是“成都女司机被打事件”，一则是“南京宝马肇事事件”。两大事件的网络集体声讨的初衷都为追求社会的普遍价值（公平与正义），但夹杂着社会矛盾、个体情绪等多重因素后，网络舆论的走势呈现出一边倒和极端化倾向。“成都女司机被打事件”历经了戏剧性的舆论反转，在行车记录仪公布之前，网民们一致谴责男司机的暴行，在行车记录仪公布之后，网民们把矛头集体转向女司机，并对其发动了人肉搜索攻击。“南京宝马肇事事件”本是一起普通的超速肇事事故，但“宝马”品牌却引发了网络舆论的激化，网络上一度出现了“宝马车主是富二代、官二代”等不实传言。

---

① James A. F. Stoner, “Risky and Cautious Shifts in Group Decisions: The Influence of Widely Held Values”, *Journal of Experimental Social Psychology*, Vol. 4, No. 4, October 1968, pp. 442 - 459.

② Serge Moscovici and Marisa Zavalloni, “The Group as a Polarizer of Attitudes”, *Journal of Personality and Social Psychology*, Vol. 12, No. 2, October 1969, pp. 125 - 135.

③ ［美］凯斯·桑斯坦：《网络共和国：网络社会中的民主问题》，黄维明译，上海人民出版社 2003 年版，第 89 页。

尽管南京警方多次发布通报辟谣，但多数网民仍陷在负面情绪之中，质疑客观事实，导致掀起了一阵网络舆论旋涡。类似的网络群体极化事件还有很多，如“钱云会事件”“药家鑫案”“‘我爸是李刚’事件”“PX 项目事件”“王宝强离婚事件”等。一旦涉及社会公共利益，网络舆论便极易恶化为网络群体极化事件，这主要根源于网络舆论内在的个体性具体表达与普遍性理想境界之间的矛盾。

两百多年前黑格尔笔下公共舆论的伦理矛盾已经埋下了网络共同体内在伦理悖论的伏笔。网络公共舆论的伦理矛盾具体表征出了网络共同体的伦理悖论，网络公共舆论的伦理矛盾又集中表现于诸多网络舆论的群体极化现象中。认识网络舆论的群体极化现象，反思网络公共舆论的伦理矛盾，将有助于我们更深切地体悟到网络共同体自身具有的伦理悖论。

第三节　网络共同体的文明后果

网络共同体深陷于伦理悖论之中。一方面它凝聚起了互联网中碎片化的个体，为个体性通往普遍性开辟了一条新路径，因而被赋予了伦理可能性，另一方面它又仅仅是一种“个体主义”“无精神”的存在形态，早已不是原初意义上的伦理实体，从而丧失了伦理合理性。这类“个体主义”“无精神”的网络共同体对于人类文明发展来说会产生何种后果呢?

事实上，就“个体主义”和“无精神”两大特质而言，早年印刷媒介下的个体主义伦理方式也携带着类似的基因。所以，网络共同体在一定意义上将延续个体主义伦理方式的文明后果。可互联网终究不同于印刷媒介，网络共同体是以其自身的方式加深着“个体主义”和“无精神”的特质，所以一定会“超越”个体主义伦理方式的文明后果。如果说，在印刷媒介时代，道德自由开始获得其应有的位置，发挥其应有的作用，并且也隐含着道德自由与伦理认同的矛盾，那么，现阶段，道德自由与伦理认同之间的矛盾已然激化；如果说，在印刷媒介时代，生活世界开始与精神世界相分离，重获关注，并且也隐含着生活世界与精神世界的分立，那么，现阶段，生活世界与精神世界的分立已然加剧。道德自由与伦理认同矛盾的激化、生活世界与精神世界分立的加剧是“个体主义”“无精神”的网络共同体可能带来的文明后果，同时也将是现代社会发展面临的深刻文明困境。

一　道德自由与伦理认同的矛盾

“个体主义”“无精神”的网络共同体可能带来的第一层文明后果是，道德自由与伦理认同矛盾的激化。

道德自由与伦理认同的矛盾并非网络共同体所特有，它早已产生于印刷媒介时代实体主义伦理方式向个体主义伦理方式的转换过程之中。印刷媒介时代孕育了一种个体主义伦理方式。个体主义伦理方式重新体认了个体的主体性地位，它的成立依托于个体的道德自由与理性能力。道德自由赋予个体自主选择权，而理性能力则增添了道德选择的合理性。在道德自由和理性能力的合谋下，一个合理的普遍性得以构建。这种合理普遍性的构建在一定程度上回避了原初实体主义伦理方式的价值霸权风险，有助于保护个体自由权利的同时，建构起合理社会秩序。然而，在个体主义伦理方式中，其实已经隐含道德自由与伦理认同之间的矛盾。个体主义伦理方式本着对实体主义伦理方式的反思而生发，因此，实体性、普遍性的立场是其批判并扬弃的对象。在它看来，只有个体、个体性才是世界的本质和真理。原本处于优先地位的普遍伦理认同退隐了，让位于觉醒中的个体道德自由。个体道德自由虽然建构了一种肯定个体地位的合理普遍性，但只是一种形式普遍，而非实质普遍的伦理认同。道德自由与伦理认同之间的矛盾就此酝酿于个体主义伦理方式中。道德自由与伦理认同的矛盾正是个体主义伦理方式与实体主义伦理方式之间的矛盾。

可在当时，道德自由与伦理认同的矛盾虽已存在，却隐而未显。因为人们还未曾现实地意识到“脱离伦理认同的道德自由”可能造成的文明伤害，更多沉浸于道德自由觉醒后的激动与喜悦之中。一方面，伦理方式由实体主义向个体主义的转向，是历史发展的必然需求。实体主义伦理方式陷入的普遍性的价值霸权及其造成的消极后果，本身要求伦理方式作出个体主义的转向。另一方面，个体主义伦理方式生成的普遍法则，也确实为当时社会秩序的合理发展和个体自由权利的保护作出了卓越贡献。但不容否认，即便隐而未显，矛盾始终存在，这为将来文明危机的出现埋下伏笔。在缺乏普遍约束的情形下，个体的道德自由将不断膨胀。当人人宣称充当“上帝”之时，道德自由便会陷入自由主义与虚无主义的泥潭，从而消解了构建普遍性的可能。届时，人们将充分体会到“脱离伦理认同的道德自由”带来的最大恶果——“失家园”之痛。

网络共同体和个体主义伦理方式共同具有“个体主义”“无精神”的特质，不同之处是，网络共同体与个体主义伦理方式相比从一开始就刺激了道德自由与伦理认同之间的矛盾，使之成为一个显在问题。这主要因为，网络共同体赋予个体道德自由更多的权利。

首先，从互联网的主体构建来看，网络共同体的个体主义程度远胜于个体主义伦理方式。互联网的主体构建能力早已揭示：它能在更大范围内、更大程度上解放个体，将个体塑造成一个个“飘忽不定”的原子，使其陷入碎片化、分散化和多元化的境地。互联网打造的原子式个体是独立、自主的个体，它不再居于口头媒介下的总体性关系之中，也不再居于印刷媒介下的主客体分立之列。同为个体，网络共同体中的个体性显然比印刷媒介下的个体性更为彻底。因而，网络共同体中的个体就有着更大的道德自由，更容易诱发道德自由与伦理认同之间的矛盾。

其次，从建构普遍性的机制上看，较个体主义伦理方式之理性而言，网络共同体的交往理性或感性认同更具有个体性色彩，从而进一步强化了个体的道德自由。在讨论网络共同体建构的时候，我们曾作出如下区分：理想情境中的网络共同体与现实情境中的网络共同体。理想情境中的网络共同体是基于哈贝马斯论及的交往理性而建立的一个理想化的网络公共领域。而现实情境中的网络共同体更多依靠的是个体之间的感性认知与感性认同而缔结。乍一看，理性、交往理性、感性都是个体的能力，本应具有同样的个体性程度。但由于三者的作用方式不同，使得它们的个体性程度还是存在着一定差异。个体主义伦理方式中的理性是在主客体二元对立意义上的理性。个体之所以成为主体而存在，是在对立于客体的意义上而言。主体理性能力的发挥，一方面是要为自己立法，另一方面更要用来确证自己遵循的道德法则是否可以被作为客体的他者普遍接受，从而缔结出适用于每个人的普遍法则。因此，理性表现出的个体性是被客体牵制着的个体性。至于交往理性，它主要涉及不同言谈者的对话关系，是一种双向维度的主体间的理性。按照哈贝马斯的观点，交往理性显现的个体性显然是一种被他者牵制的个体性，因为个体需要在与他者的对话中发挥其理性能力，通过理性商谈达成普遍共识。但当交往理性介入网络共同体中时，情况有一些改变。在网络共同体中的交互主体是自由的、流动的，这让交往主体之间的对话和商谈也相对自由与随意。尽管个体的交往理性还是要在他者的参与中发动，但自由的、流动的个体还是被赋予了更多的自主权。与理性、交往理性相比，感性的个体性程度更为彻底。感性是一种自然而然的情感流露，是一种主观性的直接表达。“个体对于社会认同的达成是听从自己心灵的，是不会刻意遵循概念化、系统化和理性意识形态来进行价值判断，也不会是经过周密逻辑思维而形成理性思考来决定认同与否的。”① 感性是完完全全的不受束缚的个性化体验。从理性，到交往理性，再到感性，个体性色彩逐级递增。在我们现实的网络共同体中，感性能力更赋予个体道德最高程度的自由——遵从自己的内心。

在这些因素的推动下，个体的道德自由在网络共同体中被抬高到一个前所未有的高度。道德自由的个体有可能真正成为自己的立法者，全凭自己的主观臆断来判断何种价值具有普遍性。当人人争当价值裁判，人人成为价值裁判时，个体性便消解了普遍性的可能。即使普遍性有幸达成，共同体有幸缔结，在此基础上建立起来的网络共同体也表现出多元的、多变的和流动的，同时还带鲜明的个体性色彩。看看那些现实生活中的网络共同体吧！个体只要对某件事情或某个话题感兴趣，就能吸纳一批志同道合、趣味相投的人构筑起相应的网络共同体，一旦个体对这些事件、这些话题失去兴趣，又都自由地从现有的网络共同体中抽身而出。一人身居多类网络共同体，并在多类网络共同体中自由游走、切换，更是非常普遍的现象。以网络共同体典型代表之一百度贴吧为例，百度贴吧数量现已高达两千多万个，数量之庞大令人咋舌。百度贴吧多因新近的社会事件或共同的兴趣话题会聚起一大批志同道合的互联网粉丝，参与实时的追踪和讨论。除了具有稳定粉丝吸引力的那批贴吧之外，大部分贴吧缺乏一定的稳定性。或是由于话题时效的丧失而解散，或是由于兴趣黏性的减弱而沉寂。百度贴吧充分秉承互联网的自由精神，对网民参与的贴吧数量也并无限制，只要有兴趣就能自由参与或组建各类主题贴吧。与百度贴吧类似的那些网络共同体难以为原子式个体提供一个暂时依靠的港湾，反倒是这漂泊不定的流浪经历，愈加唤起了个体的家园记忆，加剧了个体“失家园”的痛楚。人们真真切切地意识到，脱离伦理家园，无尽的道德自由只能让自己万劫不复。

① 宋辰婷：《网络时代的感性意识形态传播和社会认同建构》，《安徽大学学报》（哲学社会科学版）2015年第1期。

二 生活世界与精神世界的分立

“个体主义”“无精神”的网络共同体可能带来的第二层文明后果是，生活世界与精神世界分立的加剧。

如同道德自由与伦理认同的矛盾，印刷媒介下个体主义伦理方式的诞生也同样是生活世界与精神世界相互分离、相互分立的分水岭。伦理方式内在地、本质地与文明世界的两个方面即精神世界和生活世界相关。精神世界的形态、生活世界的形态以及精神世界与生活世界的关系，表征着伦理方式的文明意义。口头媒介孕育的实体主义伦理方式实现了精神世界与生活世界的直接同一，且直接同一于精神世界之中。到了印刷媒介时代，伦理方式的个体主义转向打破了原初精神世界与生活世界自然合一的状态，分裂为两个世界，即彼岸的精神世界与此岸的生活世界。实体主义伦理方式和个体主义伦理方式先后聚焦于文明的不同层面，前者专注于精神世界的伦理信念构想，而后者则致力于生活世界的伦理建构努力。所以说，印刷媒介下的个体主义伦理方式早已开启了生活世界与精神世界的分立前奏。但正如道德自由与伦理认同的矛盾在早期个体主义伦理方式中不被显现一样，生活世界与精神世界的分离虽已出现但此时两者的对立关系并未凸显。一来，生活世界本身有待考察，以避免禁锢于过分抽象的精神世界；二来，两者的分离，为精神世界的独立进而指导生活世界创造可能，个体主义伦理方式也确实在精神世界的指导中实现了对生活世界的伦理建构。无论如何，生活世界与精神世界的分立关系已然在个体主义伦理方式那儿埋下了伏笔，自那时起，生活世界与精神世界之间便开辟了一条似乎永远无法跨越、无法弥合的巨大鸿沟。

网络共同体延续着个体主义伦理方式对生活世界与精神世界的文明影响，这一点从它们共同具有的“无精神”特质中就可直接洞察。关键问题是，网络共同体为何会加剧生活世界与精神世界的分立，使其显现为一个文明难题？这里有必要回到“信息方式—伦理方式”诠释框架的第二层内涵意蕴，借助伦理方式影响精神世界、生活世界以及两者关系的理论逻辑加以考察。

伦理方式之所以内在地、本质地与精神世界和生活世界相关，主要表现为：精神世界与伦理方式的概念相关，伦理方式的概念在它的价值特征中显现；生活世界与伦理方式的定在相关，伦理方式的定在即它的存在形态。口头媒介时代塑造了一个精神世界与生活世界相融合的世界。精神直接是口头媒介下伦理方式的本质特征，直接是伦理方式的概念，这构成了精神世界本身。“家庭—民族”关乎生活世界，因为它是伦理方式的存在形态，即伦理方式的定在。而“家庭—民族”又是一种“真实的精神”，是直接和自然的精神，所以此刻的生活世界融合于精神世界。印刷媒介带来的个体主义伦理方式突破了这般融合状态。生活世界开始与作为伦理方式存在形态即定在的“社会—国家”相关，“社会—国家”不是直接的自然的精神，而是精神的异化形态、现象形态和形式形态。生活世界与精神世界相分离。至于精神世界，个体主义伦理方式用理性替代精神作为价值特征，理性是精神的异化和现实。理性的跃居而上，让精神世界蜕变为理性世界，并向生活世界靠拢，而原初的精神世界本身则退隐到世界的彼岸。精神世界本身的退隐，生活世界从精神世界中的分离，并没有完全割裂开两者之间的关联性。精神世界以其异化了的、现实化了的理性形态指导于生活世界，生活世界也以异化的、现象的、形式的精神姿态欣然接受理性的指引。所以，在印刷媒介下，生活世界虽然与精神世界相分离，但正是在这种富有张力的疏离关系中，生活世界获得了在精神世界引领中的良性发展机会——基于理性力量的生活世界的伦理建构。当然，这其中也潜藏着一定的文明风险。倘若理性自身异化为非理性，割断了与精神之间的有机联系，那么生活世界与精神世界之间相对稳定的分离关系可能会陷入生活世界的强势话语之中。

网络共同体正是造就了这样一个尴尬局面。网络共同体，尤其是现实情境中的网络共同体加剧了生活世界和精神世界的分立。现实情境中的网络共同体以感性而非精神或理性为价值特征。感性与理性的区别在于，感性因其主观性和直接性而更具有个体性。感性与精神的区别在于，感性侧重于个体性的情欲之感，精神则与普遍意义的情感相关。感性与精神之间的关系并不同于理性与精神，甚至于说，感性与精神之间存在着个体性与普遍性的鲜明对立。感性僭越理性、精神成为伦理方式的价值特征，意味着个体性侵蚀原初的精神世界，意味着此时此刻普遍意义的精神世界退化为个体世俗的生活世界。在网络共同体中，原初精神世界不仅退隐而去，而且精神世界与生活世界之间也失去了引导与被引导的价值关联。生活世界与精神世界分立加剧，生活世界成了自己的主宰。这里的生活世界指涉的正是那一个个多元的、多变的、流动的网络共同体。这些网络共同体不是围绕共同的兴趣、爱好而缔结，就是因关注社会群体事件而聚合。虽然其中也不乏共同的价值关怀，但仍多停留于碎片化的世俗感悟，未能通达到普遍的精神境界。再以百度贴吧为例，2015 年百度世界大会贴吧论坛发布了《全网粉丝势力报告》①，该报告公布了贴吧粉丝数量排名前 20 的吧名，李毅、扒皮、魔兽世界、美女、lol 分别位列前五位。这些热点贴吧不是关注八卦信息就是聚焦动漫娱乐，成员们虽因共同的兴趣爱好和价值关怀相聚，但与我们的精神生活相去甚远，反而更加深了我们的世俗化程度。在这样的网络共同体中，精神世界的洗礼早已失去踪迹。人们只是沉醉于互联网铸造的缤纷绚烂的世界中，生活多彩却又精神空乏。

在生活世界与精神世界分立加剧的情况下，不仅生活世界中的个体性权力得到空前膨胀，导致个体脱离于生命整体意义和生活总体价值，导致社会稳定秩序的丧失，而且就连生活世界的伦理建构也失去了可能性，无法建立起合理的社会制度，无法保障个体的基本权利。于是，网络伦理方式的这次自我救赎就此只能宣告失败，将人们再一次被打回到传统伦理方式解构后的伦理困境之中。

① 《全网粉丝势力报告》，http：//www. csdn. net/article/a/2015 - 09 - 08/15827954，2017 年4 月10 日。

第七章　网络伦理方式的价值合理性建构[*]

网络伦理方式完成的首场自主演练，让人们心怀期待，却又以失望告终。失败的根本原因在于，网络共同体因“个体主义”“无精神”而丧失了伦理合理性，进而诱发了一系列深刻的文明后果。因此，我们不得不尝试重新建构起网络伦理方式的合理性。

网络伦理方式的合理性建构归根结底是一种价值合理性的建构。何为“合理性”？笼统来说，“合理性就是对人们的思想和行为所应当具有的客观性、价值性、严密性、正常性、正当性、应当性、可理解性、可接受性、可信性、自觉性等的概括与要求，是合规律性、合目的性，和合规范性的统一，也是真理性与价值性的统一”[①]。但合理性本身又是“一个丰富、复杂而多变的内涵”，是“一个具有多层面、多侧面结构的、可变化的对象”[②]，因而学界对合理性的具体理解往往存在着众多争议。其中，德国社会学家马克斯·韦伯就人的行为研究提出的合理性概念最富有解释力，开辟出社会现代性问题研究的新范式。

韦伯将社会行为分为四种“理想类型”：传统的行动、情感的行动、价值合理性的行动、工具合理性的行动。前两种行为是非理性的，而后两种行为是合理性的。由此，韦伯将合理性划分为价值合理性与工具合理性两大类别。“谁的行为如果不考虑预见到的后果，而只坚持其关于义务、尊严、审美、宗教律令、虔诚或‘事实’的正确性的信念，并且不管对

---

* 此章部分内容曾以《互联网交往的伦理悖论》为题，发表于《东南大学学报》（哲学社会科学版）2019 年第 3 期，并收录于笔者参与合著的《现代伦理学理论形态》（中国社会科学出版社 2021 年版）一书中。

① 欧阳康：《合理性与当代人文社会科学》，《中国社会科学》2001 年第 4 期。

② 杨耀坤：《科学合理性是多方面联系的总和——略论科学合理性的内涵结构（科学合理性问题系列论文之二）》，《科学技术与辩证法》1999 年第 3 期。

他提出的是何种要求，那么，他的行为就纯属价值理性行为。”① “当目的、手段和与之伴随的后果一起被合理性地加以考虑和估量时，行动就是工具合理性的。这包括合理性地考虑针对目的而选择的手段、目的对伴随结果的关系，最后合理性地考虑各种不同可能目的的相对重要性。”② 价值合理性与工具合理性的区别在于，前者关心宗教、伦理、道德、审美一类价值意识之合理性，后者关切预期的目的以及实现这种目的的工具、手段之合理性。韦伯推崇现代化进程中工具合理性的重要性，而相应地批判价值合理性的地位。暂且抛开韦伯的学术立场不论，就合理性的划分而言，网络伦理方式的合理性建构根本上指涉的是一种价值合理性的建构，它旨于复归原初的具有合理性的伦理价值意识，重建伦理的价值合理性。

如何建构网络伦理方式的价值合理性？为了避免“个体主义”“无精神”的合理性危机，回归“精神”的传统成为当务之急。更为重要的是，在精神回归的基础上，我们要重新建构起以公共性、普遍性为本质立场的精神的伦理存在。作为网络社群的存在形态之一，社会网络以其独有的特质为我们提供了有利条件：它与“家—国—天下”的中国智慧存在一定的契合度。需要进一步付出的努力是，整合社会网络与“家—国—天下”式中国智慧，超越生成社会网络下的“家—地球村”形态。此种网络伦理方式的理想范式耦合了传统智慧与现代气质，重新被赋予了价值合理性，具有举足轻重的理论意义与现实价值。

第一节　回归伦理的“精神”传统

网络共同体的伦理失利说到底是受限于“个体主义”和“无精神”的特质。因此，重新确立普遍本质、激发精神力量是网络伦理方式重建价值合理性的核心任务。而扬弃“个体主义”，确立普遍本质归根结底也在于精神的回归。因为，精神的一大规定性正是个体性与普遍性之间的辩证统一，个体性与普遍性之间的辩证统一生成实质的普遍性即普遍本质。精神的回归即表征着普遍本质的确立。所以，回归精神乃重中之重。只有回

---

① 转引自［德］哈贝马斯《交往行为理论》第1卷，曹卫东译，上海人民出版社2004年版，第166页。

② 转引自苏国勋《理性化及其限制——韦伯思想引论》，上海人民出版社1988年版，第93页。

归精神，网络伦理方式的价值合理性才能有希望得以重建。

精神对于网络伦理方式而言之所以必要，是因为精神是伦理的本性，也是伦理方式的本质特征；精神对于网络伦理方式而言之所以还可能，是因为互联网中还潜藏着某些精神的资源、某些精神的力量，有待我们发觉与利用。

在第一章中，我们曾首先基于历史与逻辑辩证统一的视角，以及中西文化平等对话的视域，详细梳理了伦理的本性为何是精神。概括而言，西方黑格尔道德哲学与中国道德哲学都共同表明了伦理的精神本性。黑格尔之精神诠释超越了马克思之社会意识、康德之实践理性，不仅严格区分了伦理与道德，而且在精神的运动中道明了伦理道德的价值意义、生命意义和思辨意义。而中国道德哲学则自始至终把精神作为把握伦理道德的主要方式，并在宋明理学时期达到伦理道德的精神自觉。因而，伦理的本性必须是，也只能是精神。与此同时，我们还进一步指证伦理方式也是以精神为本质特征。一方面这是由伦理的精神本性所决定，另一方面整个伦理方式的逻辑结构也符合于精神的三大规定性。精神对于伦理方式，对于网络伦理方式的重要性不言而喻。回归伦理的精神，是重新赋予网络伦理方式价值合理性的必由之路。

然而，我们早先也忧虑过，互联网的语言构型难以提供一个精神的意义结构，反而有可能导致精神的祛魅。因为互联网的语言构型在本质上是一种抽象的数字化形态，数字化的语言构型容易稀释精神的情感源头。即便有人反驳，数字化的语言构型也让互联网在一定程度上释放了个体内心的情感表达，但此种情感往往偏向于个体性的“情欲”之“情”，而非普遍性的“情感”之“情”。现实情境中网络共同体所依靠的感性认知、感性认同正多是这种个体性的“情欲”之“情”，最终因精神的极度缺乏激化了道德自由与伦理认同、精神世界与生活世界的伦理矛盾。那么，这是否意味着互联网彻底无缘于精神？网络伦理方式注定不具有价值合理性？其实，不断发展着的互联网仍然隐藏着某些精神的资源和精神的力量，正在等待着人们敏锐认知、强化利用。

依据“信息方式—伦理方式”的诠释框架，伦理方式的精神本质来源于口头媒介的语言构型，换言之，口头媒介的语言构型为伦理方式提供了精神资源与精神力量。互联网之所以还隐藏着这些精神元素，根本原因不仅在于互联网自身携带着的口语色彩，而且更在于互联网不断深化着的口语性质。众所周知，互联网是一个多元化的媒介形式，它融合了口头媒介、印刷媒介、广播媒介、电视媒介等多种媒介形式。因而，多元化的互联网自一开始就带有口语色彩。互联网不仅仅因多媒介化形式自带口语色彩，它的口语性质也在互联网的发展过程中被不断强化，日渐贴近于人们的日常口语生活，乃至复制了人们的日常口语交往情境。互联网的口语色彩最先体现在文字对话上，出现了很多口语化的网络语言，在网络空间中兴起并铺天盖地地流行。互联网的文字对话只是在内容上部分复原了口语媒介，片面的口语媒介还无法提供与原初口头媒介一样的情感因素用以生成精神，反而为“情欲”之“情”的释放创造了契机。随着互联网技术的日臻突破，语音、视频的数字化编码成为可能，文字对话逐渐发展为语音对话、视频对话，互联网的口语色彩日渐内化为口语性质，越来越接近于我们的口语日常，从内容的口语化进阶为内容与形式兼具的口语化。其中，面对面的视频对话除了未能让交谈双方居于同一空间中，其余与原初的口头媒介并无二样。也正是互联网的这种时空整合能力，使其在复兴口头媒介的同时，也超越了原初的口头媒介，把它推至更为广阔的时空情境中。倘若借用麦克卢汉的隐喻，媒介是人的延伸；我们不妨说，互联网是人的口语能力的延伸。

因此，以长远的眼光看，互联网并没有完全瓦解人的口语表达能力，并没有完全消解精神的情感源头。虽历经波澜，但沉浮过后，重新又让口语表达以新的面貌冉冉升起，为人们再一次酝酿了精神的资源与精神的力量。为了重建网络伦理方式的价值合理性，务必要重视精神的传统，而重视精神的传统就是要重视互联网不断强化着的口语性质。

第二节　伦理存在的整合与超越

互联网不断强化着的口语性质，为精神的再现带来了希望与可能。可是，精神还只是伦理方式的本质特征，最终需要落实为伦理方式的现实形态（伦理存在）才具有现实意义。在口头媒介下，以精神为本质特征的实体主义伦理方式最终显现为“家庭—民族”的存在形态。眼下，互联网在一定程度上复兴了口头媒介，但更实现了对原初口头媒介的突破，尤其是将口头媒介塑造成一种超越时空限制的形式。这必然导致，也必然要求以往“家庭—民族”存在形态产生新变化。究竟什么样的伦理存在才能既符合精神的传统条件，又符合互联网的开放的时空特性呢？答案是：在社会网络与“家—国—天下”的中国智慧整合中，超越生成的社会网络下“家—地球村”形态。

一 “家—国—天下”的中国智慧

中国哲学博大精深，“家—国—天下”的中国智慧激发了我们的伦理想象力。它以精神为本质，又秉承着开放的态度。这为我们希求中的伦理存在奠定了一定的价值基础，同时也为其架构起了一个基本的理论框架。

“家—国—天下”的中国智慧源远流长，它生发于西周以来的社会基本结构。西周以来的社会基本结构呈现为家庭范围内的宗法制，以及国家范围内的分封制。宗法分封制将卿大夫、诸侯与天子连为一体，天子封诸侯以立国，诸侯分封土地和人民给卿大夫以立家，形成所谓“家国天下”的社会结构。其中，“天子代表天下（相当于现代意义上的国），诸侯代表列国（相当于现代意义上的地方），卿大夫代表采邑（相当于现代意义上的家乡）”[①]。这种标准的家国天下结构，乃是“家—国—天下”中国智慧的历史源头。春秋战国时期诸侯争霸致使西周分封制礼崩乐坏，原初的家国天下社会结构也随之分崩离析，但家国天下的价值体系却在历史沿革与文化传承中得以继承和保存下来，甚至根深蒂固地嵌入中华民族的文化基因之中。家国天下的价值体系在先秦儒家学说中得到充分阐发，为后人提供了一套认识世界、想象世界的价值框架。《礼记·大学》论及：“古之欲明明德于天下者先治其国；欲治其国者先齐其家；欲齐其家者先修其身……修身而后家齐，家齐而后国治，国治而后天下平。”[②] 孟子则曰：“天下之本在国，国之本在家，家之本在身。”[③] 身—家—国—天下，层层推进，构筑起中华民族“在一起”的文化模式，构成了中华民族的伦理秩序。

“家—国—天下”的中国智慧具有两重伦理属性：其一，它符合伦理的本性，因“家”而精神；其二，它具备伦理的想象力，因“天下”而开放。“家—国—天下”与口头媒介下的“家庭—民族”有着极大的相似

① 许纪霖：《现代中国的家国天下与自我认同》，《复旦学报》（社会科学版）2015年第5期。
② （战国）孟子等：《四书五经》，中华书局2009年版，第452页。
③ （战国）孟子等：《四书五经》，中华书局2009年版，第87—88页。

性，最大的相似点在于它们都以家庭为伦理的逻辑起点，并在此基础上向外扩散、向外延伸。将家庭作为伦理的逻辑起点注定让精神充当起伦理的本性特征，因为家庭与精神的三大规定性不谋而合。精神的三大规定性具体表现为：个体性与普遍性的辩证统一，知与行的统一，出于“自然”又超越“自然”。家庭与精神的第一大规定性相符：家庭以血缘亲情关系为纽带凝聚起各个家庭成员，是一种直接的、自然的伦理实体；个体性与普遍性在其中无须外力，自在同一。家庭与精神的第二大规定性相应：家庭伦理实体不仅要包含家庭成员和家庭整体之间的实体性关系，而且还要落实到“个别家庭成员的行动和现实”之中。家庭与精神的第三大规定性相合：家庭一方面肯定两性关系和生殖繁育的自然本能，另一方面又超越自然本能赋予爱与亲情、生活与生命的价值意义。所以，“家—国—天下”也因将“家”作为伦理起点而具有精神的本质意义。以精神为本质，“家—国—天下”符合伦理的本性要求，具备伦理合理性。

“家—国—天下”与口头媒介下的“家庭—民族”之间还存在第二个相似点：它们都遵循着“推己及人”的方式与机制，由家推及国、推及天下，或由家推及民族。但这一相似点也同时蕴藏着“家—国—天下”与“家庭—民族”之间的显著差异。此差异正是“家—国—天下”独具的第二重伦理属性——因“天下”而开放。口头媒介下的“家庭—民族”存在形态虽也具有一定的延伸性，但远未达及“家—国—天下”的开放广度。后者的开放性，放眼于“天下”。

在中国历史中，“天下”经历了由自然的空间向文化的观念的升华，作为文化的观念，“天下”彰显出无限的开放性与延展性。从整个世界文明史鸟瞰，“天下”是一个别具一格的中国概念。“天下”的具体起源已难以考证。但可以公认的是，“天下”在黄帝、尧、舜、夏商之时已经孕育出朴素的原型，并且在两周时期得到进一步发展。黄帝、尧、舜、夏商之时的“天下”还多为有限的自然空间。有学者考察了《易·系辞下传》中对远古时代“天下”的记载，发现“除了被当作自然之填或天地万物外的自然空间外，并没有深层的哲学意识”①。“人们生活在许多自然的村落中，一些自然的村落围绕着一个较强大的‘城’形成共同体‘邦’，这些自然村落的共同体又属于一个庞大的联盟，村落的共同体在联盟内和平

① 刘军平：《“天下”宇宙观的衍变及其哲学意蕴》，《文史哲》2004 年第 6 期。

共处，人们实际上是生活在一个统一体内，这个统一体就是中国当时能够了解的‘天下’。”[①] 两周时期对“天下”含义作出的最大贡献是将其逐渐发展为一种“天下”观念。“溥天之下，莫非王土；率土之滨，莫非王臣。”[②]“天下”观念宣扬“天下一家”“无外王者”“天下大同”。它不再仅仅是一种层次观念、方位观念，更强调海纳百川、包容万物的文化意义。需要承认的是，当时形成的“天下”观念也具有一定历史局限性和政治保守性。它只是一种以诸夏为中心向蛮夷戎狄扩展的有限疆域概念，带有鲜明的等级色彩和尊卑意识。“天下由诸夏及蛮夷戎狄组成，中国即诸夏，为诗书礼乐之邦，在层次上居内服，在方位上是中心，蛮夷戎狄行同鸟兽，在层次上属外服，在方位上是四裔。”[③] 秦朝的大一统将周代“合法之分割”的“封建天下”变革为“绝对之一统”的“专制天下”，也未从根本上突破两周以来“天下”的历史局限性与政治保守性，并一直被整个封建时期所延续。但无论如何，“天下”观念之“穷天通地、及四维之东西南北、无弗皆覆、无弗皆载、无弗皆戴履”的文化意蕴已然生发，养成为一种想象世界的文化方式。

更为重要的是，“天下”之“天”代表了“中国文化的最高理念与最高精神指向”，这赋予“天下”神圣超远的伦理意义。“天”是中国传统文化中的一个重要范畴，自古以来包含着多重含义。《朱子语类》记载：“问经传中天字，曰：要人自看得分晓，也有说苍苍者，也有说主宰者，也有单训理时。”[④] 朱熹认为，天有自然之天、主宰之天和义理之天。天之自然之义无可厚非，天本身首先作为自然之物而存在。自然之天是一种本然的、实然的天，是天的最原始、最基本的存在形态。先秦时期，论自然之天最为杰出的是荀子。荀子否认天与伦理道德之间的关系，强调人对自然的利用与主宰。“天行有常，不为尧存，不为桀亡，应之以治则吉，应之以乱则凶。”[⑤]“大天而思之，孰与物畜而制之，从天而颂之，孰与制天命而用之。”[⑥] 荀子对自然之天的推崇，后期也得到王充、柳宗元、张

---

① 葛兆光：《中国思想史》第 1 卷，复旦大学出版社 2001 年版，第 8 页。

② （战国）孟子等：《四书五经》，中华书局 2009 年版，第 178 页。

③ 邢义田：《天下一家——中国人的天下观》，载《中国文化新论·根源篇》，台北：联经出版公司 1981 年版，第 454—455 页。

④ （宋）黎靖德编、王星贤点校：《朱子语类》卷一，中华书局 1986 年版，第 5 页。

⑤ 方勇、李波译注：《荀子》，中华书局 2015 年版，第 265 页。

⑥ 方勇、李波译注：《荀子》，中华书局 2015 年版，第 274 页。

载、王夫之等人的继承和发展。但论自然之天归根结底是对主宰之天和义理之天的反思与修正，主宰之天与义理之天在中国文化中占据着核心地位。主宰之天可远溯到殷周时期，胡适就认为：“老子以前的天道观念，都把天看作一个有意志、有意识，能喜能怒，能作威作福的主宰。”① 主宰之天拥有着最高意志，主宰着人间大权，因而它是人世间道德法则的创造者、道德执行的监督者、失德行为的惩罚者；同时它授命于天子，作为配享天德的道德典范，引领世间众人归于天德。义理之天扬弃了主宰之天的外在性，将其内化于人的心性结构中。孔子以践仁知天，孟子以尽知性知天，初步确立起天与心、性之间的关联性，并在宋明理学中最终实现心、性、天的合一。心、性、天合一的义理之天取代主宰之天成为人们伦理道德的价值来源，这是一种内化的、抽象的理念，有着更为超越的、更为强大、更为有效的伦理威慑作用。无论是主宰之天还是义理之天，它们都把天看作至真至善的最高价值，是伦理价值的根源所在。不同之处是，主宰之天是人格化了的至真至善，而义理之天则是抽象化了的至真至善。于是，中国文化中至真至善之天便成为一种具有形上意义的伦理实体，成为“天道”。至真至善本性也同时意味着，对天的追寻是永远有待完成的任务。这就决定了，“天下”于此不仅具有伦理意义，而且是一种神圣超远的伦理意义。

因此，“家—国—天下”在“天下”之文化意蕴与“天”之伦理韵味中，较“家庭—民族”有着更为广阔的开放性，它能激发起人们无尽的伦理想象力。“家—国—天下”的中国智慧融精神性与开放性为一体，如同费孝通所言的一轮轮波纹荡漾开去的差序格局，这为我们寻找具有伦理合理性的网络伦理存在提供了一条可能路径。但“家—国—天下”的中国智慧当且仅当提供了历史的经验，开拓了我们的思维，不可能直接充当起一个合理的网络伦理存在，因为它诞生于特定的历史背景，无缘于互联网本身。我们需要在汲取“家—国—天下”中国智慧的基础之上，充分挖掘互联网中的可靠资源，实现伦理存在的整合与超越。

二　社会网络下“家—地球村”形态

互联网中是否还存在着可靠的伦理存在资源？这是值得我们深入思考

① 胡适：《中国哲学史大纲》，上海古籍出版社1997年版，第39页。

的问题。虚拟社区和社会网络是网络社群的两种存在形态。当我们强调虚拟社区和社会网络在“意识、行为以及利益等因素”方面的共同点，强调虚拟社区和社会网络之于网络共同体的相似作用之时，却往往忽视了社会网络的独特性。而恰恰是社会网络的独特性对我们重建合乎伦理合理性的网络伦理存在创造了可能。

社会网络之所以可能有助于我们的伦理建构，关键在于其鲜明的结构形式。这种结构形式与“家—国—天下”的中国智慧有着很高的相似性。首先，两者均呈现出波纹型的扩散样态。借用费孝通的解释，“家—国—天下”以个人及其家庭为中心，像水面上泛开的涟漪一般，一圈一圈向外扩散出去，由家及国，由国及天下。而作为网络社群的存在形态之一，社会网络也有着类似的扩散结构。区别于虚拟社区，社会网络是一种“链”式结构：以一个个个体为中心，凭借个体与个体之间的关系链条，无穷无尽地向外延展。其次，两者均表现为由亲及疏的差序格局。在“家—国—天下”的中国智慧中，波纹的远近标志着社会关系的亲疏。越靠近波纹中心证明关系越亲近；随着波纹的层层荡漾，关系愈加疏远。社会网络也呈现出类似的亲疏关系。尼古拉斯·克里斯塔基斯（Nicholas A. Christakis）等认为，以某个个体为中心的社会网络遵循着“三度影响力原则”（Three Degrees of Influence Rule）。“我们所做或所说的任何事情，都会在网络上泛起涟漪，影响我们的朋友（一度），我们朋友的朋友（二度），甚至我们朋友的朋友的朋友（三度）。如果超出三度分隔，我们的影响就逐渐消失。……相距三度之内的人之间是强连接关系，强连接可以引发行为。”① 社会网络中的影响力也代表着某种亲疏程度。在三度影响力以内，人与人处于强连接关系中，人与人之间的亲密度较高；在三度影响力之外，人与人处于弱连接关系中，人与人之间的亲密度逐渐减弱。社会网络和“家—国—天下”的中国智慧相似，既表现出波纹型的扩散样态，又表现出由亲及疏的差序格局。这种结构的相似性使社会网络有可能成为我们理想中的网络伦理存在。

然而，社会网络作为一种群体结构形式，仅仅提供了一种网络伦理存在建构的可能框架，并不直接是一种合乎伦理的存在形态。正如“家—

① ［美］尼古拉斯·克里斯塔斯基、詹姆斯·富勒：《大连接：社会网络是如何形成的以及对人类现实行为的影响》，简学译，中国人民大学出版社2013年版，第39页。

国—天下”中国智慧仅仅提供了一种历史伦理经验，并不直接是一种合乎互联网的伦理存在形态。一个合乎伦理的、合乎互联网的网络伦理存在有待通过整合社会网络和“家—国—天下”的中国智慧而最终超越生成。

互联网是一个多元化的媒介形式，其自身携带着口语色彩，并且随着互联网技术的不断发展，其口语色彩日益内化为口语性质，呈现出口头媒介的强化乃至复原景象：从内容的口语化进阶为内容与形式兼具的口语化。这为互联网中精神力量的再次崛起创造了宝贵的契机。可是，互联网的多媒介化形式也让我们不得不承认，口语元素能否充当起互联网中的传播主力，能否抵挡住其他媒介形式的影响与冲击，仍然是一个未知因素。对于社会网络而言，构筑并维系社会网络的形式是多种多样的。以当下最为流行的微信为例，微信虽然实现了口头媒介的复苏，人们可通过语音聊天、视频聊天与朋友或陌生人实时交往；但微信朋友圈的维系更多依靠的是相互之间的文字分享、图片分享，以及相互之间的“点赞”与“转发”。（口语元素并没有占据稳固的主力地位，这可能影响精神力量的生成与功效。为了整合社会网络与“家—国—天下”的中国智慧，生成可靠的网络伦理存在，首要任务是强化社会网络中的口语元素，以保证精神在伦理建构过程中的主导力）一方面，社会网络的设计者要有意识地增添社会网络的口语环节与口语功能，为社会网络口语元素的强化创造现实的技术条件；另一方面，社会网络的参与者也要有意识地使用相应的口语环节和口语功能，充分发挥自身的口语能力，为社会网络口语元素的强化奠定广泛的群众基础。如此强化社会网络中的口语元素，才有可能确保社会网络与“家—国—天下”的中国智慧整合过程中精神的主导地位。

更为关键的是，要将“家—国—天下”的中国智慧源源不断地注入社会网络的结构中，超越生成社会网络下“家—地球村”形态。社会网络与“家—国—天下”的中国智慧有着结构上的相似性，两者都表现为波纹型的扩散样态以及由亲及疏的差序格局，这使社会网络可能成为网络伦理存在的建构框架。然而，作为一种建构框架，社会网络仍然缺乏一定的伦理本性。如果说，强化社会网络的口语元素是为了激发社会网络中的精神力量，以为伦理合理性建构赋予价值资源，那么，注入“家—国—天下”的中国智慧则将使社会网络的伦理合理性建构落实为现实存在。“家—国—天下”的中国智慧和社会网络整合生成的“家—地球村”形态，将弥补社会网络之伦理方面的缺失，同时也将弥补“家—国—天下”

之互联网方面的缺乏。

社会网络的基本结构是一种基于“三度影响力原则”的亲疏差序格局。在亲疏差序格局方面，这与“家—国—天下”的中国智慧有着很大相似性。但与“家—国—天下”的逻辑起点即血缘之情不同，社会网络大多从最为亲近的朋友开始，逐渐向朋友的朋友扩展，朋友之间的友爱之情是其逻辑始点。将朋友之间的友爱之情作为逻辑始点，必然致使社会网络沦为简单的人与人之间的人际关系，而非人与伦之间的人伦关系。友爱之情要向血缘之情回归。社会网络的搭建要回归到以血缘之情为基础的家庭，以此为原点向外“推己及人”。具体而言，个体借助互联网平台搭建社会网络之时，应首先将家庭成员纳入其中，而后通过“推己及人”的心意感通机制，推广至朋友，以及朋友的朋友，以确保伦理的纯正源头。

这是否意味着以家庭为起点的“家—国—天下”的中国智慧是一种完美的设想？显然不是。“家—国—天下”的中国智慧具有历史的局限性，缺乏一定的互联网特征。由家及国，乃至天下的扩散路径确实表征着伦理存在的开放特性，可这只是一种特定时空中的开放特性。而互联网的超时空整合能力意味着它的开放性以及生成的伦理存在都应当超越现有的时空限制。以家庭为原点，社会网络扩散推及的不应当是国与天下，而是新型的“地球村”。早年，麦克卢汉针对广播电视的运用与普及就提出了一种经典的“地球村”。“全新的、电子的相互依存关系将整个世界重新构建为一个‘地球村’。”①“由于瞬息万里的电子技术，地球再也不可能超过一个小小村落的规模……最近宇航员环绕地球的飞行也是一样，它改变了人对地球的感觉，使之缩小到黄昏漫步时弹丸之地的规模。”② 正如莱文森所批判的，麦克卢汉笔下的经典地球村还仍然是“部分意义上的地球村”③，只是“非互动性的地球村”④。互联网的出现才“把地球村变

① ［加］马歇尔·麦克卢汉：《谷登堡星汉璀璨：印刷文明的诞生》，杨晨光译，北京理工大学出版社 2014 年版，第 97 页。

② ［加］马歇尔·麦克卢汉：《理解媒介：论人的延伸》，何道宽译，译林出版社 2011 年版，第 391 页。

③ ［美］莱文森：《数字麦克卢汉：信息化新千纪指南（第 2 版）》，何道宽译，北京师范大学出版社 2014 年版，第 147 页。

④ ［美］莱文森：《数字麦克卢汉：信息化新千纪指南（第 2 版）》，何道宽译，北京师范大学出版社 2014 年版，第 161 页。

成了货真价实的比喻”，“把地球村从比喻变成了接近于现实的白描”。[①]互联网推动生成的“地球村”充分打破了时空有限性，不仅真正达到了无远弗届的开放性，而且也成为人们“在一起”的终极理想状态。由“家”至“地球村”，这就是“家—国—天下”的中国智慧和社会网络整合生成的社会网络下“家—地球村”形态。

因此，一个合乎伦理、合乎互联网的新型伦理存在应当是社会网络下“家—地球村”形态，它总体上呈现为：由“家”出发，通过“推己及人”的心意感通机制，确立个体与个体之间的关系链条，逐渐向外层层扩散，最终指向超越时空的“地球村”；精神应当是“家—地球村”形态的价值基础。

第三节　网络伦理方式的时代价值

网络伦理方式之价值合理性建构应当遵循两大价值原理：其一，回归伦理的“精神”传统；其二，整合社会网络与“家—国—天下”中国智慧，超越生成社会网络下“家—地球村”形态。这是网络伦理方式的理想范式。此种理想范式耦合了伦理之传统智慧与互联网之现代气质，重新被赋予了价值合理性，这必将对理论发展和文明实践产生深远意义。就理论发展而言，网络伦理方式的理想范式将引发“第三种伦理方式”的反思；就文明实践而言，网络伦理方式的理想范式将以技术为中介重新融合精神世界与生活世界，从而有效缓解互联网浮躁之境下的精神空乏。

一　“第三种伦理方式”?

黑格尔虽未直接论及伦理方式，但“黑格尔之咒”对“关于伦理的观点”的探讨已经暗藏着伦理方式的概念，也同样预言着伦理方式有且仅有的两种基本形态：“从实体性出发”或“原子式地进行探讨”。根据“信息方式—伦理方式”的逻辑框架和历史复原，我们也洞察到，口头媒介孕育了实体主义伦理方式，印刷媒介孕育了个体主义伦理方式，而互联网的自发探索、自我修正与自然建构则继续延续着伦理方式的个体主义色

① 参见［美］莱文森《数字麦克卢汉：信息化新千纪指南（第2版）》，何道宽译，北京师范大学出版社2014年版。

彩。面对网络伦理方式自我救赎的局限性，我们不得不走上了网络伦理方式之价值合理性的重建道路。为建构价值合理性，网络伦理方式的理想范式需秉承两大价值原理，即回归伦理的“精神”传统以及整合社会网络与“家—国—天下”中国智慧。这种网络伦理方式的理想范式究竟属于哪一种类别？是第一种伦理方式，是第二种伦理方式，抑或是正在破天荒地开辟出第三种伦理方式？

黑格尔曾在《法哲学原理》中立下断言，“关于伦理的观点”永远只有两种：一种是“从实体性出发”的观点，一种是“原子式地进行探讨”的观点。“在考察伦理时永远只有两种观点可能：或者从实体性出发，或者原子式地进行探讨，即以单个的人为基础而逐渐提高。后一种观点是没有精神的，因为它只能做到集合并列，但是精神不是单一的东西，而是单一物和普遍物的统一。”①“从实体性出发”的观点表明伦理本质上是立足于“实体”的“单一物与普遍物的统一”，因而是“精神”的。而“原子式地进行探讨”则是“以单个人的个人为基础”的单一物之间的“集合并列”，因而是“没有精神”的。不仅“关于伦理的观点”仅有这两种，而且只有“从实体性出发”的观点才是伦理的本质和真理。黑格尔所言的“关于伦理的观点”还只是伦理观的认知层面，它必然要向行动层面的“对待伦理的态度”转换。当“关于伦理的观点”发展至“对待伦理的态度”时，就诞生了“伦理方式”。因此“关于伦理的观点”本身正蕴含着“伦理方式”的旨趣。假如说，“关于伦理的观点”有且仅有这两种，且以“从实体性出发”的观点为本，那么黑格尔认可的“伦理方式”也必然具备同样的情况。

基于“信息方式—伦理方式”的诠释框架，一幅关于媒介影响伦理构建的历史画卷已生动展开，它再一次佐证了黑格尔的上述部分观点。

首先，的确存在两种伦理方式。口头媒介与印刷媒介分别孕育了两种伦理方式，即实体主义伦理方式与个体主义伦理方式。实体主义伦理方式正是黑格尔谈及的“从实体性出发”，它以实体性、普遍性为立场，建构出“个体性”与“普遍性”的自在同一，“精神”是其价值特征，“家庭—民族”是其存在形态，最终创造了精神世界与生活世界直接合一的文明状态。个体主义伦理方式则对应黑格尔谈及的“原子式地进行探

① ［德］黑格尔：《法哲学原理》，范扬、张企泰译，商务印书馆1961年版，第173页。

讨”，它以个体性为立场，建构出“个体性”与“普遍性”的自为同一，“理性”是其价值特征，“社会—国家”是其存在形态，最终呈现生活世界与精神世界相互分离的文明状态。互联网的普及虽让两大传统伦理方式遭受解构危机，但它也激发了一场自发探索、自我修正与自然构建的救赎之路。互联网借助网络交往重新凝聚起原子化的个体，生成经验层面的网络社群，构筑价值层面的网络共同体，使个体性的“我”上升为普遍性的“我们”，为网络伦理方式提供了一条可能路径。这条自我救赎之路本质上延续着印刷媒介下的个体主义伦理方式，只是更多用感性个体主义替代了理性个体主义，但并未改变个体主义的建构本性。

其次，实体主义伦理方式确实关乎伦理的本质和真理。实体主义伦理方式诞生于混沌初开的原初口头文明，因而奠定了伦理的原初文明基因，深深扎根于人类的集体记忆之中。换言之，实体主义伦理方式是一种原初的、神圣的伦理方式。作为伦理的源头，实体主义伦理方式开天辟地地揭示了伦理的本质和真理。

然而，黑格尔的论断也需加以部分修正。黑格尔片面肯定了实体主义伦理方式，而直接否定了个体主义伦理方式。事实上，虽然实体主义伦理方式表征着伦理的本质和真理，但应当同时承认，两种伦理方式本身也是伦理建构的自在发展，揭示着伦理建构的不同层面，意义与风险均并存而立。实体主义伦理方式专注于精神世界的伦理信念，有助于个体生命和生活价值升华以及社会秩序整体稳定，但它同样容易陷入普遍性的价值霸权，造就不合理的社会秩序和个体基本权利的丧失；个体主义伦理方式聚焦于生活世界的伦理建构，有助于社会秩序的合理化与个体价值的现实化，但它也有可能坠入个体性的权力扩张，不仅使个体丧失生命整体意义与生活总体价值，而且将进一步瓦解社会秩序的稳定性。即便两大伦理方式各有利弊，但有一点值得坚信，即黑格尔认为的实体主义伦理方式才是伦理的本质和真理。因为这是伦理的生命之源、价值之本。在某种程度上说，个体主义伦理方式也是实体主义伦理方式的异化与现实化。

互联网的自发探索、自我修正与自我建构延续了伦理方式的个体主义色彩，却因感性僭越理性，使个体性得到极大膨胀，从而削弱了文明意义，强化了文明风险。不仅道德自由与伦理认同的矛盾激化，而且生活世界与精神世界的分立也加剧。这就刺激了网络伦理方式之价值合理性的建构需求。网络伦理方式的价值合理性建构必须重新回归到伦理的“精神”

传统，通过整合伦理之传统智慧和互联网之现代气质，建构社会网络下“家—地球村”形态。传统实体主义伦理方式以实体性、普遍性为立场，以精神为价值特征，落实为“家庭—民族”存在形态。实体性或普遍性的立场、精神的价值特征以及“家庭”的存在起点互为关联。网络伦理方式的理想范式既然以精神为价值资源，以“家”为存在起点，必然具有实体性、普遍性之立场，必然是一种带有实体主义色彩的伦理方式。但它是否只是一种实体主义伦理方式？是否完全是一种实体主义伦理方式？其实不然。此种网络伦理方式较传统实体主义伦理方式更为复杂，与其说它是一种实体主义伦理方式，毋宁说它是对传统实体主义伦理方式的继承与延伸。

网络伦理方式的理想范式之所以较实体主义伦理方式更为复杂，主要表现为三大特征。其一，网络伦理方式的理想范式实现了技术化的生成手段。互联网技术是20世纪以来最为伟大的技术成果之一，它不仅因技术革新本身而伟大，而且因变革现代人的交往方式、生活方式和思维方式而伟大。传统实体主义伦理方式的施效完全以现实的人与现实的世界为语境，是一种自然的、原初的、朴素的生成手段。互联网的出现，创造了计算机技术和多媒体传播技术的先进平台，无疑为伦理方式的建构增添了新的技术支持。基于个体之间的网络交往，网络伦理方式在由“家”及“地球村”的扩散过程早已搭载其中。就连原本扎根于现实之人与现实之世界的精神价值资源以及“家”存在起点，也开始沉浸于互联网的技术平台之中。互联网的技术平台能够突破现实阻力，发展、持续乃至增强实体主义伦理方式。如何发展、持续乃至增强？这便涉及网络伦理方式的以下两大特征。

其二，网络伦理方式的理想范式呈现出扩散且开放的生成结构。传统实体主义伦理方式的生成结构也呈现出一定的扩散性和开放性。它基于“推己及人”的心意感通机制，由“爱亲”逐渐发展至“爱人”，由“家庭”逐渐扩展至“民族”。但受限于现实的时空因素，传统实体主义伦理方式之扩散速度和开放程度要低于网络伦理方式的理想范式。以比特为单位的互联网传输远远超乎了我们的现实感知能力，它不仅急剧提升了信息的传播速度，而且在高速传输中折叠了现实的时空观。前者加快了由“家”及“地球村”的扩散速度，后者则拓展了“地球村”的开放程度。

其三，网络伦理方式的理想范式遵循着虚实互动的生成模式。传统实体主义伦理方式总是生发于现实的人与现实的世界。互联网搭建的技术平台为伦理方式的践行创造了一个技术世界。实际上，更为深刻的影响在于，技术世界是一个虚实互动的社会语境。早年我们将这个世界单纯理解为虚拟的空间，随着互联网技术的不断进步，我们日益发觉虚拟与现实已难以在互联网中划分明确界限。虚拟可为现实，现实可为虚拟，虚拟与现实相互交融。这就意味着，网络伦理方式也将在虚实互动的情境中建构与生成。

据此，宽泛而言，网络伦理方式的理想范式因以实体性为立场，而仍旧是一种实体主义伦理方式；谨慎观之，技术化的生成手段、扩散又开放的生成结构、虚实互动的生成模式让网络伦理方式即便带有实体主义的色彩，也不再单纯是传统意义上的实体主义伦理方式。总之，网络伦理方式根本上仍未突破所谓的“黑格尔之咒”，仍未成功缔结出第三种伦理方式。这当然与我们网络伦理方式的重构立场密切相关。虽然如此，网络伦理方式对传统的延伸与超越，也启发了我们关于伦理建构的新认知。

二　以技术为中介的精神世界与生活世界

伦理方式的文明意义表现在其对精神世界、生活世界以及两者之间关系的影响。早先口头媒介下的实体主义伦理方式让精神世界与生活世界直接同一，构筑起精神世界的伦理信念；在印刷媒介的助推下，生活世界从精神世界中分离出来，借助精神世界的彼岸指引，完成了对生活世界的伦理建构；网络伦理方式的自发探索、自我修正与自然建构则加剧了生活世界与精神世界的分立，原初精神世界退隐而去，精神世界与生活世界之间也失去了引导与被引导的价值关联性，生活世界成了自己的主宰。因此，对于互联网的自我救赎来说，不仅精神世界的伦理信念化为梦幻泡影，就连生活世界的伦理建构也将沦为镜花水月。长此以往，落拓不羁、游戏人生注定成为互联网世界中人人推崇的人生信条。网络伦理方式的价值合理性建构正是旨在将人们从颓废、空洞的世界中拯救出来。为回归伦理的本原，网络伦理方式的理想范式继承了传统实体主义伦理方式，这必将意味着它如传统一般指向精神世界，然而它不单继承了传统，更实现了对传统的延伸与超越，这必将造就出一种不同以往的文明世界景象。

可以肯定的是，网络伦理方式的理想范式指向精神世界。网络伦理方式的首要议题是回归伦理的“精神”传统。与传统实体主义伦理方式相同，因以精神为价值特征，此种网络伦理方式同样直接指向精神世界。至于生活世界方面，则与其存在形态即社会网络下“家—地球村”形态密切关联。“家”是一种“真实的精神”，是直接和自然的精神。粗略地看，此刻的文明世界应当同于传统实体主义伦理方式：生活世界融合于精神世界，精神世界与生活世界直接同一。但网络伦理方式不等同于传统，其因延伸与超越传统而产生的文明差异，集中体现在精神世界与生活世界的关系之中。

宽而言之，这里的精神世界与生活世界表现为一种以技术为中介的有机联系。一方面，技术来源于生活世界，生活世界为精神世界的生成提供了技术支撑，精神世界因而获得了呈现的技术手段。传统实体主义伦理方式构筑的文明世界是精神世界与生活世界的直接同一，精神世界即生活世界，生活世界即精神世界。如今，经历了印刷媒介下生活世界与精神世界的分离和互联网自我救赎下生活世界与精神世界的分立，精神世界与生活世界之间已然产生一条难以逾越的沟壑。互联网伦理合理性再构的精妙之处正是在于挖掘到并借助了技术的手段，重新联通起精神世界与生活世界。生活世界中的互联网技术暗藏着精神的资源，为精神世界的回归创造了技术平台。精神世界不再只是一种信念呈现，而是一种技术化的信念呈现。精神世界与生活世界不直接同一，而因技术保有一种有机的联系。

另一方面，以技术为中介，使精神世界与生活世界之间保持一段距离、一种张力，在距离和张力之下，精神世界反而可能有效指引生活世界。在传统实体主义伦理方式下，因精神世界与生活世界直接同一，所以不存在精神世界指导生活世界之说。精神世界即生活世界，精神世界是世界的主宰。精神世界“霸主地位”的弊病容易导致其自身深陷普遍性的霸权之中。印刷媒介孕生的个体主义伦理方式尝试规避上述难题，重新确立起个体以及生活世界的崇尚地位，让精神世界退隐到彼岸，隔空地指导生活世界的伦理建构，但生活世界与精神世界的分离终究难以让两者形成有机联系，反而容易坠入个体以及生活世界的权力极化之深渊中。互联网自我救赎之举陷入的伦理困境正是个体以及生活世界权力极化的真实写照。而网络伦理方式的理想范式则在精神世界和生活世界之间架起了一座蔚为壮观的技术桥梁。一来精神世界与生活世界不直接同一，二来精神世界与生活世界也不相互分立。两者之间因技术保有一种紧张的张力，相互联系、相互牵制的同时，也为精神世界良性指导生活世界创造了契机。

这种网络伦理方式开创了精神世界与生活世界的新局面，其可能带来的文明意义已一目了然。首先，它能帮助互联网世界中的人们重获精神世界的伦理信念，使游荡在互联网中的个体重新分享生命的整体意义与生活的总体价值，同时也使互联网世界的社会秩序得到稳定维系。这是传统实体主义伦理方式正面作用在互联网语境中的有效发挥。其次，它又能一定程度上避免自身深陷传统附带之风险。受到生活世界的牵制，精神世界较难一家独霸。这可有效避免在互联网世界中产生精神世界及其普遍性的价值霸权，从而诱发不合理的秩序和个体权利的丧失。最后，如前述，精神世界与生活世界之间基于技术中介的有机联系，也让精神世界能借此在此岸便成为生活世界的指明灯。这不仅与口头媒介下的强制同一不同，也与印刷媒介下的隔空指导相异。

然而，时时有矛盾，事事有矛盾。网络伦理方式的理想范式也同样面临着它的文明难题。或是根深蒂固的文明陈疾，或是与时俱进的文明新惑。根深蒂固的文明陈疾在于精神世界与生活世界之间固有的矛盾。自启蒙过后，精神世界与生活世界就打破了原初的同一，相互分离，乃至相互对立。网络伦理方式的理想范式虽在精神世界与生活世界之间以技术的方式加以联通，建立起一种有机的关联性，但根本上仍无法弥合精神世界与生活世界之间的断裂。精神世界与生活世界的文明陈疾，说到底是普遍性与个体性之间的价值对立。精神世界旨在维系普遍性的价值地位，维护个体生命的整体意义与生活的总体价值，维护社会秩序的稳定安固；生活世界旨在维系个体性的价值地位，维护个体的基本权利，维护社会秩序的合理分配。普遍性与个体性的对立，精神世界与生活世界的裂痕始终是文明发展的一大难题。或许，在这互联网世界中，凭借技术的中介作用，两者的矛盾有所隐退，但这些矛盾仍旧是其发展潜在的文明隐患。同时，时代的发展也必将造就新的文明困惑。文明新惑的关键症结在于互联网技术的介入。因新技术的介入及其发展，网络伦理方式有机会重塑价值合理性；也因新技术的介入及其发展，埋下了网络伦理方式的新型文明风险。技术本身是客观、中立的存在，但技术必须要有人的参与才是现实的技术。人为主观因素的嵌入，使技术从此具备了或善或恶的价值属性。技术既然作为沟通生活世界与精神世界的桥梁，那么对何种技术、如何技术、为何技术的不同回答，必然构筑出不同的“生活世界—技术世界—精神世界”生态结构，也必然搭建出不同的文明景观。除了对技术价值的困惑，技术介入还存在着一个更为根本的难题是，技术何以能沟通生活世界与精神世界。正如生活世界与精神世界存在着根深蒂固的文明陈疾，那么来源于生活世界的技术如何能真正转化为精神世界，搭建起现实的精神世界，这也有待于进一步的深思与探究。

第八章　泛在网与伦理方式的未来*

在短短半个多世纪内，网络媒介已历经沧海桑田。它摇身一变，从计算机与计算机之间的联通，发展至人与人之间的联通；从有限的科研和军事领域，拓展至普通大众的日常生活。如今，网络媒介又迎来一个新的发展阶段。它正在由计算机与计算机之间、人与人之间的"互联网"，走向人与物、物与物之间的"物联网"，乃至走向无时不在、无处不在、无所不能的"泛在网"。

在以互联网为主导的文明时代，互联网变革了口头媒介与印刷媒介的信息方式，使口头媒介孕育的实体主义伦理方式与印刷媒介萌生的个体主义伦理方式遭到一定程度的颠覆与解构，进而使互联网信息文化内容、互联网信息利益关系和互联网信息安全机制三大领域产生诸多道德难题。虽然，无论从消极意义而言，还是从积极意义来说，互联网自身尝试凭借网络交往，凝聚起分散化的个体，使"我"成为"我们"，但这场"网络伦理方式"的自我救赎因其呈现"个体主义"与"无精神"的特质，终究陷入伦理有限性之中，这让网络伦理方式的价值合理性的建构成为一件较为紧迫之事。

上述互联网对于伦理方式的深刻作用表明，网络媒介已然成为影响伦理道德发展与文明世界生态的重要因子，带来了一系列的风险与挑战。在如今智能算法、元宇宙等新兴技术的不断加持下，泛在网作为网络媒介可能的高阶形态并非遥不可及。届时，泛在网的发展将带来何种伦理方式前景？将具有何种文明生态？是对传统的继承，还是对传统的颠覆？这是我们必须预先审视的前沿性课题。从泛在网的现有发展趋向而言，我们认

---

* 此章部分内容曾以《"泛在网时代"的伦理风险》为题，发表于《东北大学学报》（社会科学版）2018 年第 3 期。

为，在泛在网影响下，伦理方式可能遭遇到的最大难题将是：泛在网将彻底变革伦理方式的神圣根源——实体主义伦理方式，其变革之力集中作用于“主体”之上。

第一节　泛在网下的“新主体”

虽然泛在网与互联网同属于网络媒介，但作为网络媒介的高阶形态，泛在网的信息方式势必在深度与广度上更胜于互联网，尤其体现在其对“主体”的新构建。

一　泛在网及其信息方式

泛在网并非一个独特的、新型的网络媒介形态，它是继互联网、物联网之后的网络媒介形态，是网络媒介发展的未来形态。互联网是网络媒介的现时形态，物联网的发展正是搭建在现有互联网基础之上，通过在物理实体中部署一定感知能力、计算能力或执行能力的各种信息传感设备，实现更大范围的人与物之间、物与物之间的信息传递，补偿互联网信息交换的局限性。当物联网技术囊括了信息活动的所有环节，直接从信息世界渗透入物理世界的方方面面时，它将最终迎来自己的成熟状态——泛在网。所谓“泛在”（ubiquitous）原意指天神，英文意思是指无所不在、普遍存在。“泛在网基于个人和社会的需求，实现人与人、人与物、物与物之间按需进行的信息获取、传递、存储、认知、决策、使用等服务，具有较强的环境感知、内容感知以及智能性，为个人和社会提供泛在的、无所不含的信息服务和应用。”[①] 泛在网实际上是一种包罗万象的网络形式，通过整合多样化的信息通信技术，包括传感网、物联网、互联网、通信网等，实现网络连接、通信活动、嵌入智能、反馈控制等多层次的泛在，将人与人、人与物、物与物、人与环境、物与环境之间的交往模式“一网打尽”。

美国信息技术与创新委员会主席、麻省理工学院教授、建筑师、城市学家威廉·J. 米切尔（William John Mitchell）早年就前瞻性地设想了未来的泛在网形态——一个包含“人体网络”“社会群体的电子化疆域”“由地表蜂窝系统、地球同步通信卫星和 LEO 全球卫星系统覆盖的广阔地

① 刘永谋等：《物联网、泛在网与泛在社会》，《中国特色社会主义研究》2012 年第 6 期。

域”三大层级的智慧星球。[①]“人体网络”包括嵌入身体、包围身体的各类传感器和控制器，借此可感知人体的即时变化；“社会群体的电子化疆域”在“人体网络”之外，包括智能家庭、智能社区、智能企业等各类智能组织或机构，以此实现群体之间的通信连接；最外围的“由地表蜂窝系统、地球同步通信卫星和LEO全球卫星系统覆盖的广阔地域”，则指被泛在网覆盖的整个地球即智慧星球。由此可见，未来最为完善的泛在网已不仅旨在构建外在的网络信息环境，它更强调构筑人类自身的泛在网络基础，实现由内而外的网络泛在化实践。人体最终逐渐成为某种电子存在物或电子人，完全融入于全球网络之中。“人类与机器间的共生合成体”不再只是幻想，它将成为泛在网时代人类的现实形态乃至常态。就是这样的泛在网，给“主体”带来了前所未有的挑战。

纵然真正的泛在网，犹如一个变幻无穷的科幻世界问题，深不可测、难以捉摸，但它仍延续着马克·波斯特所言之信息方式的结构性作用：信息方式以其特有的语言构型及其结构性权力，促使其在新的交往行动中建构着主体、世界乃至整个人类文明。的确，在某种意义上说，现时形态的互联网和未来形态的泛在网都将影响作为“主体”的“人”。受互联网影响，“主体”不再居于口头媒介下的总体性关系之中，也不再居于印刷媒介下的主客体分立之列，它在与自身、与他人、与社会、与自然、与世界的关系中“飘忽不定”，可互联网本质上还只是一种交往方式的重组，其对“主体”的构建还多停留于“主体”的隐喻层面。因为它对现实世界的影响相对而言有限，并且有限的影响可能局限于特定的空间领域中。而无时不在、无处不在、无所不能的泛在网将对“主体”产生更为根本的影响。它不仅直接作用于现实世界，而且将覆盖现实世界的方方面面，甚至连人本身也无法逃脱泛在网技术的侵入。

二 “去稳定化”的“新主体”

那么，泛在网下的“新主体”具体可能表现为何种形态？从泛在网的技术特性、传播特征和人类的生命形态演进三个角度出发，可以大体窥见“新主体”的种种样态及其基本特征。

---

① 参见［美］威廉·J. 米切尔《伊托邦：数字时代的城市生活》，吴启迪等译，上海世纪出版集团2005年版。

从泛在网的技术特性出发，泛在网下的“新主体”可能是一种“电子人”。电子人原指一种机械有机体，以无机物所构成的电子机器构成了有机体身体的一部分。后来美国哲学家唐娜·哈拉维（Donna Haraway）教授将电子人从技术层面向文化哲学层面拓展，把它作为有机体与电脑的混合存在方式，代表一种有关身份、性别和政治的新隐喻。在此基础上，黄鸣奋教授进一步区分出电子人的三种形态：“一是观念电子人，仅仅存在于人的主观世界，代表了对于改造身体的某种构想；二是功能电子人，以在实践中依恋、依靠、依赖相关的机器（主要是电子设备）为特征，代表了对于增强身体功能的实际努力；三是植入电子人，特点是不仅在观念上认同人机共同体，而且在实践中努力将机器同化入自己的精神世界。”[①] 对照电子人的三种形态，互联网下的“新主体”恰好处于“观念电子人”向“功能电子人”的过渡阶段，更多强调隐喻意义，而泛在网下的“新主体”则在增强“功能电子人”能力的同时，逐渐向“植入电子人”进阶，从隐喻意义向现实意义转变。

从泛在网的传播特征出发，泛在网下的“新主体”可能是一种“沉浸人”。“沉浸”（immersion）一词最早由美国心理学家米哈里·契克森米哈赖（Mihaly Csikszentmihalyi）在1975年提出，“用来解释人们在某些日常活动中为何会全身投入，注意力高度集中，过滤掉所有不相关的知觉，进入到一种沉浸的状态”[②]。之后，“沉浸”也被用于其他学科的问题探讨，例如学者就曾用“沉浸”来反思当前虚拟现实技术的传播学问题。李沁教授则从传播范式的角度提出了“沉浸传播”的理念，她认为泛在网的出现、应用与普及将对现有传播模式产生变革性影响，呈现出全新的“沉浸传播”特征：“以人为中心，以连接了所有媒介形态的人类大环境为媒介而实现的无时不在、无处不在、无所不能的传播。”[③] 概言之，沉浸传播是以人为中心的传播方式，人一方面是信息的传送者，另一方面又是信息的接收者。在沉浸式传播过程中，人们被周围无时不在、无处不在、无所不能的泛在网络包围，逐渐被构建成一种新的形态——“沉浸

① 黄鸣奋：《新媒体时代电子人与赛博主体性的建构》，《郑州大学学报》（哲学社会科学版）2009年第1期。

② 刘海明、董莉：《新变化、新行为、新风险：5G时代的沉浸式传播与“沉浸人”养成》，《中国记者》2020年第6期。

③ 李沁：《第三媒介时代的传播范式：沉浸传播》，清华大学出版社2013年版，第6页。

人”。更为重要的是，人不仅“沉浸”于泛在的媒介环境之中，成为“环境型沉浸人”，而且也开始被泛在媒介“浸透”自身，演变为“主体型沉浸人”。总之，“沉浸人”集人的特征与媒介的特质于一身，自如从容地穿梭于虚拟世界与真实世界之间，实现了人与人之间、人与物之间自由且自然的沟通。未来，随着“主体型沉浸人”发展程度的不断深化，“沉浸人”的成熟形态即“人机合成”的生物媒介也是指日可待。

从人类的生命形态演进出发，泛在网下的“新主体”可能是一种“后人类”。有学者曾依据人类与技术二者之间的关系，总结了三种后人类社会图景：在工业 4.0 社会中，人类控制技术，技术被视为一种改善人类生活的“资源”；在赛博格社会中，人类融合技术，技术被当作一种全面“改造”人类身心的力量；在技术奇点社会中，技术替代人类，技术成为一种对人类的“替代”。[①] 其中，工业 4.0 社会下的“后人类”是一种较为宽泛的指涉，是相对于前一时代而言的“革命相继”，如此每次新的工业革命之后的人类社会都可被称为“后人类社会”，赛博格社会下的“后人类”是正在或即将临近的现实，是人类凭借信息科技、认知科技、生物科技、纳米科技等技术，造就的“将人造器官、人造物件或电子软件和人的自然肉体有机结合的人—物系统或人—机系统”[②]，而技术奇点社会的“后人类”则是一种终极的未来世设想，指技术支配人类乃至技术取代人类之后的状态。与之对照，在泛在网的影响下，“电子人”和“沉浸人”的未来走向便是一种典型的赛博格社会下的“后人类”形态。尤其是当电子人由增强型功能电子人发展至植入电子人，当沉浸人由环境型沉浸人发展至主体型沉浸人时，人类即会成为一群自然肉体与信息通信技术有机合成、相互协作、和谐共存的“后人类”。到那时，人类纯粹的自然肉体就从根本上被颠覆，自然力量和人工力量借此得以契合，这与赛博格社会营造的人类与技术融合的“后人类”形态相称。

总体而言，泛在网建构的“新主体”是“电子人”“沉浸人”“后人类”三大形态的糅合体，这将从多方位深度解构了现实世界的主体形态。它将继续延续，乃至强化互联网下“主体”的“去稳定化”隐喻，并最

---

① 参见李恒威、王昊晟《后人类社会图景与人工智能》，《华东师范大学学报》（哲学社会科学版）2020 年第 5 期。

② 张之沧：《“后人类”进化》，《江海学刊》2004 年第 6 期。

终转变为现实的情境。当然，值得注意的是，因为泛在网仅仅是信息传播技术的革新，并未从根本上改变“主体”的生物属性，所以这些影响仍多体现在社会和文化层面，但这并不影响我们去深入探究泛在网对伦理方式可能造成的前瞻性影响。

第二节 “新主体”与伦理方式的神圣根源

实体主义伦理方式是一种最为原初、最为神圣的伦理方式，而实体主义伦理方式之存在形态又以家庭及其成员为神圣根源，其中，家庭是始点，而它的成员是始点之始点。未来的泛在网将塑造出“电子人”“沉浸人”“后人类”的糅合体，“去稳定化”的“新主体”势必将改变传统的主体形态，继而影响各家庭成员的伦理地位与功能。家庭成员的传统伦理地位与功能是家庭伦理建构以及整个伦理建构的价值基础和文化保障，一旦被颠覆，伦理方式的现有轨迹与规律便将发生震荡乃至断裂。

一　家庭及其成员

“信息方式—伦理方式”的诠释框架，复原了媒介影响伦理建构的道德哲学图景，根据媒介形态的历史演变，从早期的口头媒介到之后的印刷媒介，再到如今的网络媒介，伦理建构也呈现出不同的历史景观。其中，口头媒介孕育的实体主义伦理方式是最为原初、最为神圣的伦理方式，其奠定了伦理建构的文明基因，构成了伦理生活的集体记忆。而实体主义伦理方式的神圣根源则与其存在形态息息相关，实体主义伦理方式以“家庭—民族”为存在形态，家庭便是其自然始点，而家庭成员即始点之始点。如此，家庭及其成员便自然成为整个伦理方式的神圣根源。

家庭之所以能作为实体主义伦理方式之存在形态的自然始点，主要有两方面原因。一方面，正如“信息方式—伦理方式”的历史复原所揭示，早期口头媒介影响下的实体主义伦理方式的存在形态正是以家庭为起点，呈现“家庭—民族”存在形态。一来，口头媒介建构“世界”的主要形式是“家庭—民族”，而“世界”建构又影响伦理方式中普遍性性状的直接因素和现实基因，因此，“家庭—民族”能够自然而然成为口头媒介下伦理方式的潜在存在形态。二来，“家庭—民族”符合口头媒介下伦理方式存在形态的道德哲学特征，如以实体性为本性、个体性与普遍性的自在统一、以精神为价值特征，因而，“家庭—民族”能够真正成为口头媒介下伦理方式的现实存在形态。

另一方面，作为实体主义伦理方式的两大学术资源，中国传统儒家哲学和黑格尔道德哲学也早已揭示家庭的自然始点地位。在中国伦理的“五伦”范型中，君臣、朋友是人伦，即社会伦理关系；父子，兄弟是天伦，即家庭伦理关系；夫妇介于天伦与人伦之间。“五伦”范型遵守“人伦本于天伦而立”的价值规律，也就是说，家庭伦理关系是社会伦理关系的价值起源。黑格尔道德哲学则比较了家庭、民族两大伦理实体，认为，家庭遵循“神的规律”，民族遵循“人的规律”，民族是由家庭发育成长而来，它以家庭为“现实的元素”，最终成为一个“现实的实体”。

家庭之所以能成为实体主义伦理方式的存在形态的自然始点，关键在于它建立在血缘关系基础上，以“爱”为规定。“所谓爱，一般说来，就是意识到我和别一个人的统一，使我不专为自己而孤立起来。”[①]“爱”的本质规定是“不孤立”“不独立”，是自我与他人的统一。于是，“爱”让个体扬弃个别性，使个体在与他人的关联中，以整体性为依归。这种整体性正是伦理的实体性。但“爱”从根本上讲是“感觉，即具有自然形式的伦理”[②]。“爱”只是一种感觉、一种情绪、一种情感，这就注定了家庭伦理实体是最为本真的、直接的、自然的伦理实体。

如果说家庭是实体主义伦理方式之存在形态的自然始点，那么家庭成员则是始点之始点。“因为伦理是一种本性上普遍的东西，所以家庭成员之间的伦理关系不是情感关系或爱的关系。在这里，我们似乎必须把伦理设定为个别的家庭成员对其作为实体的家庭整体之间的关系。”[③] 家庭伦理的构建首先建立在男人与女人缔结的婚姻关系基础之上。后者之所以是“家庭整体”存在的必要前提，是因为婚姻以伦理本性为其真理。“婚姻作为直接伦理关系首先包括自然生活的环节。因为伦理关系是实体性的关系，所以它包括生活的全部，亦即类及其生命过程的现实。但其次，自然性别的统一只是内在的或自在地存在的，正因为如此，它在它的实存中纯粹是外在的统一，这种统一在自我意识中就转变为精神的统一，自我意识

---

① ［德］黑格尔：《法哲学原理》，范扬、张企泰译，商务印书馆 1961 年版，第 175 页。

② ［德］黑格尔：《法哲学原理》，范扬、张企泰译，商务印书馆 1961 年版，第 175 页。

③ ［德］黑格尔：《精神现象学》下卷，贺麟、王玖兴译，商务印书馆 1979 年版，第 10 页。

的爱。”[①]“婚姻是具有法的意义的伦理性的爱。”[②] 一切“爱”的本质都是自我与他人的统一，即“不独立”“不孤立”。“伦理性的爱”的特殊之处是，它扬弃了“爱”的自然性与偶然性，促成“双方人格上的同一化”。正是基于“伦理性的爱”，婚姻才能培育出一种“实体性的自我意识”，造就“整个的个体”，即“家庭整体”。对于处于婚姻中的男女双方而言，他们应抛却自身自然的和单个的人格，超脱一时自然冲动和特殊偏好的偶然性，使婚姻被提升为作为实体性的东西应有的合法地位。

但这仅完成了家庭伦理建构的主观方面，暂时缺乏现实性和实在性。男女婚姻关系需进一步落实为家庭财富。“所有权所以合乎理性不在于满足需要，而在于扬弃人格的纯粹主观性。”[③] 家庭财富的伦理意义是，它将男女双方的特殊需要和个人欲望降格为一个次要的环节，使“对一种共同体的关怀和增益”“一种伦理性的东西”跃居到一个主导性的精神层次。但即便如此，家庭财富在根本上仍旧是一种异己的外在物。家庭的伦理实体性人格只有在子女身上才能真正实现内在的统一。“在子女身上，母亲爱她的丈夫，而父亲爱他的妻子，双方都在子女身上见到了他们的爱客观化了。”[④]“父母把这种对象即子女作为他们的爱、他们的实体性的定在而加以爱护。”[⑤] 伦理意义上的子女是夫妻双方的精神性产物。在精神性的东西中，家庭的伦理实体性人格扬弃了家庭财富的外在性与异己性，获得了真正的、精神性的统一。

家庭伦理建构遵循“男人与女人—父母与子女—家庭”的道德哲学逻辑，由此可窥探到作为各家庭成员在家庭伦理建构的地位与功能时。婚姻关系中的男女充当着家庭伦理的两大“原素”，而受父母养育的子女则担负起家庭伦理的定在作用。除此以外，两大“原素”和一大定在也一并承担着使家庭向更广阔的社会、国家过渡的任务。女人倾向于维系家庭伦理实体，而男人倾向于离开家庭走向社会；一旦子女长大，他们也会渐渐从家庭走出，步入社会。所以，像男人与女人、父母与子女这类家庭成员，他们在伦理建构中显得尤为关键。只有当成员们守卫着自身应有的伦

---

① ［德］黑格尔：《法哲学原理》，范扬、张企泰译，商务印书馆 1961 年版，第 176—177 页。
② ［德］黑格尔：《法哲学原理》，范扬、张企泰译，商务印书馆 1961 年版，第 177 页。
③ ［德］黑格尔：《法哲学原理》，范扬、张企泰译，商务印书馆 1961 年版，第 50 页。
④ ［德］黑格尔：《法哲学原理》，范扬、张企泰译，商务印书馆 1961 年版，第 187 页。
⑤ ［德］黑格尔：《法哲学原理》，范扬、张企泰译，商务印书馆 1961 年版，第 187 页。

理地位与功能时，家庭伦理建构以及整个伦理建构才能得以顺利开展，如此，实体主义伦理方式以及整个伦理方式才能得以正常运行。

二　男女两性的伦理性格

家庭及其成员不仅是实体主义伦理方式而且应当是所有伦理方式的神圣根源，因而，倘若泛在网塑造的“新主体”改变了传统的主体形态，那么势必会影响家庭成员的伦理地位与伦理功能，影响家庭的伦理建构，进而为整个社会的伦理建构和文明发展带来不可小觑的价值风险。

伦理风险之一是作为伦理“原素”的男女两性的伦理性格风险。“去稳定化”的“新主体”意味着男女两性的社会性别日益模糊，随之引发两性伦理性格也呈现出模糊样态。这将解构男女两性的传统伦理地位与功能，影响家庭伦理建构以及整个伦理建构的原有路径。

虽然泛在网技术不能修改人类的生理性别，但它能改变人类的社会性别。生理性别是解剖学意义上的性别区分，是先天的和自然的，不可轻易改变。社会性别是一种流动的建构，是在男女两性生理因素基础上，社会文化因素参与作用的结果。人们的行为差异更多不是由生理差异所决定，而是由社会文化建构决定的，是一种流动的经验。

媒介如何影响性别是西方女性主义研究的重要议题，这些研究着力评估、判断大众媒介在社会性别建构方面发挥的作用，侧重于检视媒介制作、媒介文本和受众影响三大领域。最先引发此类反思的媒介是电视媒介。如媒介环境学派代表人物约书亚·梅罗维茨（Joshua Meyrowitz）曾表示：“电视以集中方式攻击了男性和女性世界之间的分界线：它融合了传统上不同的性别信息系统，模糊了性别的公开与私下行为的分界线，破坏了物质隔离作为性别隔离决定因素的重要性。”①

电视媒介的信息传播水平仍相对局限，受限于固定的时空因素与有限的参与对象。泛在网在模糊男女两性社会性别特征上有着更大的潜力。假如人们生活在一个无时不在、无处不在、无所不能的泛在网中，人们的现实生活，甚至人体本身都将为泛在网所包裹。各个生活节点均布满信息传播设备，人与人之间、人与物之间、物与物之间自由传送信息不再是天方

① ［美］约书亚·梅罗维茨：《消逝的地域：电子媒介对社会行为的影响》，肖志军译，清华大学出版社2002年版，第191页。

夜谭的科幻梦想。泛在网在技术层面将人与物囊括到一个更为平等、正义的信息交换场域中，不仅消除人与物之间的信息流通屏障，而且填补人类信息交换的性别差异，使男性与女性在更大程度上获得平等的信息系统地位。参照梅罗维茨的理论，社会性别差异与信息系统差别密切相关，信息系统地位的日趋平等将致使社会性别特征的模糊，后者进一步影响男女两性的伦理性格。

伦理性格是社会性别在意义世界中的核心表征，是个体对普遍物的态度及其行为方式的一种稳定的人格特征，是个体看待并追求普遍性意义的能力表现。在传统的信息环境中，男女两性的伦理性格呈现出显著的社会性别差异：男女两性通过缔结婚姻共同构成家庭伦理建构的基础，女人的伦理能力在于维系家庭伦理实体，而男人的伦理能力则在于离开家庭，使家庭推进至社会。男女两性的明确“分工”造就了一个较为稳固的家庭伦理建构以及整个伦理建构的生态文明。一旦两者的社会性别因信息系统地位的改变而改变，他们的伦理性格也将遭遇变革性的动摇：或出现男性偏向，或出现女性偏向，抑或是两类伦理性格的互换或中和。无论何种情形，都将会深刻影响男女两性伦理功能的发挥，影响家庭伦理建构以及整个伦理建构的实现路径。

三 子女的伦理角色

伦理风险之二是作为伦理定在的子女的伦理角色风险。“去稳定化”的“新主体”同样意味着对家庭中子女的影响。新的信息环境使子女急剧成熟，社会化进程加快，社会角色发生改变。伦理角色作为社会角色的价值根源，也将发生相应变化，进而动摇子女的传统伦理地位与功能，给家庭伦理建构以及整个伦理建构带来挑战。

泛在网暂且不能改变人的生理年龄，但它却可以影响人的社会化进程。社会化进程具体表现为一定的社会角色。儿童作为一种社会角色，更多是一种社会产物，而不单属于生物学范畴。它是伴随着社会文明进步而逐渐成长起来的概念，社会在不同的历史阶段赋予其相应的内在心理表现与外在行为特征。媒介环境学派创始人尼尔·波兹曼已揭示：“大量的事实可以证明儿童的存在还不到400年的历史。”① 他将媒介环境的变革作

① ［美］尼尔·波兹曼：《童年的消逝》，吴燕莛译，中信出版社2015年版，第1页。

为儿童概念产生的缘由，并创造性地断言，如果说印刷媒介的出现创造出一个现代意义的儿童概念，那么电视媒介的流行将会造成“童年的消逝”。据此约书亚·梅罗维茨使用社会行为研究方法再次验证了信息系统与社会化进程之间的关系，发现电视媒介确实与儿童的社会化进程紧密相关：“电视对‘成年阶段’——它的保守秘密以及秘密的秘密——的暴露破坏了传统上童年的天真角色和全知的自信的成人角色，并造就了一种向‘中区’的、单一年龄行为风格发展的运动。”①

电视媒介给儿童打开了一个了解世界的新窗口，但电视媒介给儿童创造的信息系统仍是一种被动模式，终究受制于家长的管控。泛在网的信息系统更具开放性、渗透性和主动性，会在更大程度上加快儿童的社会化进程，改变其传统的社会角色。在泛在网背景下，不仅男女两性有着平等的信息系统地位，儿童也可和成人一样接触、使用泛在网，从而大幅度紧缩儿童和成人之间的信息鸿沟。而儿童或青少年相较于年长者来说，往往又更易接受、认可和使用新技术。他们将在信息传播中超越自己的父母与长辈，越来越占据引领和主导地位。儿童信息系统地位向成人的逼近乃至反转又将急速加剧儿童的社会化进程，使其向成人的社会角色进阶。

社会角色是个体在社会群体中被赋予的身份以及对应的功能。伦理角色是社会角色的“上位”概念，是社会角色的价值根源。它是个体在建构伦理普遍性过程中被赋予的身份及其对应的功能。子女在社会角色中的快速成长，将伴随着其伦理角色的转变。传统的伦理建构要求子女应分担特定的伦理角色，要求他们必须接受来自父母的教化，以便家庭伦理实体得以维系和现实化。倘若儿童和成人之间的信息系统地位的差别缩减甚至反转，家庭教育必然式微，子女的普遍化教养必然缺失，导致子女过快走出家庭，投入社会。如此，不仅家庭伦理实体将丧失其稳定性，而且社会伦理实体也将凸显其个体化和碎片化。

第三节　泛在网与伦理方式的未来发展

作为网络媒介的高阶形态，泛在网进化了我们的日常生活，同时又将

---

① ［美］约书亚·梅罗维茨：《消逝的地域：电子媒介对社会行为的影响》，肖志军译，清华大学出版社 2002 年版，第 240 页。

我们推向了危险的境地。它因建构“去稳定化”的“新主体”，模糊男女两性的伦理性格，改变子女的伦理角色，进而动摇伦理方式的神圣根源，变革伦理建构的生成路径，最终可能瓦解人们不可或缺的精神世界，冲击人们赖以生存的生活世界。虽然泛在网目前尚未完全实现，但却已在观念中“在场”。假以时日，泛在网或许就能像互联网一样成为人们日常生活的一部分，甚至主导着日常生活。因而，与其惊慌失措，不如未雨绸缪，我们要像积极应对当下互联网带来的伦理风险一般，主动地面对未来泛在网可能带来的伦理风险，更好地学会伦理地思考，实现伦理地“在一起”！

一　泛在网下传统伦理方式的命运

在发展泛在网时，学会伦理地思考首先要求人们主动重视伦理方式的传统智慧，及时审视传统伦理方式的新命运。

毋庸置疑，伦理是人的本质和真理。因而，作为一种不可侵犯的神圣理念，伦理在根本上不可撼动。劳尔斯·黑尔德认为人始终有两种相互矛盾的诉求：彰显个体性诉求的意志自由与表达普遍生活意愿的交往行为。其中，个体性与普遍性相统一的实体性更接近于人的本质和真理，是人的终极目标和终极任务。而伦理本质上与实体性、普遍性、普遍生活直接相关，因此关乎人的本质与真理。因而，无论网络媒介技术发展到何种境地，伦理始终都是也都应是人们最为根本的意识、理念与信念。无“伦理”，不成“人”。

然而，虽然伦理作为人的本质和真理，不可撼动，但作为伦理理念的对象化存在，伦理建构的方式即伦理方式却在随着时代发展而产生变动：“或者从实体性出发”“或者原子式地进行探讨”。[①] 只有当我们坚守住伦理方式的价值根源，才能有效地缓解乃至避免各种伦理风险的产生。换言之，伦理风险的应对，最为关键的是要把握住伦理方式的价值根源。“信息方式—伦理方式”诠释框架早已揭示，一部媒介技术的变迁史，就是一部人类文明的发展史，其中，正是口头媒介孕育了最为原初、最为神圣的实体主义伦理方式。更宽泛而言，抛开媒介技术变迁的特定视域，从更为宏观的历史视域和思想史视域，也能明确伦理方式最为根本的价值根源一直蕴含在实体主义伦理方式中。例如，从人类文明发展、个体生命发育

---

① ［德］黑格尔：《法哲学原理》，范扬、张企泰译，商务印书馆1961年版，第173页。

以及人类社会发展最初所呈现的混沌一体、直接同一的状态中，能窥见实体主义伦理方式的文化密码（伦理）基因式地深藏在人类的集体记忆中；从中国传统儒家哲学和黑格尔道德哲学的理论资源中，更能明晰实体主义伦理方式的传统智慧，即以家庭为始点、以家庭成员为始点之始点的伦理建构路径，并且正是两者之间的中西文明对话更表明传统伦理智慧的普适性。

因而，如果时代的发展无节制地否定了实体主义伦理方式的传统智慧，那么人类将成为无根源、无精神、无灵魂的原子式存在。互联网的发展也曾一度要求发出实体主义伦理方式的预警，因为它也影响着实体主义伦理方式的意义结构，以及“个体性”与“普遍性”存在性状与其相互之间的权力关系，但泛在网的影响将更为深远，它将通过塑造真正意义上的“去稳定化”的“新主体”，颠覆实体主义伦理方式的神圣根源即家庭及其成员。因而，在发展泛在网时，应务必预先以伦理方式的传统智慧谨慎对待，及时审视传统伦理方式尤其是实体主义伦理方式的新命运，使泛在网的发展尽可能不影响家庭及其成员伦理地位和功能，有效保证实体主义伦理方式乃至所有伦理方式的有序推进和协调发展，实现人们精神世界与生活世界的和谐共进。

二　网络伦理方式的文化谋划

在发展泛在网时，学会伦理地思考更要求人们充分挖掘泛在网潜在的伦理资源，提前作出网络伦理方式的文化谋划。前述对传统伦理方式尤其是实体主义伦理方式的重视与坚守，主要是意图强调应当坚守的价值底线，但这并不意味着为了固守传统反而要去限制乃至抵制发展泛在网。社会的发展、新技术的发展是不可逆的趋势，网络媒介的发展也必将由互联网走向物联网，最终走向泛在网。因此，我们应该坦然面对正在临近的泛在网，在重视实体主义伦理方式的传统智慧的同时，还要用一种更为积极的应对策略来对待，变“被动的预警”为“主动的谋划”。所谓“主动的谋划”即在于顺应泛在网的发展趋势，充分挖掘泛在网的伦理资源，提前作出网络伦理方式在泛在网语境下的文化谋划。正如，我们承认互联网可能带来的伦理风险，但也认可互联网所能自发催生出的网络伦理方式，同时为了更好地建构网络伦理方式的价值合理性，我们强调要遵循两大价值原理以构建互联网语境下网络伦理方式的理想范式：其一，要回归伦理的“精神”传统；其二，要整合社会网络与“家—国—天下”中国智慧，超越生成社会网络下“家—地球村”形态。与之相应，虽然，泛在网通过建构“去稳定化”的“新主体”，模糊男女两性的伦理性格，改变子女的伦理角色，彻底变革伦理方式的神圣根源——实体主义伦理方式，给人们带来了更为深层次的伦理风险，但是，我们也需要敏锐看到泛在网可能提出的新的伦理要求，以及可能为网络伦理方式提供的新的发展机遇。

结合泛在网的发展趋向，以“主动的谋划”探索新的网络伦理方式，关键在于两个方面。一方面，积极探索泛在网的文明意义，挖掘新的伦理资源。正如马克·波斯特的信息方式理论所强调，任何媒介技术都不单是技术本身，其背后有着深刻的哲学逻辑与历史建构意义：媒介技术凭借语言构型及其结构性权力，在交往行动中建构着主体、世界乃至整个人类文明。媒介技术在不断变迁的同时，也在不断塑造着人类的文明形态。泛在网作为网络媒介技术的高阶形态，也同样适用于信息方式理论，因而它不仅仅是具体的技术，而且本质上还内蕴着文明的意义，甚至能如其他的媒介技术一般造就出一个新的文明时代。“伦理”作为构成人类文明的重要文化因素之一，自然也潜在于新技术的文明意义中。因此，当务之急，要充分把握泛在网的技术特性，从信息方式的角度深刻领会泛在网可能潜在的文明意义，并进一步努力挖掘泛在网文明意义中可能具备的伦理资源。此乃“主动的谋划”的首要任务。

另一方面，将泛在网的伦理资源与伦理方式的传统智慧相比对，通过相互整合，超越生成适应于泛在网发展的网络伦理方式的文化图景。新的伦理资源并非一定具有价值合理性，只有那些符合伦理方式传统智慧及其根本价值的伦理资源才能在本质上有效完成伦理的价值合理性建构。正如，当前互联网语境自发生成的网络伦理方式也存在一定的限度，也需要实现现代气质与传统智慧的整合才能更好地发挥出网络伦理方式的价值所在。因此，在泛在网语境下探索网络伦理方式的新形态，也有必要进一步整合泛在网的伦理资源与伦理方式的传统智慧，推动新旧资源之间的对话与互动，不仅要充分调动泛在网可能潜在的伦理建构力量，而且更要充分激发其中与传统智慧相契合的部分，实现网络伦理方式在传统与现代之间的自我调适与创造性转换，以便生成既“守望传统”又“面向未来”的“发展中”的网络伦理方式。

如此一来，“发展中”的网络伦理方式便将成为泛在网语境下网络伦理方式的理想范型，为了更好地将其反馈到泛在网的开发与整个社会文明的发展之中，可以借鉴技术伦理学尤其是面向人工智能的技术伦理学的相关路径，在以下三个方面做出探索，来真正发挥“发展中”的网络伦理方式的重要作用。一是，在泛在网发展进程中，尝试明确“发展中”的网络伦理方式的根本价值理念。最为直接的是，应当在产品开发人员、产品销售人员、产品使用者、产品管理者等利益相关者群体中，通过多元渠道、多种方式及时传播并普及“发展中”的网络伦理方式的智慧，树立泛在网发展的伦理追求，将“发展中”的网络伦理方式的实现作为泛在网发展的底线要求。事实上，由于泛在网是一种无时不在、无所不在、无所不能的网络媒介，它像一个天罗地网覆盖着、渗透着整个社会，因而，明确相关根本价值理念应当不仅仅是对特定职业群体的伦理约束，而且更应该成为对每一个公民的伦理要求。

二是，在泛在网发展进程中，尝试建立蕴含“发展中”的网络伦理方式的制度机制。根本价值理念的践行离不开制度机制的保障和落实。应当广泛吸纳人文社会科学领域尤其是伦理学领域的学者参与到泛在网的发展进程中，设置泛在网技术伦理委员会，制定合乎相关根本价值理念的制度机制体系，建立价值把关、监督控制、风险评估、责任追究、培训教育等多层次制度机制，将相关根本价值理念融入泛在网技术研发、应用和完善的整个生命周期。

三是，在泛在网发展进程中，尝试构建嵌入“发展中”的网络伦理方式的技术路径。如果说根本价值理念是最为本质的顶层设计，制度机制是不可或缺的中层管理，那么技术设计则是更为基础的底层构建。泛在网的技术设计不仅仅是工程技术人员的事，也需要人文社会科学领域专家的深度参与，只有这样才能更好地贯彻顶层设计，更有效地落实中层管理。当前在技术设计领域讨论得比较多的有价值敏感性设计、物质化道德等各类设计伦理方法，这些都可以运用到泛在网的技术研发中。例如，通过价值敏感性设计，将相关价值观引入技术研发环节，确保研发人员在技术设计中将抽象的价值观与具体的技术相结合，同时将相关价值观引入政策议程各环节的设计与执行中，以价值观上的认同促进技术治理的顺利开展；再如，还可以通过物质化道德，将相关伦理价值观通过中介作用物质化到人工物设计中，这也是实现价值观与技术结合的重要方法。

泛在网之所以可能带来巨大的伦理风险，本质上是因为其以“去稳定”的“新主体”颠覆了伦理方式的传统路径，打破了媒介技术与伦理建构的“被预定的和谐”。这种伦理风险的道德哲学真义在于，媒介技术发展与伦理建构之间的不相适应。伦理建构的自身适应力与调整力落后于媒介技术的迭新速度，尤其是网络媒介技术的更新速度更有突飞猛进之态势，让整个社会的伦理建构更加猝不及防。所以，为了更好地迎接正在临近、即将到来的泛在网社会，需要及时审视传统伦理方式的新命运，同时提前作出网络伦理方式的文化谋划，重建媒介技术与伦理建构的“被预定的和谐”，实现媒介技术与伦理建构之间的良性互动与和谐共生。只当如此，我们才能在一个蓬勃发展的网络时代更好地“在一起”，更好地以伦理的方式“在一起”！

结语 网络与伦理“在一起”

“我们”如何“在一起”？如何以伦理的方式“在一起”？这是人们一直以来孜孜以求、不断追索的重要文明课题。当前，身处高速发展的网络时代，面对种种伦理道德问题的出现，让这些问题的反思愈加紧迫，愈加关键。

“信息方式—伦理方式”的诠释框架以纵向的历时研究方法生动描绘了媒介影响伦理构建、文明发展的道德哲学图景，能够帮助我们更好地思考网络媒介到底给我们当下的伦理构建、文明发展带来了什么。跟随历史的足迹，早期的口头媒介孕育了最为原初、最为神圣的实体主义伦理方式，创造了精神世界与生活世界直接合一的文明状态。近代的印刷媒介则推动了伦理方式的个体主义转向，进而使得生活世界与精神世界开始相互分离。现代的网络媒介正在从计算机与计算机之间、人与人之间的“互联网”，走向人与物、物与物之间的“物联网”，乃至走向无时不在、无所不在、无所不能的“泛在网”，这给我们正在带来或即将带来更加复杂的伦理议题和文明课题。

当前的网络媒介仍以互联网为主要形态，互联网的出现与普及在一定程度上变革着传统信息方式，进而使传统伦理方式遭遇到一定程度的解构危机，引发形形色色的道德难题。与此同时，在互联网之虚拟实在，以及人的本质与真理的激励下，互联网随即展开了一场自我救赎的伦理方式探索。互联网凭借网络交往凝聚起分散化的个体，生成经验层面的网络社群，乃至构筑成价值层面的网络共同体，使“我”成为“我们”，使个体性上升为普遍性。这场自我救赎为网络伦理方式提供了一定的可能性，可因其呈现的“个体主义”“无精神”特质，又终究陷入伦理有限性之中，引发相应的文明后果。因此，网络伦理方式的价值合理性有待进一步建构，一方面，必须重视互联网不断强化着的口语性质，以回归伦理的

“精神”传统，另一方面，通过整合社会网络与“家—国—天下”中国智慧，超越生成社会网络下的“家—地球村”形态。网络伦理方式的理想范式耦合了伦理之传统智慧与互联网之现代气质，能够在理论发展层面引发关于“第三种伦理方式”的深刻反思，同时能够在文明实践层面以技术为中介重新融合精神世界与生活世界。

然而，网络媒介的发展并不止步于互联网，如今在智能算法、元宇宙等新兴技术的不断加持下，网络媒介正在朝着它的高阶形态即泛在网的方向不断发展，网络伦理方式也需要随着网络媒介技术的变化不断迭新。未来的泛在网可能会因建构更为现实的“去稳定化”的“新主体”，直接模糊男女两性的伦理性格，改变子女的伦理角色，进而动摇伦理方式，更具体而言实体主义伦理方式的神圣根源，最终变革伦理建构的生成路径，冲击人们的精神世界与生活世界。因此，即便泛在网社会还未真正到来，但我们仍然要以积极的态度应对可能的风险与挑战，及时审视传统伦理方式的新命运，同时更要提前作出网络伦理方式的文化谋划。

如此，在“信息方式—伦理方式”诠释框架的描绘下，网络媒介给我们当下伦理构建、文明发展带来的影响似乎已然清晰。然而，我们所讨论的网络伦理方式，都还不是真正意义上的网络时代的伦理方式。纵向的历时分析法有助于我们明晰不同信息方式造就不同伦理方式的历史图景，但事实上任何一个特定的媒介时代都是一个多元化媒介共存的时代。尤其是网络时代更是汇聚了口头媒介、印刷媒介等传统媒介形式。因此，基于纵向的历时分析法所探究的网络伦理方式还只是网络时代的伦理方式之狭义表征；回到共时分析法，网络时代的伦理方式的完整现时形态应当是一个汇聚了传统伦理方式和网络伦理方式的复杂生态结构。

网络时代的伦理方式是一个多元化的伦理方式。这首先是因为，网络媒介本身是一种多元化的媒介形式，从而为传统伦理方式的发挥预留了一定的条件和空间。罗杰·菲德勒（Roger Fidler）早就明确揭示出媒介形态变化遵循的六项基本原则：“共同演进化与共同生存；形态变化；增殖；生存；机遇与需要；延时采用。”[①] 其中，“形态变化”和“增殖”两项原则意味着新诞生的互联网不可能是一种完全独立的媒介形式，而是

① ［美］罗杰·菲德勒：《媒介形态变化：认识新媒介》，明安香译，华夏出版社 2000 年版，第 24—25 页。

对早期媒介形式的延续与增强。“新媒介决不会自发地和孤立地出现——它们都是从旧媒介的形态变化中逐渐脱胎出来的。”① “新出现的传播媒介形式会增加原先各种形式的主要特点。”② 网络媒介整合并超越了口头媒介、印刷媒介等其他媒介功能，因而传统伦理方式在其中也具备了一定的效用性。例如，正因为网络媒介的多媒介形式，它才有机会为网络伦理方式的价值合理性建构提供潜在的口头媒介资源。

更为重要的原因是，在网络时代，网络媒介仅居于主导和主流地位，网络时代本质上是一个多元化媒介共存的文明时代。这一点在“共同演进化与共同生存”和“形态变化”的原则中得以充分彰显。“一切形式的传播媒介都在一个不断扩大的、复杂的自适应系统以内共同相互和共同演进。”③ “当比较新的形式出现时，比较旧的形式就会适应并且继续进化而不是死亡。”④ 网络媒介的出现和发展往往是增加媒介大家族的品种，而不是替换旧的媒介形式。倘若一种新媒介的诞生都导致一种旧媒介的死亡，那么现代社会就不可能有如此多姿多彩的传播技术了。因此，作为新事物、新技术的网络媒介只是引领着这个多元化时代的潮流，而并非独立存在，也不能独立存在。既然网络时代是一个以网络媒介为主导的多元化媒介共存的文明时代，那么按照“信息方式—伦理方式”的诠释框架，网络时代的伦理方式也必然具备多元性特征。它即包含口头媒介与印刷媒介下的传统伦理方式，也包含了网络媒介下的网络伦理方式；因网络媒介占据时代的主导地位，网络伦理方式正日趋成为现代文明发展的主流。

但网络时代的伦理方式并非简单的多元合并，而是多元汇聚。借鉴罗杰·菲德勒在阐释多媒介形式时对合并与汇聚作出的区分：“虽然合并和汇聚时常作为同义使用，但是它们并不意味着同一回事。合并暗示两个或更多的实体（例如公司、技术，或媒介）集中到一起形成一个单一的、统一的实体。汇聚是更像是交叉路口或婚姻，其结果是引起每一个汇聚实

① ［美］罗杰·菲德勒：《媒介形态变化：认识新媒介》，明安香译，华夏出版社 2000 年版，第 24 页。

② ［美］罗杰·菲德勒：《媒介形态变化：认识新媒介》，明安香译，华夏出版社 2000 年版，第 24—25 页。

③ ［美］罗杰·菲德勒：《媒介形态变化：认识新媒介》，明安香译，华夏出版社 2000 年版，第 24 页。

④ ［美］罗杰·菲德勒：《媒介形态变化：认识新媒介》，明安香译，华夏出版社 2000 年版，第 24 页。

体的变革，并创造新的实体。”①合并是由多合一，以一代多；汇聚是由多生一，多一共存。合并是机械的组合，汇聚是有机的融合。正如媒介形式的发展是一种多元汇聚一般，网络时代伦理方式也是一种多元汇聚结构。媒介形式的多元汇聚具体表现为：其一，共同相处、共同演进；其二，新形式影响旧形式；其三，旧形式适应新形式；其四，再次创造新形式。

对于网络时代伦理方式的多元汇聚而言，首先，传统伦理方式与网络伦理方式共同相处、共同演进。它们基于不同的媒介形式及其社会语境，建构出不同的伦理范式，指向不同的文明问题。其次，网络伦理方式影响传统伦理方式。网络伦理方式的出现和发展，潜移默化、长年累月地影响着其他的传统伦理方式。由于立场、价值特征等差异，网络伦理方式或可能解构传统伦理方式，或又可能强化传统伦理方式之一即个体主义伦理方式的个体主义色彩。最后，传统伦理方式适应网络伦理方式。在时代进步的过程中，传统伦理方式也会尝试去适应并继续进化，最终可能创造出一个新的形式。例如，网络伦理方式的自我救赎就是延续着个体主义伦理方式的基本路径。又例如，网络伦理方式的价值合理性建构正是在传统实体主义伦理方式和网络媒介现代资源相互结合之下生成的。

所需强调之处是，虽然我们将伦理方式的多元汇聚与媒介技术相类比来加以理解，但主观的伦理方式与客观的媒介技术仍存在显著差别。媒介的发展多为线性的技术进步，而伦理方式的变迁还涉及对原初价值本原和价值本质的承认。口头媒介在媒介发展那只是作为一种传播的原始形态，而口头媒介下实体主义伦理方式则居于伦理方式不可撼动的神圣地位。由此，我们才认为无论是现时互联网下抑或是未来泛在网下的网络伦理方式，其价值合理性建构务必重视伦理方式的传统智慧。

如此解释网络时代伦理方式的复杂生态结构过于抽象。借助代际问题的研究，可更具体地窥探网络时代的伦理方式及其可能产生的现实文明后果。周宪教授曾在《从“沉浸式”到“浏览式”阅读的转向》中对电子阅读作出了代际划分：“数字原住民”、“数字移民”和“数字异乡人”。“如果说‘数字原住民’热衷于电子阅读而最易形成电子阅读的习性，而

---

① ［美］罗杰·菲德勒：《媒介形态变化：认识新媒介》，明安香译，华夏出版社2000年版，第23页。

‘数字移民’在电子阅读的纸本阅读之间维持某种程度的平衡，那么第三种类型则比较远离甚至拒斥电子阅读，这类人可以称之为‘数字异乡人’，他们完全受制于纸质文本的阅读经验，对电子阅读既不喜欢也不适应。如果说第一类人以青少年读者居多，而第二类人以中年人为主，那么第三类人则在年龄分布上属于相对年长者。”①

周宪教授的代际划分似乎对网络时代的伦理方式而言也同样适用，网络时代的多元化伦理方式结构也内在地呈现了代际的差异。以青少年为主的“数字原住民”，因出生伊始就濡染于互联网媒介环境中，所以网络伦理方式成为他们认识伦理、建构伦理的基本方式。虽然，口头媒介与印刷媒介也是其媒介生活的组成部分，但已经远远不如网络媒介更普遍，更具影响力和吸引力。对于以中年人为主的“数字移民”来说，口头媒介与印刷媒介原本是他们主要的媒介生活，但他们在历经着网络媒介的诞生与到来之后，又开始慢慢适应并接受网络媒介。这致使他们对伦理方式的觉悟也逐渐从传统伦理方式向网络伦理方式转变，然而由于传统的根深蒂固，最终会造成某种纠结、分裂的伦理态度。至于以年长者为主的“数字异乡人”，传统媒介生活积年累月已然固化，他们不愿意甚至不能够接受、适应新的媒介形式，所以他们只是固守传统伦理方式，而对网络伦理方式置若罔闻。在代际图谱中，网络时代伦理方式的多元化生态得以生动呈现。

周宪教授对当今阅读生态忧心忡忡，他认为，“更深层的忧患在于，青少年是民族的未来，他们深受电子阅读行为方式和装置范式的影响，而且是新技术、新装置和新阅读方式的‘易感染’和‘易上瘾’人群，但他们对电子阅读这把双刃剑的消极面往往缺乏了解”②。网络时代的伦理方式虽然是一个多元化的生态结构——传统伦理方式与网络伦理方式共在，但其与阅读方式一样也同样因青年一代而忧患。青年一代往往因年少而缺乏反思。他们常对传统不屑一顾，甚至弃传统如敝屣，传统伦理方式的精髓自然无法传承。而青年一代又代表着时代的未来走向。如果说青年一代只是秉承网络伦理方式，尤其是那种缺乏价值合理性的自我救赎，那么未来伦理建构必将被阴霾笼罩。因为伦理方式的全部奥秘正是在于传统

① 周宪：《从“沉浸式”到“浏览式”阅读的转向》，《中国社会科学》2016 年第 11 期。

② 周宪：《从“沉浸式”到“浏览式”阅读的转向》，《中国社会科学》2016 年第 11 期。

之中，尤其是口头媒介下的实体主义伦理方式，它奠定了伦理方式的原初神圣性根源。今天我们不是反对网络媒介，也不是反对青少年使用网络媒介，而是要积极面对以网络媒介为主导的媒介时代，希望从中整合出传统实体主义伦理方式的种种可能。网络伦理方式的那种自我救赎只会将人们带入更黑暗的深渊，重建网络伦理方式的价值合理性才是网络时代我们努力的方向！

从历时走向共时，“网络时代的伦理方式”呈现出一个极为复杂的动态文明景观。无论如何，网络媒介的发展应当，也必须始终以“伦理”为前提，与伦理“在一起”。只当如此，网络媒介下的诸个体才能始终复归于生命整体意义与生活总体价值之中，成为真正“自由的人”“完整的人”。

当年苏格拉底从容就义，高喊着：“追求好的生活远过于生活。”如今，我们也须耳提面命：“伦理化的生活远过于媒介化的生活！”

参考文献

一　典籍

（战国）孟子等：《四书五经》，中华书局 2009 年版。

（宋）黎靖德编、王星贤点校：《朱子语类》卷一，中华书局 1986 年版。

（明）王守仁撰、王晓昕译注：《传习录译注》，中华书局 2018 年版。

方勇、李波译注：《荀子》，中华书局 2015 年版。

二　中文著作

北京大学哲学系外国哲学史教研室编译：《十六—十八世纪西欧各国哲学》，商务印书馆 1975 年版。

曹荣湘选编：《解读数字鸿沟——技术殖民与社会分化》，上海三联书店 2003 年版。

陈独秀：《陈独秀文集》第 1 卷，上海人民出版社 1993 年版。

段伟文：《网络空间的伦理反思》，江苏人民出版社 2002 年版。

樊浩：《道德形而上学体系的精神哲学基础》，中国社会科学出版社 2006 年版。

樊浩：《中国伦理精神的现代建构》，江苏人民出版社 1997 年版。

费孝通：《乡土中国》，上海人民出版社 2006 年版。

高兆明：《伦理学理论与方法》，人民出版社 2005 年版。

高兆明：《心灵秩序与生活秩序——黑格尔〈法哲学原理〉释义》，商务印书馆 2014 年版。

葛兆光：《中国思想史》第 1 卷，复旦大学出版社 2001 年版。

胡适：《中国哲学史大纲》，上海古籍出版社 1997 年版。

胡泳：《另类空间：网络胡话之一》，海洋出版社 1999 年版。

黄寰：《网络伦理危机及对策》，科学出版社 2003 年版。

李沁：《第三媒介时代的传播范式：沉浸传播》，清华大学出版社 2013 年版。

吕本修：《网络道德问题研究》，中国社会科学出版社 2012 年版。

宋吉鑫：《网络伦理学研究》，科学出版社 2012 年版。

苏国勋：《理性化及其限制——韦伯思想引论》，上海人民出版社 1988 年版。

谭志敏主编：《网络文化与伦理概论》，重庆大学出版社 2015 年版。

陶侃：《我们都是网中人——网络文化与人的发展》，北京交通大学出版社 2013 年版。

童谨：《中国语境下的网络公共交往伦理研究》，中国社会科学出版社 2022 年版。

汪成为等：《灵境（虚拟现实）技术的理论、实现及应用》，清华大学出版社、广西科学技术出版社 1996 年版。

严耕等：《网络伦理》，北京出版社 1998 年版。

杨国荣：《成己与成物——意义世界的生成》，北京大学出版社 2011 年版。

杨礼富：《网络社会的伦理问题探究》，吉林人民出版社 2008 年版。

于孟晨等：《互联网伦理生态及治理研究》，中国社会科学出版社 2018 年版。

张秀琴：《西方马克思主义意识形态理论的当代阐释》，中国传媒大学出版社 2005 年版。

张燕：《风险社会与网络传播：技术、利益、伦理》，社会科学文献出版社 2014 年版。

张怡等：《虚拟认识论》，学林出版社 2003 年版。

张震：《网络时代伦理》，四川人民出版社 2002 年版。

三　中译著作

翟振明：《有无之间：虚拟实在的哲学探险》，孔红艳译，北京大学出版社 2007 年版。

[德] 埃德蒙德·胡塞尔：《欧洲科学危机和超验现象学》，张庆熊译，上海译文出版社 2005 年版。

[德] 埃德蒙德·胡塞尔：《生活世界现象学》，[德] 克劳斯·黑尔德编，倪梁康、张廷国译，上海译文出版社 2002 年版。

［德］奥斯瓦尔德·斯宾格勒：《西方的没落》上，张兰平译，安徽人民出版社 2012 年版。

［德］斐迪南·滕尼斯：《共同体与社会——纯粹社会学的基本概念》，林荣远译，商务印书馆 1999 年版。

［德］哈贝马斯：《公共领域的结构转型》，曹卫东等译，上海学林出版社 1999 年版。

［德］哈贝马斯：《交往行为理论》第 1 卷，曹卫东译，上海人民出版社 2004 年版。

［德］海德格尔：《存在与时间》修订第 2 版，陈嘉映、王庆节译，熊伟校，陈嘉映修订，商务印书馆 2017 年版。

［德］黑格尔：《法哲学原理》，范扬、张企泰译，商务印书馆 1961 年版。

［德］黑格尔：《精神现象学》上卷，贺麟、王玖兴译，商务印书馆 1979 年版。

［德］黑格尔：《精神现象学》下卷，贺麟、王玖兴译，商务印书馆 1979 年版。

［德］康德：《道德形而上学探本》，唐钺译，商务印书馆 1957 年版。

［德］康德：《历史理性批判文集》，何兆武译，商务印书馆 1990 年版。

［德］康德：《实践理性批判》，关文运译，商务印书馆 1960 年版。

［德］乌尔里希·贝克、约翰内斯·威尔姆斯：《自由与资本主义——与著名社会学家乌尔里希·贝克对话》，路国林译，浙江人民出版社 2001 年版。

［法］埃米尔·涂尔干：《社会分工论》，渠东译，生活·读书·新知三联书店 2000 年版。

［法］列维·布留尔：《原始思维》，丁由译，商务印书馆 1981 年版。

［古希腊］亚里士多德：《政治学》，颜一、秦典华译，中国人民大学出版社 2003 年版。

［加］埃里克·麦克卢汉：《麦克卢汉精粹》，［加］弗兰克·秦格龙编，何道宽译，南京大学出版社 2000 年版。

［加］戴维·克劳利、保罗·海尔编：《传播的历史：技术、文化与社会》，董璐等译，北京大学出版社 2011 年版。

［加］哈罗德·伊尼斯：《传播的偏向》，何道宽译，中国人民大学出版社 2003 年版。

［加］哈罗德·伊尼斯：《帝国与传播》，何道宽译，中国传媒大学出版社2013年版。

［加］罗伯特·洛根：《字母表效应：拼音文字与西方文明》，何道宽译，复旦大学出版社2012年版。

［加］马歇尔·麦克卢汉：《谷登堡星汉璀璨：印刷文明的诞生》，杨晨光译，北京理工大学出版社2014年版。

［加］马歇尔·麦克卢汉：《理解媒介：论人的延伸》，何道宽译，译林出版社2011年版。

［加］马歇尔·麦克卢汉：《麦克卢汉如是说：理解我》，何道宽译，中国人民大学出版社2006年版。

［美］E. M. 罗杰斯：《传播学史：一种传记式的方法》，殷晓蓉译，上海译文出版社2012年版。

［美］阿拉斯戴尔·麦金泰尔：《德性之后》，龚群等译，中国社会科学出版社1995年版。

［美］本尼迪克特·安德森：《想象的共同体：民族主义的起源与散布》，吴叡人译，上海人民出版社2016年版。

［美］丹尼尔·贝尔：《资本主义文化矛盾》，赵一凡等译，生活·读书·新知三联书店1989年版。

［美］杜威：《杜威教育论著选》，赵祥麟、王承绪编译，华东师范大学出版社1981年版。

［美］汉娜·阿伦特：《人的条件》，竺乾威等译，上海人民出版社1999年版。

［美］凯斯·桑斯坦：《网络共和国：网络社会中的民主问题》，黄维明译，上海人民出版社2003年版。

［美］莱文森：《数字麦克卢汉：信息化新千纪指南（第2版）》，何道宽译，北京师范大学出版社2014年版。

［美］理查德·A. 斯皮内洛：《铁笼，还是乌托邦：网络空间的道德与法律》，李伦等译，北京大学出版社2007年版。

［美］林文刚编：《媒介环境学：思想沿革与多维视野》，何道宽译，北京大学出版社2007年版。

［美］刘易斯·芒福德：《技术与文明》，陈允明等译，中国建筑工业出版社2009年版。

［美］罗杰·菲德勒:《媒介形态变化：认识新媒介》，明安香译，华夏出版社 2000 年版。
［美］马克·波斯特:《第二媒介时代》，范静哗译，南京大学出版社 2001 年版。
［美］马克·波斯特:《互联网怎么了?》，易容译，河南大学出版社 2010 年版。
［美］马克·波斯特:《信息方式——后结构主义与社会语境》，范静哗译，商务印书馆 2000 年版。
［美］迈克尔·海姆:《从界面到网络空间——虚拟实在的形而上学》，金吾伦、刘钢译，上海科技教育出版社 2000 年版。
［美］曼纽尔·卡斯特:《认同的力量》，夏铸九等译，社会科学文献出版社 2003 年版。
［美］曼纽尔·卡斯特:《网络社会的崛起》，夏铸九等译，社会科学文献出版社 2001 年版。
［美］曼纽尔·卡斯特:《网络星河：对互联网、商业和社会的反思》，郑波、武炜译，社会科学文献出版社 2007 年版。
［美］尼尔·波兹曼:《童年的消逝》，吴燕莛译，中信出版社 2015 年版。
［美］尼古拉·尼葛洛庞帝:《数字化生存》，胡泳、范海燕译，海南出版社 1997 年版。
［美］尼古拉斯·克里斯塔基斯、詹姆斯·富勒:《大连接：社会网络是如何形成的以及对人类现实行为的影响》，简学译，中国人民大学出版社 2013 年版。
［美］威尔伯·施拉姆、威廉·波特:《传播学概论》第二版，何道宽译，中国人民大学出版社 2010 年版。
［美］威廉·J. 米切尔:《伊托邦：数字时代的城市生活》，吴启迪等译，上海世纪出版集团 2005 年版。
［美］沃尔特·翁:《口语文化与书面文化：语词的技术化》，何道宽译，北京大学出版社 2008 年版。
［美］谢尔·霍兹:《网上公共关系》，吴白雪、杨楠译，复旦大学出版社 2001 年版。
［美］伊恩·罗伯逊:《现代西方社会学》，赵明华等译，河南人民出版社 1988 年版。

[美] 伊丽莎白·爱森斯坦：《作为变革动因的印刷机：早期近代欧洲的传播与文化变革》，何道宽译，北京大学出版社 2010 年版。

[美] 约翰·布洛克曼：《未来英雄》，汪仲等译，海南出版社 1998 年版。

[美] 约书亚·梅罗维茨：《消逝的地域：电子媒介对社会行为的影响》，肖志军译，清华大学出版社 2002 年版。

[英] 安乐尼·吉登斯：《现代性的后果》，田禾译，译林出版社 2011 年版。

[英] 伯特兰·罗素：《伦理学和政治学中的人类社会》，肖巍译，中国社会科学出版社 1992 年版。

[英] 戴维·波普诺：《社会学》，李强等译，中国人民大学出版社 1999 年版。

[英] 尼古拉斯·盖恩、戴维·比尔：《新媒介：关键概念》，刘君、周竞男译，复旦大学出版社 2015 年版。

[英] 齐格蒙特·鲍曼：《后现代伦理学》，张成岗译，江苏人民出版社 2003 年版。

四 中文论文

（一）期刊论文

鲍宗豪、赵晓红：《现代性视域下的中国社会秩序重建》，《社会科学》2014 年第 5 期。

曹劲松：《网络道德建设初探》，《道德与文明》2002 年第 2 期。

常晋芳：《从“私民”到“公民”：网络空间主体的公共性转向》，《山东社会科学》2013 年第 7 期。

樊浩：《“冲动形态的伦理”与道德教育的哲学范式》，《中国德育》2006 年第 5 期。

樊浩：《道德形而上学体系由现象学向法哲学的转换及其概念过渡》，《哲学动态》2007 年第 11 期。

樊浩：《道德之“民”的诞生》，《道德与文明》2014 年第 2 期。

樊浩：《“后伦理时代”的来临》，《道德与文明》2013 年第 6 期。

樊浩：《基因技术的道德哲学革命》，《中国社会科学》2006 年第 1 期。

樊浩：《“精神”，如何与“文明”在一起?》，《哲学动态》2015 年第 8 期。

樊浩：《“伦”的传统及其“终结”与“后伦理时代”》，《哲学研究》2007 年第 6 期。

樊浩：《伦理，“存在”吗?》，《哲学动态》2014 年第 6 期。

樊浩：《伦理道德，为何“精神”?》，《哲学分析》2016 年第 2 期。

樊浩：《伦理道德现代转型的文化轨迹及其精神图像》，《哲学研究》2015 年第 1 期。

樊浩：《伦理感、道德感与“实践道德精神”的培育》，《教育研究》2006 年第 6 期。

樊浩：《伦理如何“与‘我们’同在”?》，《天津社会科学》2013 年第 5 期。

樊浩：《伦理实体的诸形态及其内在的伦理—道德悖论》，《中国人民大学学报》2006 年第 6 期。

樊浩：《“我们”的世界缺什么》，《道德与文明》2012 年第 6 期。

郭卫华：《先秦时期的“情”义辨析——兼论“情”的文化意蕴》，《学术论坛》2007 年第 12 期。

郭玉锦：《网络公共领域中的网络舆论与网络公众舆论》，《北京邮电大学学报》（社会科学版）2010 年第 6 期。

胡泳：《网络社群的崛起》，《南风窗》2009 年第 22 期。

黄鸣奋：《新媒体时代电子人与赛博主体性的建构》，《郑州大学学报》（哲学社会科学版）2009 年第 1 期。

金岱：《文化建构主义与再启蒙》，《华南师范大学学报》（社会科学版）2013 年第 5 期。

李恒威、王昊晟：《后人类社会图景与人工智能》，《华东师范大学学报》（哲学社会科学版）2020 年第 5 期。

李育红：《网络伦理与现实伦理异同辨》，《电化教育研究》2005 年第 4 期。

刘海明、董莉：《新变化、新行为、新风险：5G 时代的沉浸式传播与“沉浸人”养成》，《中国记者》2020 年第 6 期。

刘继荣：《网络公共领域的形成及其可能》，《重庆大学学报》（社会科学版）2012 年第 5 期。

刘军平：《“天下”宇宙观的衍变及其哲学意蕴》，《文史哲》2004 年第 6 期。

刘少杰:《网络化时代的社会结构变迁》,《学术月刊》2012 年第 10 期。
刘永谋等:《物联网、泛在网与泛在社会》,《中国特色社会主义研究》2012 年第 6 期。
莫楠、李向南:《“人肉搜索”的伦理学反思》,《中国集体经济》2010 年第 3 期。
欧阳康:《合理性与当代人文社会科学》,《中国社会科学》2001 年第 4 期。
彭兰:《从社区到社会网络——一种互联网研究视野与方法的拓展》,《国际新闻界》2009 年第 5 期。
戚鸣:《网络暴力与道德“普世主义”》,《当代传播》2011 年第 5 期。
沈清松:《大脑、情感与情意发展》,《哲学与文化》2005 年第 10 期。
宋辰婷:《网络时代的感性意识形态传播和社会认同建构》,《安徽大学学报》(哲学社会科学版)2015 年第 1 期。
孙海峰:《网络空间的三重内涵》,《国际新闻界》2006 年第 12 期。
田海平:《启蒙道德与契约精神—— 近代西方社会转型期伦理精神的重建》,《浙江社会科学》1999 年第 1 期。
田旭明:《守正修德:网络谣言的伦理焦虑及其消解机制》,《道德与文明》2014 年第 3 期。
王常柱等:《大数据时代网络伦理规制的复杂性研究》,《科学技术哲学研究》2020 年第 2 期。
王立:《共同体之辨》,《人文杂志》2013 年第 9 期。
王仕杰:《“伦理”与“道德”辨析》,《伦理学研究》2007 年第 6 期。
徐嘉:《中国近代启蒙的伦理向度》,《道德与文明》2005 年第 6 期。
许纪霖:《现代中国的家国天下与自我认同》,《复旦学报》(社会科学版)2015 年第 5 期。
杨莉:《网络伦理及其技术考量》,《社科纵横》2005 年第 4 期。
杨耀坤:《科学合理性是多方面联系的总和——略论科学合理性的内涵结构(科学合理性问题系列论文之二)》,《科学技术与辩证法》1999 年第 3 期。
袁祖社:《社群共同体之“公共善”何以具有优先性——“实用主义”政治伦理信念的正当性辨析》,《厦门大学学报》(哲学社会科学版)2011 年第 4 期。

翟本瑞：《从社区、虚拟社区到社交网络：社会理论的变迁》，《兰州大学学报》（社会科学版）2012年第5期。

张健：《精神世界概念》，《肇庆学院学报》2004年第3期。

张咏华：《媒介分析领域的重要理论成果——贝尼格的“控制革命”论评析》上，《新闻大学》2000年第3期。

张之沧：《“后人类”进化》，《江海学刊》2004年第6期。

章国锋：《哈贝马斯访谈录》，《外国文学评论》2000年第1期。

周健、徐成华：《网络社群的社会组织特征》，《中国广播电视学刊》2011年第1期。

周宪：《从“沉浸式”到“浏览式”阅读的转向》，《中国社会科学》2016年第11期。

［英］斯科特·拉什：《风险社会与风险文化》，王武龙译，《马克思主义与现实》2002年第4期。

（二）论文集

邢义田：《天下一家——中国人的天下观》，载《中国文化新论·根源篇》，台北：联经出版公司1981年版。

［德］哈贝马斯：《公共领域》，汪晖译，载汪晖、陈燕谷主编《文化与公共性》，生活·读书·新知三联书店2005年版。

［法］米歇尔·福柯：《何为启蒙》，顾家琛译，载米歇尔·福柯著，杜小真编选《福柯集》，上海远东出版社1998年版。

［美］汉娜·阿伦特：《公共领域与私人领域》，刘锋译，载汪晖、陈燕谷主编《文化与公共性》，生活·读书·新知三联书店2005年版。

（三）学位论文

常晋芳：《网络哲学引论——网络时代人类存在方式的变革》，博士学位论文，中共中央党校，2002年。

陈秋珠：《赛博空间的人际交往——大学生网络交往与心理健康关系的研究》，博士学位论文，吉林大学，2006年。

五　外文著作

Biegel, Stuart, *Beyond our Control? Confronting the Limits of our Legal System in the Age of Cyberspace*, Cambridge: The MIT Press, 2001.

Coyne, Richard, *Technoromanticism: Digital Narrative, Holism, and the Ro-*

mance of the Real, Cambridge: The MIT Press, 1999.

Floridi, Luciano, *Philosophy and Computing: an Introduction*, London: Routledge, 1999.

Gibson, William, *Neuromancer*, New York: Ace, 1984.

Habermas, J., *Toward A Rational Society*, London: Heinemann, 1971.

Heim, Michael, *The Metaphysics of Virtual Reality*, Oxford: Oxford University, 1993.

Norris, Pippa, *Digital Divide: Civic Engagement, Information Poverty, and the Internet Worldwide*, Cambridge: Cambridge University Press, 2001.

Ploug, Thomas, *Ethics in Cyberspace*, London: Springer, 2009.

Poster, Mark, *Critical Theory and Poststructuralism*, Ithaca: Cornell University Press, 1989.

Poster, Mark, *Foucault, Marxism and History*, New York: Polity Press, 1984.

Rheingold, Howard, *The Virtual Community: Home steading on the Electronic Frontier*, New Jersey: Addison-Wesley, 1994.

Sherman, William R. and Alan B. Craig, *Understanding Virtual Reality: Interface, Application, and Design*, San Francisco: Morgan Kaufmann, 2003.

Tai, Cf. Zixue, *The Internet in China: Cyberspace and Civil Society*, New York: Routledges, 2006.

Tavani, Herman T., *Ethics & Technology: Controversies, Questions, and Strategies for Ethical Computing*, Hoboken: John Wiley & Sons, Inc., 2012.

六　外文论文

（一）期刊论文

Adams, Paul C., "Cyberspace and Virtual Places", *The Geographical Review*, Vol. 87, No. 2, April 1997.

Bouhnik, Dan and Deshen Mor, "Gender Differences in the Moral Judgment and Behavior of Israeli Adolescents in the Internet Environment", *Journal of the Association for Information Science and Technology*, Vol. 65, No. 3, January 2014.

Flicker, S, et al., "Ethical Dilemmas in Research on Internet Communities", *Qualitative Health Research*, Vol. 14, No. 1, February 2004.

Grag, Vaibhav, and L. Jean Camp, "Gandhigiri in Cyberspace: a Novel Approach to Information Ethics", *ACM SIGCAS Computers and Society*, Vol. 42, No. 1, August 2012.

Harriman, Stephanie, and Jigisha Patel, "The Ethics and Editorial Challenges of Internet-based Research", *Bmc Medicine*, Vol. 12, July 2014.

Kellen, Kelsi, et al., "Ethical Decision-Making While Using Social Networking Sites: Potential Ethical and Clinical Implications for Marriage and Family Therapists", *American Journal of Family Therapy*, Vol. 43, No. 1, January 2015.

Kurt, Gizem, "Ethics as a Customer Perceived Value Driver in the Context of Online Retailing", *African Journal of Business Management*, Vol. 4, No. 5, April 2010.

Lau, Wilfred W. F., and Allan H. K. Yuen, "Internet Ethics of Adolescents: Understanding Demographic Differences", *Computers & Education*, Vol. 72, March 2014.

McMahon, Joan M., and Ronnie Cohen, "Lost in Cyberspace: Ethical Decision Making in the Online Environment", *Ethics and Information Technology*, Vol. 11, No. 1, March 2009.

Mitchell, Vince, et al., "The Influence of Parents Versus Peers on Generation Y Internet Ethical Attitudes", *Electronic Commerce Research and Applications*, Vol. 14, No. 2, March-April 2015.

Reamer, Frederic G., "Social Work in a Digital Age: Ethical and Risk Management Challenges", *Social Work*, Vol. 58, No. 2, April 2013.

Sabou, Gabriel Cristian, et al., "The Ethics Of Online Touristic Counselling: A Matter Of Users Satisfaction", *Amfiteatru Economic*, Vol. 16, No. 8, November 2014.

Serge Moscovici and Marisa Zavalloni, "The Group as a Polarizer of Attitudes", *Journal of Personality and Social Psychology*, Vol. 12, No. 2, October 1969.

Stoner, James A. F., " Risky and Cautious Shifts in Group Decisions: The Influence of Widely Held Values", *Journal of Experimental Social Psychology*, Vol. 4, No. 4, October 1968.

Vallor, Shannon, "Social Networking Technology and the Virtues", *Ethics and Information Technology*, Vol. 12, No. 2, June 2010.

（二）论文集

Benedikt, Michael, "Introduction", in Michael Benedikt, eds. *Cyberspace: First Steps*, Cambridge: The MIT Press, 1991.

Chele, Gabriela Elena, et al., "Ethical Aspects of Internet Derived Information Utilization in Adolescents: The Role of Family and Education", in A Sandu, et al., eds. *Procedia Social and Behavioral Sciences*, Netherlands: Elsevier Science Bv, 2014.

Ess, Charles M., "Internet Research Ethics", in Joinson A, McKenna K., et al., eds. *The Oxford Handbook of Internet Psychology*, Oxford: Oxford University Press, 2007.

Stone, A. R., "Will the Real Body Please Stand Up? Boundary Stories about Virtual Culture", in Michael Benedikt, eds. *Cyberspace*: *First Steps*, Cambridge: The MIT Press, 1991.

Turcule, Mircea, "Ethical Issues Concerning Online Social Networks", in A Sandu, et al, eds. *Procedia Social and Behavioral Sciences*, Netherlands: Elsevier Science Bv, 2014.

七 网络文献

CNNIC：《中国互联网络发展状况统计报告》，http://www.cnnic.net.cn/n4/2022/0914/c88-10226.html，2023 年 1 月 6 日。

"World Internet Users and 2023 Population Stats", http://www.internetworldstats.com/stats.htm.

《全网粉丝势力报告》，http://www.csdn.net/article/a/2015-09-08/15827954，2017 年 4 月 10 日。

后　记

全书紧扣“网络时代，我们如何在一起”之问而展开，之所以心系于此，一方面源于我的生活经历，出生于网络时代之前，成长于网络时代之中，体验着网络时代前后日常生活的快速变迁，也见证了网络时代带来的种种机遇与挑战；另一方面也源于我的求学经历，本科期间的新闻传播学学习和硕博期间的伦理学探究，让我对两者之间的交叉对话与跨学科研究一直心生向往。本书是在我的博士学位论文基础上修改而成的，除了对原有语言、观点等基本内容的修订，还特别注意到近年来网络媒介智能化发展的新动向，因此为更好地面向网络时代的发展前沿，还将原论文中结语部分的“泛在网”一小节扩充为独立一章，以更为深入地讨论相关问题。

本书能够顺利出版，首先要由衷感谢的是我敬爱的导师——东南大学樊和平教授，是樊老师引领我走进了学术的神圣殿堂，并且带领我坚定不移地在学术之路上不断前行！本科毕业那年，我拿着南京大学新闻传播学院的外推保送名额，却一心想转专业攻读伦理学的硕士学位，想要探索网络媒介世界中的伦理问题。是樊老师不嫌学生愚钝将我收入门下，让我有机会领略大师的风采，有机会体悟思辨的魅力，有机会满足对伦理学的所有憧憬与向往，有机会触及网络伦理的前沿课题。硕士毕业后，带着未竟的梦想，我再一次幸运地成为樊老师的学生，在樊老师的带领下攀登学术的最高峰。之后，更是有幸能够留校任教，成为东南大学哲学与科学系的一名教师，并仍然跟随着由樊老师领衔的“东大伦理”学术团队，从事伦理学领域的专业教学、学术研究和智库工作。光阴如梭，这份与樊老师的师生情谊已结十余年。这期间，樊老师亦师亦友亦如父，给予我无尽的学术指导与人生关怀。本书之所以能顺利完成，离不开樊老师的悉心指导。从博士期间的选题确定与论文写作，再到工作期间的书稿修订与正式出版，处处汇聚了老师的智慧与心血。每当我懈怠之时，樊老师总能不厌其烦地用他的缜密思辨与学术经验引导我走出思维瓶颈。樊老师这种精益求精的工匠精神，是激励我困难中不断前行的动力：在跌倒后重新振作，在泥泞中勇往直前！樊老师常言：学术与人生息息相关。在学术探索中成长，这种精神也慢慢成为我的人生信条和价值信念。

同时衷心地感谢“东大伦理”学术团队的每一位老师：王珏教授、徐嘉教授、陈爱华教授、董群教授、马向真教授、卞绍斌教授、谈际尊教授、庞俊来教授、许敏副教授，等等！谢谢各位老师多年来对我的学习、工作、生活等方方面面的指导与关爱，能够聆听各位老师的教导与教诲，实属荣幸。感谢同门师兄弟和班级同学，谢谢你们一直以来对我的支持与包容！

还要特别感谢耶鲁大学的 Thomas Pogge 教授！谢谢给予我访问耶鲁大学的资格，让我有机会就读于从小心生向往的常青藤名校，有机会求学于大名鼎鼎的国际学术大师，真正意义上接触到西方学术的前沿动向，领略到更为广阔的学术视野。得益于 Pogge 教授一直以来的支持与帮助，本人也有幸能够参与推进东南大学道德发展研究院与耶鲁大学全球正义中心的相关学术合作。在耶鲁大学联合培养的这份经历，也让我们结识了多位学术好友，他们在学术与人生道路上也给予我很多真诚的鼓励，在此也一并表示感谢！

还要感谢我的家人，感谢你们对我多年以来求学、求知、求真的理解与支持，感谢你们为我提供物质支持和安全感，没有你们作为我的坚强后盾，我一定无法取得现在的成绩！

本书也受到了国家社会科学基金青年项目、江苏高校优势学科建设工程项目、江苏省道德发展智库、江苏省公民道德与社会风尚协同创新中心、东南大学“至善青年学者”支持计划资助项目的资助，在此表示衷心感谢！同样需要感谢的是出版社诸位编辑老师，感谢你们为本书出版付出的辛勤劳动，没有你们的精心加工，就没有这本书的顺利出版！

蒋艳艳

2023 年 7 月于南京